职业教育课程创新精品系列教材

电气控制与 PLC 技术（三菱）

主　编　王蜀明　杨林建　李松岭
副主编　李　晶　丛树毅　方韶剑
主　审　李选华

北京理工大学出版社
BEIJING INSTITUTE OF TECHNOLOGY PRESS

内容简介

本教材主要基于机床电气控制技术的实践需要，并按照项目任务工单模式编写，项目主要包括：三相异步电动机基本控制电路的安装与调试、典型机床电气控制电路分析与故障排除、FX_{3U}系列的PLC基本指令的应用、FX_{3U}系列的PLC顺序功能与步进指令的应用。

本教材既可作为中等职业学校、高级技校、技师学院机电类专业的相关课程的教学用书，也可作为高等职业专科学校、职工大学、成人高校的教学用书，还可作为电气工程技术人员的参考用书。

版权专有　侵权必究

图书在版编目（CIP）数据

电气控制与 PLC 技术：三菱／王蜀明，杨林建，李松岭主编. -- 北京：北京理工大学出版社，2021.10
　ISBN 978-7-5763-0415-2

Ⅰ. ①电… Ⅱ. ①王… ②杨… ③李… Ⅲ. ①电气控制 ②PLC 技术 Ⅳ. ①TM571.2 ②TM571.6

中国版本图书馆 CIP 数据核字（2021）第 198305 号

出版发行／北京理工大学出版社有限责任公司
社　　址／北京市海淀区中关村南大街 5 号
邮　　编／100081
电　　话／（010）68914775（总编室）
　　　　　（010）82562903（教材售后服务热线）
　　　　　（010）68944723（其他图书服务热线）
网　　址／http：//www.bitpress.com.cn
经　　销／全国各地新华书店
印　　刷／定州市新华印刷有限公司
开　　本／787 毫米×1092 毫米　1/16
印　　张／15.5　　　　　　　　　　　　　　　责任编辑／陆世立
字　　数／312 千字　　　　　　　　　　　　　文案编辑／陆世立
版　　次／2021 年 10 月第 1 版　2021 年 10 月第 1 次印刷　　责任校对／周瑞红
定　　价／43.00 元　　　　　　　　　　　　　责任印制／边心超

图书出现印装质量问题，请拨打售后服务热线，本社负责调换

前言

本教材主要根据电气工程技术人员的工作实际需要，考虑机床设备自动控制的基本要求，按照"必需够用"的理论需要进行编写。教材编写过程中注重学生职业能力培养、职业实践技能训练；注重学生解决实际问题的能力及自学能力培养，结合工程实际，介绍在机床设备电气控制过程的设计、安装、调试中常用的电工工具和在机床电气控制中常见的故障检测及故障排除方法。

针对中职教育的特点，中职类教材在实用性、通用性和新颖性方面有其特殊的要求，即教材内容要基于学生在毕业后的工作需要，注重与工作过程相结合；要实用，容易理解，能反映当前机床设备电气控制的状况和发展趋势；要有利于学生技能的培养。本教材主要也是基于这种思路编写的。

本教材在编写过程中突出以下特点：

1. 将课程思政目标和元素融入教材教学全过程；
2. 注重培养学生的技能，注重讲好大国工匠故事；
3. 教材内容引入数字化教学资源，校企合作共同开发教材；
4. 注重应用能力的培养，突出对学生技能的训练，在训练过程中将理论知识与实际应用融合，真正做到"教、学、做"相结合；
5. 教材内容选取由简单到复杂，并配有工业应用图例和目前大量使用的机床控制电路，从而使学生易学，教师易教；
6. 教材的编写考虑工业应用实际，在 PLC 部分主要介绍三菱公司的 FX_{3U} 系列的 PLC 的应用。

本教材汲取了当前科学技术和制造业技术在电气技术领域发展的新成果，反映了电气领域技术发展的新动向，为学生了解电气技术的最新发展动态，以及将来在实际工作中能够适应日益发展的液压技术打下基础。

本教材由重庆市开州区职业教育中心王蜀明、四川工程职业技术学院杨林建教授和德阳安装技师学院李松岭担任主编；四川工程职业技术学院李晶、福建工业学校丛树毅和浙江交通技师学院方韶剑任副主编；李选华担任主审；成都技师学院郑艳萍，沐川县中等职业学校王刚，德阳东汽电站机械制造有限公司张仕勇、黄博彦担任参编，全书由王蜀明、杨林建统稿和定稿。

编者在本书的编写过程中，参考了很多相关资料和书籍，并得到了有关院校的大力支持与帮助，在此一并表示感谢！

由于编者水平有限，编写时间仓促，书中错误和不妥之处在所难免，恳请广大读者批评指正。如有意见和建议请发到邮箱：810372283@qq.com，以便再版时改进。

编　者

2021 年 5 月

目录

绪论 1

项目一　三相异步电动机基本控制电路的安装与调试 5
任务一　三相异步电动机的单向连续运行（启-保-停）电路的安装与调试 6
任务二　工作台自动往返控制电路的安装与调试 41
任务三　三相异步电动机 Y-△减压启动控制电路的安装与调试 50
任务四　三相异步电动机能耗制动控制电路的安装与调试 60
任务五　双速异步电动机变极调速控制电路的安装与调试 70
习题 88

项目二　典型机床电气控制电路分析与故障排除 93
任务一　CA6140 型车床电气控制电路分析与故障排除 94
任务二　XA6132 型铣床电气线路分析与故障排除 106
习题 124

项目三　FX_{3U} 系列的 PLC 基本指令的应用 126
任务一　三相异步电动机启停的 PLC 控制 127
任务二　水塔水位的 PLC 控制 150
任务三　三相异步电动机正、反转循环运行的 PLC 控制 164
任务四　三相异步电动机 Y-△减压启停单按钮 PLC 控制 176
习题 186

项目四 FX$_{3U}$系列的PLC顺序功能与步进指令的应用 191
任务一 液体混合的PLC控制 192
任务二 大、小球系统PLC控制 208
任务三 十字路口交通信号灯的PLC控制 223
习题 235

附录 240

参考文献 242

绪 论

各工业生产部门的生产机械设备基本上都是通过金属切削机床加工生产出来的,因此机床是机械制造业中的主要加工设备,机床的质量、数量及自动化水平,都直接影响到整个机械工业的发展。机床工业发展水平是衡量一个国家工业水平的重要标志。

一、电气自动控制技术在现代机床设备中的地位

过去,生产机械由工作机构、传动机构、原动机3个部分组成。自从电气元件与计算机应用在机械上后,现代化的生产机械已包含第4个组成部分——自动控制系统,它使机器的性能不断提高,同时使工作机构、传动机构的结构大大简化。

所谓自动控制是指在没有人直接参与(或仅有少数人参与)的情况下,利用自动控制系统,使被控对象自动地按预定规律工作。导弹能准确地命中目标,人造卫星能按预定轨道运行并返回地面指定的地点,宇宙飞船能准确地在月球上着陆并安全返回,这些都离不开自动控制技术。机器按照规定的程序自动地实现启动与停止;数控机床按照计算机发出的指令,自动地进行加工、退刀、换工件,再自动加工下一个工件;轧钢机设备用电子计算机计算出轧制速度与轧辊压下量,并通过晶闸管可控整流电路控制电动机来实现这些指令;自动化仓库由可编程序控制器(PLC,Programmable Logic Controller)自动控制货物的存放与取出;利用可编程序控制器按照预先编制的程序,使机床实现各种自动加工循环,所有的这些都是电气自动控制的应用。

实现自动控制的手段是多种多样的,可以用电气控制,也可以用机械控制、液压控制、气动控制等。由于现代化的金属切削机床均采用交、直流电动机作为动力源,因而电气自动控制是现代机床的主要控制手段。即使采用其他控制方法,也离不开电气控制的配合。本教材就是以机床作为典型对象来研究电气自动控制技术的基本原理、方法和应用,这些基本控制方法自然也适用于其他机械设备及生产过程。

机床设备经过一百多年的发展,其结构的不断改进,性能的不断提高,在很大程度上都取决于电气拖动与电气控制技术的更新。电气拖动在速度调节方面具有无可比拟的优越性和发展前景。采用直流或交流无级调速电动机驱动机床,使结构复杂的变速箱变得十分简单,从而简化了机床结构,提高了其效率、刚度和精度。近年来研制成功并用于数控机床主轴部件的电主轴单元技术,是将交流电动机转子直接安装在主轴上,使其具有宽广的无级调速范围,且振动和噪声均较小,它完全代替了主轴变速齿轮箱,对机床传动与结构将产生革命性

的影响。

现代化的机床设备在电气自动控制方面综合应用了许多先进的科学技术，如计算技术、电子技术、自动控制技术、精密测量技术及传感技术等。在当今信息时代，微型计算机已广泛用于各行各业，机床是最早应用电子计算机的设备之一。早在20世纪40年代末期，电子计算机就与机床有机结合并产生了新型机床——数控机床。现在，价廉可靠的微型计算机在机床行业中的应用日益广泛，由其控制的数控机床与数显装置越来越多地在我国各类工厂中获得使用和推广。这些新科学技术的应用，使机床电气设备不断实现现代化，从而提高了机床自动化程度和加工效率，扩大了工艺范围，缩短了新产品试制周期，加速了产品更新换代的速度。现代化机床还可以提高产品加工质量，降低工人劳动强度和产品生产成本等。近二十余年来出现的各种机电一体化产品、数控机床、机器人、柔性制造单元及系统等均是机床电气设备实现现代化的硕果。总之，电气自动控制在机床中占有极其重要的地位。

二、机床电气自动控制技术发展简介

（一）电气拖动的发展与分类

电气控制与电气拖动有着密切的关系。20世纪初，由于电动机的出现，使机床的拖动方式发生了变革，用电动机代替蒸汽机，使机床的电气拖动随电动机的发展而发展。

1. 成组拖动技术

成组拖动技术是指一台电动机经天轴（或地轴）由带传动驱动若干台机床工作。由于这种方式存在传动路线长、效率低、结构复杂等缺点，故早已被淘汰。

2. 单电动机拖动技术

单电动机拖动技术是指一台电动机拖动一台机床。较成组拖动技术而言，其简化了传动机构，缩短了传动路线，提高了传动效率，至今中、小型通用机床仍有采用单电动机施动的。

3. 多电动机拖动技术

随着机床自动化程度的提高和重型机床的发展，以及机床的应用增多和要求的提高，出现了采用多台电动机驱动一台机床（如铣床）乃至十余台电动机拖动一台重型机床（如龙门刨床）的拖动方式，这样可以缩短机床传动链，易于实现各工作部件运动的自动化。当前重型机床、组合机床、数控机床、自动生产线等均采用多电动机拖动的方式。

4. 交、直流无级调速技术

由于电气无级调速具有灵活以及可以选择最佳切削用量和简化机械传动结构等优点，20世纪30年代出现的交流电动机—直流发电机—直流电动机无级调速系统，至今还在重型机床上有所应用。20世纪60年代以后，随着大功率晶闸管的问世和变流技术的发展，又出现了晶闸管直流电动机无级调速系统，它较前者具有效率高、动态响应快、占地面积小等优点，当前在数控机床、磨床及仿形等设备中已得到广泛应用。由于逆变技术的出现和高压大功率管的问世，20世纪80年代以来，交流电动机无级调速系统有了迅速发展，它利用改变交流电的频率等措施来实现电动机的无级调速。交流电动机无电刷与换向器，较直流电动机具有易于维护且使用寿命长等优点，很有发展前景。

（二）电气控制系统的发展与分类

1. 逻辑控制系统

逻辑控制系统又称开关量或断续控制系统，逻辑代数是它的理论基础，采用具有两个稳定工作状态的各种电器和电子元件构成各种逻辑控制系统。按逻辑控制系统自动化程度的不同可将其分为以下2种。

（1）手动控制

在电气控制的初期，大都采用电气开关对机床电动机的启动、停止、反向等动作进行手动控制，如今在砂轮机、台钻等动作简单的小型机床上仍有采用。

（2）自动控制

按逻辑控制系统的控制原理与采用电气元件的不同又可将其分为以下3种。

1）继电接触器自动控制系统。多数通用机床至今仍采用继电器、接触器、按钮等电气元件组成的自动控制系统。它具有直观、易掌握、易维护等优点，但功耗、体积大，并且改变控制工作循环较为困难（如果要改变，需重新设计电路）。

2）顺序控制器。由集成电路组成的顺序控制器具有程序变更容易、程序存储量大、通用性强等优点，广泛用于组合机床、自动生产线等。20世纪60年代末，又出现了具有运算功能和较大功率输出能力的可编程控制器，它是由大规模集成电路、电子开关、晶闸管等组成的专用微型电子计算机，用其可代替大量的继电器，且功耗、质量小，在机床上具有广阔的应用前景。

3）数字控制。20世纪40年代末，为了适应中、小批量机械加工生产自动化的需要，应用电子技术、计算机技术、现代控制技术、精密测量技术等近代科学成就，研制出了数控机床。它是由电子计算机按照预先编好的程序，对机床实行自动化的数字控制。数控机床既具有专用机床生产效率高的优点，又兼有通用机床工艺范围广、使用灵活的特点，并且还具有能自动加工复杂的成形表面、精度高等优点，因而具有强大的生命力，发展前景广阔。

数控机床的控制系统，最初是由硬件逻辑电路构成的专用数控装置（NC，Numerical Control），但其成本昂贵、工作可靠性差、逻辑功能固定。随着电子计算机的发展，又出现了DNC（Direct Numerical Control）、CNC（Computer Numerical Control）、AC（Adaptive Control）等数控系统。

为了充分发挥电子计算机运算速度快的潜力，曾出现过由一台电子计算机控制数台、数十台、甚至上百台数控机床的"计算机群控制系统"，又称计算机直接控制系统，即DNC。

随着小型电子计算机的问世，又产生了用小型电子计算机控制的数控系统（CNC），它不仅降低了制造成本，还扩大了控制功能和使用范围。

价格低廉、工作可靠的微型电子计算机的出现，更加促进了数控机床的发展，从而出现了大量的微型计算机数控系统（MNC，Micro-Computer Numerical Control），当今世界各国生产的全功能和经济型数控机床均采用 MNC 系统。

自适应控制系统（AC）能在毛坯余量变化、硬度不均、刀具磨损等随机因素出现时，使机床具有最佳切削用量，从而始终保证机床具有高的加工质量和生产效率。

由数控机床、工业机器人、自动搬运车、自动化检测、自动化仓库等组成的统一由中心计算机控制的机械加工自动生产线称为柔性制造系统（FMS，Flexible Manufacturing System），它是自动化车间和自动化工厂的重要组成部分与基础。较专用机床自动生产线而言，它具有能同时加工多种工件，能适应产品多变，使用灵活等优点，当前各国均在大力发展数控机床和柔性制造系统。

随着生产的发展，由单个机床的自动化逐渐发展为生产过程的综合自动化。柔性制造系统，再加上计算机辅助设计、计算机辅助制造、计算机辅助质量检测及计算机信息管理系统构成的计算机集成制造系统，是当前机械加工自动化发展的最高形式。机床电气自动化的水平在电气控制技术迅速发展的进程中将被不断推向新的高峰。

2. 连续控制系统

对物理量（如电压、转速等）进行连续自动控制的系统，称为连续控制系统又称模拟控制系统。这类系统一般是具有负反馈的闭环控制系统，常伴有功率放大的特点，且具有精度高、功率大、抗干扰能力强等优点。例如，直流电动机驱动机床主轴实现无级调速的系统，交、直流伺服电动机拖动数控机床进给机构和工业机器人的系统均属于连续控制系统。

3. 混合控制系统

同时采用数字控制和模拟控制的系统称为混合控制系统，如数控机床、机器人的控制系统。数控机床由数字电子计算机进行控制，通过数/模转换器和功率放大器等装置驱动伺服电动机和主轴电动机带动机床执行机构产生所需的运动。

三、课程的内容及要求

机床电气控制技术就是采用各种控制元件、自动装置，对机床进行自动操纵、自动调节转速，并按给定程序自动适应多种条件的随机变化来选择最优的加工方案，以及工作循环自动化等。

"机床电气控制技术"课程就是研究解决机床电气控制的有关问题，阐述机床电气控制原理，实现机床控制线路、机床电气控制线路的设计方法及常用电气元件的选择、可编程序控制器等内容，本教材只涉及最基本、最典型的控制线路及控制实例。

在学完本课程以后，学生应掌握电气控制技术的基本原理；学会分析一般机床的电气控制电路并具有一定的设计能力；对可编程序控制器应具有基本的运用能力。

综上所述，通过对本课程的学习，学生应具有对机电一体化产品的综合分析和设计能力。

项目一

三相异步电动机基本控制电路的安装与调试

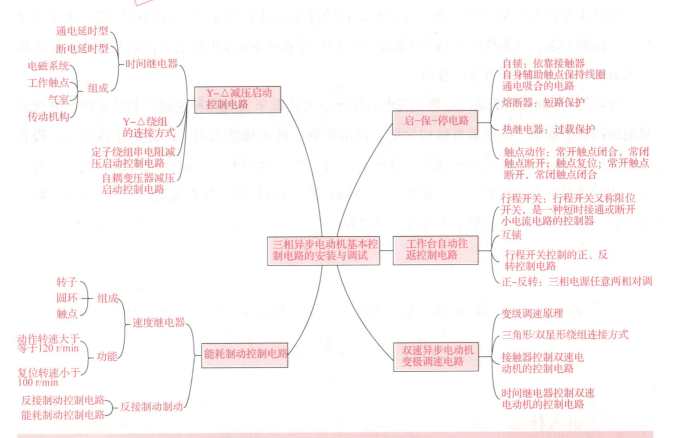

【知识目标】

1）熟悉常用低压电器的结构、工作原理、型号规格、电气符号使用方法及在电气电路中的作用。

2）熟练掌握电气控制电路的基本环节。

3）熟练掌握数字万用表的使用方法。

4）掌握常用电路的安装、调试与故障排除。

5）掌握电动机的结构、接线方法、工作原理与安装调试。

【技能目标】

1）能根据控制要求选择合理的低压电器。

2）初步具有电动机控制电路分析与安装调试的能力。

3）能根据控制要求，熟练画出基本控制环节的主电路和控制电路，并能够进行安装与调试。

4）能熟练运用所学知识识读电气原理图和电气系统安装接线图。

【素质目标】

1）培养精益求精的工匠精神和团队协作能力。

2）培养逻辑分析能力和实践动手能力。

现代工业技术的发展对工业电气控制设备的控制功能提出了越来越高的要求，为了满足生产机械的要求，许多新的控制方式被采用。但继电器-接触器仍是电气控制系统中最基本的控制方法，是其他控制方式的基础。

继电器-接触器系统是由各种开关电器用导线连接起来实现各种逻辑控制的系统。其优点是电路图直观形象、控制装置结构简单、价格便宜、抗干扰能力强，广泛用于各类生产设备的控制中。其缺点是接线方式固定，导致通用性、灵活性较差，难以实现系统化生产；且由于采用的是有触点的开关电器，故触点易发生故障、维修量大。尽管如此，目前继电器-接触器控制仍是各类机电设备最基本的电气控制方式。

任务一　三相异步电动机的单向连续运行（启-保-停）电路的安装与调试

一、引入任务

点动控制是指使用按钮、接触器控制电动机运行的最简单的控制电路，常用于电动葫芦控制和车床溜板箱快速移动控制。按钮松开后电动机将逐渐停止，这在实际中往往不能满足工业生产的要求。因此，要求按钮被按下后，电动机能一直连续运行。

本任务主要介绍低压开关、低压断路器、交流接触器、热继电器和电气控制系统图的基本知识、电气控制电路安装步骤和方法以及三相异步电动机的单向连续运行控制电路安装与调试的方法。

二、相关知识

（一）低压电器

低压电器是指在交流频率为 50 Hz（或 60 Hz）、额定电压为 1 200 V 以下及直流额定电压为 1 500 V 以下的电路中，起通断、保护、控制或调节作用的电器，如各种刀开关、按钮、继电器、接触器等。低压电器作为基本器件，广泛应用于输配电系统中，在工农业生产、交通运输和国防工业中也起着极其重要的作用。

1. 低压电器分类

（1）按动作原理分类

按动作原理可将低压电器分为手动电器和自动电器。

1）手动电器。这类电器的动作是由工作人员手动操纵的，如刀开关、组合开关及按钮等。

2）自动电器。这类电器是按照操作指令或参量变化信号自动动作的，如接触器、继电器、熔断器和行程开关等。

（2）按用途和所控制的对象分类

1）低压控制电器。这类电器主要用于电气控制系统中各种控制电路，如接触器、继电器及电动机启动器等。

2）低压配电电器。这类电器主要用于低压配电系统中电能的输送和分配，如刀开关、转换开关、熔断器、自动开关和低压断路器等。

3）低压主令电器。这类电器主要用于自动控制系统中发送动作指令，如按钮、转换开关等。

4）低压保护电器。这类电器主要用于保护电源、电路及用电设备，使它们不致在短路、过载等状态下运行而遭到损坏，如熔断器和热继电器等。

5）低压执行电器。这类电器主要用于完成某种动作或传送功能，如电磁铁、电磁离合器等。

2. 低压电器的组成

低压电器一般有两个基本部分：一部分是感受部分，其能感受外界的信号，从而做出有规律的反应。在自动切换电器中，感受部分大多由电磁机构组成；在手控电器中，感受部分通常为操作手柄等。另一部分是执行部分，如触点连同灭弧装置，它能根据指令，执行电路的接通、切断等任务。对自动开关类的低压电器，还具有中间（传递）部分，其任务是将感受和执行两部分联系起来，使它们协同一致，并按一定的规律动作。但有些低压电器触点在一定条件下断开电流时往往伴随有电弧或火花，而电弧或火花对断开电流的时间和触点的使用寿命都有极大的影响，特别是对于电弧来说，必须要及时熄灭，故这些低压电器还有灭弧装置。

3. 低压电器的主要性能参数

（1）额定绝缘电压

额定绝缘电压是低压电器最大的额定工作电压，是由电器结构、材料、耐压等因素决定的名义电压值。

（2）额定工作电压

额定工作电压是指低压电器在规定条件下，能保证其长期正常工作的电压值，通常是指主触点的额定电压。有电磁机构的控制电器还规定了吸引线圈的额定电压。

（3）额定发热电流

额定发热电流是指在规定条件下，低压电器长时间工作，各部分的温度不超过极限值时所能承受的最大电流值。

（4）额定工作电流

额定工作电流是保证低压电器能正常工作的电流值。同一低压电器在不同的使用条件下，有不同的额定电流等级。

（5）通断能力

低压电器在规定的条件下，能可靠接通和分断的最大电流称为通断能力。通断能力与低压电器的额定电压、负载性质、灭弧方法等有很大关系。

（6）电器使用寿命

电器使用寿命是指低压电器在规定条件下，在不需修理或更换零件时的负载操作循环次数。

（7）机械寿命

机械寿命是指低压电器在需要修理或更换机械零件前所能承受的负载操作循环次数。

（二）开关电器

刀开关是一种手动控制器，结构最简单，一般在不经常操作的低压电路中用来接通或切断电源或用来将电路与电源隔离，有时也用来直接控制小容量电动机的启动，停止和正、反转。常用的刀开关分为开启式负荷开关、封闭式负荷开关、刀熔开关、组合开关和低压断路器。

1. 开启式负荷开关

开启式负荷开关的基本结构如图1-1（a）所示，它由刀开关和熔断器组合而成，包含瓷底座、静触点、瓷质手柄、胶盖等。

这种开关有简易的灭弧装置，不宜用于带大负载的接通或分断电路，也不宜用于频繁分、合的电路；但结构简单、价格低廉，常用作照明电路的电源开关，也可用于 5.5 kW 以下三相异步电动机不频繁启动和停止控制。它是一种结构简单而应用广泛的电器，按极数不同，刀开关分单极、双极和三极3种。常用的 HK 系列刀开关的额定电压为 220 V 或 380 V，额定流为 10~60 A 不等。

2. 封闭式负荷开关

封闭式负荷开关又称铁壳开关,其基本结构如图 1-1 (b) 所示。三极刀开关图形符号和文字符号如图 1-1 (c) 所示。

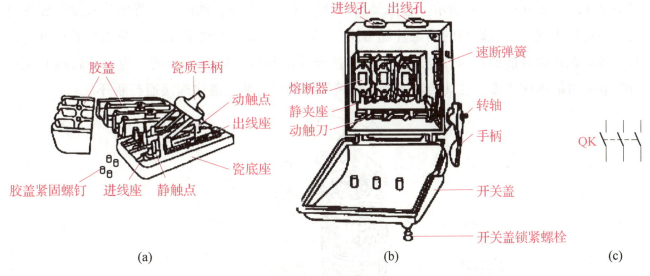

图 1-1 刀开关

(a) 开启式负荷开关的基本结构;(b) 封闭式负荷开关的基本结构;(c) 三极刀开关图形符号和文字符号

3. 刀熔开关

低压刀熔开关又称熔断器式刀开关,俗称刀熔开关,是低压刀开关与低压熔断器组合的开关电器。

低压刀开关安装方法有以下 3 种。

三相闸刀

1) 选择开关前,应注意检查动刀片对静触点接触是否良好、是否同步。如有问题,应予以修理或更换。

2) 电源进线应接在静触点一边的进线端,用电设备应接在动触点一边的出线端。这样,当开关断开时,闸刀和熔断器均不带电,以保证更换熔断器时的安全。

3) 安装时,刀开关在合闸状态下手柄应该向上,不能倒装或平装,以防止闸刀松动落下时误合闸。

注意事项有以下 4 点。

1) 安装后应检查闸刀和静触点是否成直线和紧密可靠。

2) 更换熔断器时,必须先拉闸断电后,再按原规格安装熔断器。

3) 胶壳刀开关不适合用来直接控制 5.5 kW 以上的交流电动机。

4) 合闸、拉闸动作要迅速,使电弧很快熄灭。

4. 组合开关

组合开关包括转换开关和倒顺开关,其特点是用动触片的旋转代替闸刀的推合和拉开,实质上是一种由多组触点组合而成的刀开关。这种开关可用作交流 50 Hz、380 V 和直流 220 V 以下的电路电源引入开关或控制 5.5 kW 以下小容量电动机的直接启动,以及电动机正、反转控制和机床照明电路控制,其额定电流有 6 A、10 A、15 A、25 A、60 A、100 A 等多种规格,在电气设备中主要作为电源引入开关。

（1）转换开关

HZ5-30/3 型转换开关的外形如图 1-2（a）所示，其基本结构及图形、文字符号分别如图 1-2（b）、图 1-2（c）所示。它主要由手柄、转轴、凸轮、动触片、静触片及接线柱等组成。当转动手柄时，其每层的动触片随方形转轴一起转动，当动触片插入静触片时，电路接通；当动触片离开静触片时，电路分断。转换开关的各极是同时通断的。为了使转换开关在切断电路时能迅速灭弧，在其转轴上装有扭簧储能机构，使其能快速接通与断开。

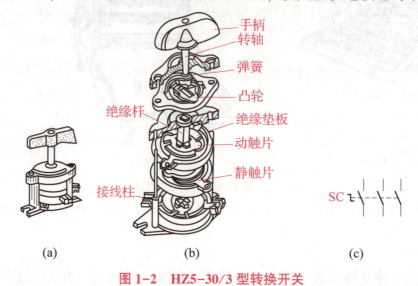

图 1-2　HZ5-30/3 型转换开关

（a）外形；（b）基本结构；（c）图形符号和文字符号

1）转换开关的选用。

① 选用转换开关时，应根据电源种类、电压等级、所需触点数及电动机容量来选用，开关的额定电流一般取电动机额定电流的 1.3~2 倍。

② 当用于一般照明、电热电路时，其额定电流应大于或等于被控电路负载电流的总和。

③ 当用作设备电源引入开关时，其额定电流应稍大于或等于被控电路负载电流的总和。

④ 当用于直接控制电动机时，其额定电流一般可取电动机额定电流的 2~3 倍。

2）转换开关的安装方法。

① 安装转换开关时应使手柄平行于安装面。

② 当转换开关需安装在控制箱（或壳体）内时，其操作手柄最好伸出在控制箱的前面或侧面，应使手柄在水平旋转位置时为断开状态。

③ 若需在控制箱内操作时，转换开关最好安装在箱内右上方，而且在其上方不宜安装其他电器，否则应采取隔离或绝缘措施。

3）转换开关注意事项。

① 由于转换开关的通断能力较低，因此不能用来分断故障电流。当用于控制电动机正、反转时，必须在电动机完全停转后，才能操作。

② 当负载功率因数较低时，转换开关要降低其额定电流使用，否则会影响其使用寿命。

（2）倒顺开关

倒顺开关的外形和基本结构如图1-3（a）所示，图形符号和文字符号如图1-3（b）所示。倒顺开关又称可逆转开关，是组合开关的一种特例，多用于机床的进刀、退刀，电动机的正、反转和停止，升降机的上升、下降和停止的控制，也可作为控制小电流负载的负荷开关。

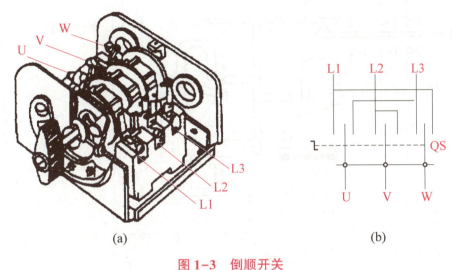

图1-3 倒顺开关

(a) 外形和基本结构；(b) 图形符号和文字符号

5. 断路器

（1）低压断路器

低压断路器又称自动空气开关，一般由触点系统、灭弧装置、操作机构、脱扣机构及外壳或框架等组成，它相当于熔断器、刀开关、热继电器和欠压继电器的组合，是一种既能进行手动操作，又能自动进行欠压、失压、过载和短路保护的控制电器。其结构和外形如图1-4所示。

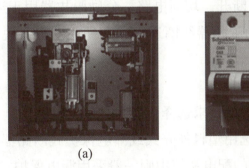 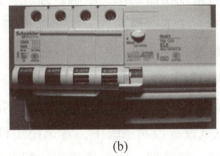

图1-4 低压断路器结构和外形

(a) 低压断路器结构；(b) 低压断路器外形

低压断路器结构有框架式（又称万能式）、塑料外壳式（又称装置式）和漏电保护式等。框架式断路器为敞开式结构，适用于大容量配电装置；塑料外壳式断路器的特点是各部分元件均安装在塑料壳体内，具有良好的安全性，结构紧凑简单，可独立安装，常用作供电线路的保护开关和电动机或照明系统的控制开关，也广泛用在电气控制设备及建筑物内作电源线路保护器及对电动机进行过载和短路保护。

（2）低压断路器工作原理

低压断路器工作原理和图形符号分别如图 1-5（a）、图 1-5（b）所示。

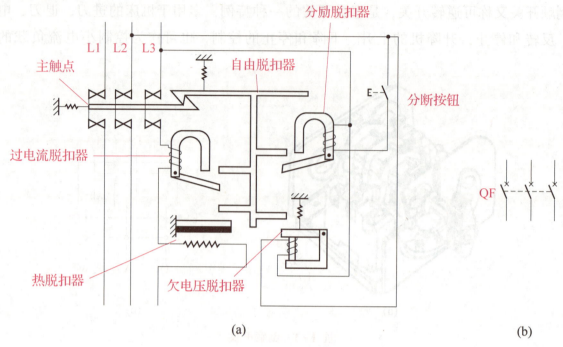

图 1-5　低压断路器工作原理和图形、文字符号

（a）工作原理；（b）图形、文字符号

当主触点闭合后，电路发生短路或过电流（电流达到或超过过电流脱扣器动作值）事故时，过电流脱扣器的衔铁吸合，驱动自由脱扣器动作，主触点在弹簧的作用下断开；当电路过载时，热脱扣器的热元件发热，使双金属片产生足够的弯曲，推动自由脱扣器动作，从而使主触点断开，切断电路；当电源电压不足（小于欠电压脱扣器释放值）时，欠电压脱扣器的衔铁释放，使自由脱扣器动作，主触点断开，切断电路。分励脱扣器用于远距离切断电路，当需要分断电路时，按下分断按钮，分励脱扣器线圈通电，衔铁驱动自由脱扣器动作，使主触点断开而切断电路。

（3）断路器的选用

1）应根据具体使用条件和被保护对象的要求选择合适的类型。

2）一般在电气设备控制系统中，常选用塑料外壳式或漏电保护式断路器；在电网主干线路中主要选用框架式断路器；而在建筑物的配电系统中则一般采用漏电保护式断路器。

3）断路器的额定电压和额定电流应分别不小于电路额定电压和最大工作电流。

（4）断路器安装维护方法

1）断路器在安装前应将脱扣器的电磁铁工作面的防锈油脂抹净，以免影响电磁机构的动作。

2）断路器应上端接电源，下端接负载。

3）断路器与熔断器配合使用时，熔断器应尽可能装于断路器之前，以保证使用安全。

4）脱扣器的整定值一经调好后就不允许随意更动，长时间使用后要检查其弹簧是否生锈卡住，以免影响其动作。

5）断路器在分断短路电流后，应在切除上一级电源的情况下及时检查触点。若发现有严重的电灼痕迹，可用干布擦去；若发现触点烧毛，可用砂纸或细锉小心修整，但主触点一般不允许用锉刀修整。

6）定期清除断路器上的积尘和检查各种脱扣器的动作值，操作机构在使用一段时间（1~2年）后，在传动机构部分应加润滑油（小容量塑壳断路器不需要）。

7）灭弧室在分断短路电流或较长时间使用后，应清除其内壁和栅片上的金属颗粒和黑烟灰，如灭弧室已破损，则绝不能再使用。

（5）断路器注意事项

1）在确定断路器的类型后，再进行具体参数的选择。

2）断路器的底板应垂直于水平位置，固定后应保持平整，倾斜度不大于5°。

3）有接地螺钉的断路器应可靠连接地线。

4）具有半导体脱扣装置的断路器，其接线端应符合相序要求，脱扣装置的端子应可靠连接。

（三）熔断器

熔断器是一种结构简单、使用方便、价格低廉的保护电器，广泛用于供电线路和电气设备的短路保护电路中。在使用时，熔断器串接在所保护的电路中，当电路发生短路或严重过载时，它的熔体能自动迅速熔断，从而切断电路，使导线和电气设备不致损坏。

1. 熔断器的结构及类型

熔断器按结构可分为瓷插式熔断器、螺旋式熔断器、有填料密封管式熔断器、无填料密封管式熔断器等，品种规格很多。熔断器的结构和图形、文字符号如图1-6所示。在电气控制系统中经常选用螺旋式熔断器，它有明显的分断指示，不用任何工具就可取下或更换熔体。

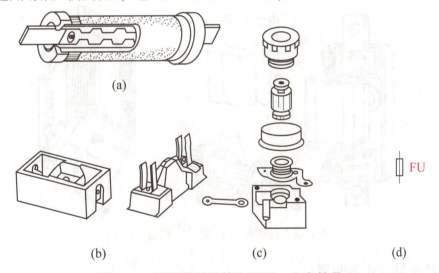

图1-6 熔断器的结构和图形、文字符号

(a) 管式熔断器；(b) 瓷插式熔断器；(c) 螺旋式熔断器；(d) 图形、文字符号

（1）瓷插式熔断器

瓷插式熔断器也称为半封闭插入式熔断器，主要由瓷体、瓷盖、静触点、动触点和熔体等组成。其熔体安装在瓷插件内，通常用铅锡合金或铅锑合金等制成，也有的用铜丝制作。

瓷插式熔断器的结构如图1-7所示。

瓷座中部有一空腔，与瓷盖凸出部分组成灭弧室。60 A以上的瓷插式熔断器空腔中还垫有纺织石棉层，用以增强灭弧能力。该系列熔断器具有结构简单、价格低廉、体积小、带电更换熔体方便等优点，且具有较好的保护特性，主要用在交流400 V以下的照明电路中作保护电器；但其分断能力较小，电弧较大，只适用于小功率负载的保护。常用的型号有RC1A系列，其额定电压为380 V，额定电流有5 A、10 A、15 A、30 A、60 A、100 A和200 A等7个等级。

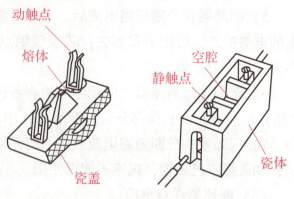

图1-7 瓷插式熔断器的结构

（2）螺旋式熔断器

螺旋式熔断器是一种有填料的封闭管式熔断器，结构较瓷插式熔断器复杂，主要由瓷帽、熔断管、瓷套、上接线盒、下接线座和瓷座等组成，其熔体安装在瓷质熔管内，熔管内部填充灭弧作用的石英砂。熔断体自身带有熔体熔断指示装置。RL1系列螺旋式熔断器如图1-8所示。

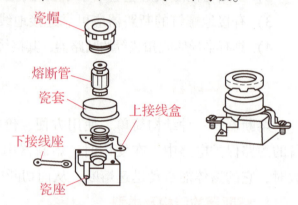

图1-8 RL1系列螺旋式熔断器

（3）有填料密封管式熔断器

有填料密封管式熔断器的结构如图1-9所示。它由瓷底座、熔断体、弹簧夹等部分组成，熔体安放在瓷质熔管内，熔管内部充满石英砂作灭弧用。

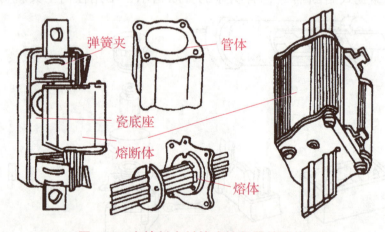

图1-9 有填料密封管式熔断器的结构

（4）无填料密封管式熔断器

无填料密封管式熔断器主要用于低压电网及成套配电设备中，由插座、熔断管、熔体等组成，主要型号有RM10系列。

2. 熔断器主要参数及选择

（1）额定电压

额定电压是从灭弧角度出发，规定熔断器所在电路工作电压的最高限额。如果线路的实际电压超过熔断器的额定电压，一旦熔体熔断，则有可能发生电弧不能及时熄灭的现象。

（2）额定电流

熔断器额定电流实际上是指熔座的额定电流，是由其长期工作所允许的温升决定的电流值。配用的熔体的额定电流应小于或等于熔断器的额定电流。

（3）熔体额定电流

熔体额定电流是指熔体长期承受而不熔断的最大电流。生产厂家生产不同规格（额定电流）的熔体供用户选择使用。

（4）极限分断能力

极限分断能力是指熔断器所能分断的最大短路电流。极限分断能力的大小与熔断器的灭弧能力有关，而与熔断器的额定电流无关。熔断器的极限分断能力必须大于线路中可能出现的最大短路电流。

3. 熔断器选择

熔断器的选择包括种类的选择和额定参数的选择。

1）熔断器的种类选择应根据各种常用熔断器的特点、应用场所及实际应用的具体要求来确定。熔断器在使用中只有选用恰当，才能既保证电路正常工作又能起到保护作用。

2）在选用熔断器的具体参数时，应使熔断器的额定电压大于或等于被保护电路的工作电压；其额定电流大于或等于所装熔体的额定电流。RL 系列熔断器技术数据如表 1-1 所示。

表 1-1　RL 系列熔断器技术数据

型号	熔断器额定电流/A	可装熔体的额定电流/A	型号	熔断器额定电流/A	可装熔体的额定电流/A
RL15	15	2、4、5、6、10、15、	RL100	100	60、80、100
RL60	60	20、25、30、35、40、50、60	RL200	200	100、125、150、200

熔体的额定电流是指相当长时间流过熔体而不使其熔断的电流。额定电流值的大小与熔体线径的粗细有关，熔体线径越粗额定电流值越大。熔体熔断时间如表 1-2 所示。

表 1-2　熔体熔断时间

熔断电流倍数	1.23~1.3	1.6	2	3	4	8
熔断时间	∞	1 h	40 s	4.5 s	2.5 s	瞬时

用于电炉、照明等阻性负载电路的短路保护时，熔体额定电流不得小于负载额定电流。用于单台电动机短路保护时，熔体额定电流 =（1.3~2.5）×电动机额定电流。用于多台电动机短路保护时，熔体额定电流 =（1.3~2.5）×容量最大的一台电动机的额定电流+其余电动机额定电流总和。

4. 熔断器安装方法

1）装配熔断器前应检查熔断器的各项参数是否符合电路要求。

2）安装熔断器时必须在断电情况下操作。

3）安装时熔断器必须完整无损，接触紧密可靠。

4）熔断器应安装在线路的各相线（火线）上，在三相四线制的中性线上严禁安装熔断器，在单相二线制的中性线上应安装熔断器。

5）螺旋式熔断器在接线时，为了保证更换熔体时的安全，下接线端应接电源，而连接螺口的上接线端应接负载。

（四）交流接触器

接触器是一种通用性很强的自动电磁式开关电器，是电气拖动与自动控制系统中一种重要的低压电器。它可以频繁地接通和分断交、直流主电路及大容量控制电路，其主要控制对象是电动机，也可用于控制，如电焊机、电阻炉和照明器具等其他设备。它利用电磁力的吸合和反向弹簧力作用使触点闭合和分断，从而使电路接通或断开。它具有欠电压释放保护及零压保护作用，控制容量大，可运用于频繁操作和远距离控制，且工作可靠、使用寿命长、性能稳定、维护方便。接触器不能切断短路电流，通常需与熔断器配合使用。

接触器按主触点通过的电流种类，可分为交流接触器和直流接触器两种。

1. 交流接触器结构及工作原理

交流接触器由电磁机构、触点系统和灭弧装置3个部分组成，其图形符号为KM。交流接触器的工作原理是当线圈通电后，静铁芯产生电磁力将衔铁吸合，衔铁带动触点系统动作，使常闭触点断开，常开触点闭合；当线圈断电，电磁吸引力消失，衔铁在弹簧的作用下释放，触点系统随之复位。图1-10（a）、图1-10（b）分别为交流接触器的外形及结构，图1-11为其结构中各图形符号和文字符号。

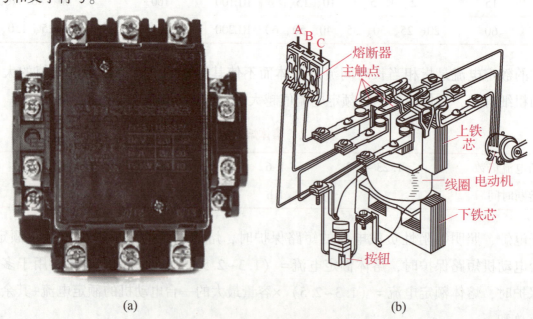

图1-10 交流接触器

（a）外形；（b）结构

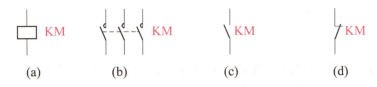

图 1-11　交流接触器结构中各图形符号和文字符号

(a) 线圈；(b) 主触点；(c) 辅助常开触点；(d) 辅助常闭触点

交流接触器1

交流接触器2

交流接触器3

(1) 电磁系统

电磁系统是交流接触器的重要组成部分，它由线圈、铁芯（静触点）和衔铁（动触点）3个部分组成，其作用是利用电磁线圈的通电或断电，使衔铁和铁芯吸合或释放，从而带动动触点与静触点接通或断开，实现接通或断开电路的目的。

交流接触器的线圈是由漆包线绕制而成的，为减少铁芯中的涡流损耗，避免铁芯过热，交流接触器的铁芯和衔铁一般用 E 形硅钢片叠压铆成。同时，在其铁芯上装有一个短路的铜环作为减震器，使铁芯中产生不同相位的磁通量，以减少交流接触器吸合时的振动和噪声。

(2) 触点系统

触点系统按照接触面积的大小可分为点接触系统、线接触系统、面接触系统。触点系统用来直接接通和分断所控制的电路，根据用途不同，交流接触器的触点分主触点和辅助触点两种。主触点通常为 3 对，构成 3 个常开触点，用于通、断主电路，其通过的电流较大，接在电动机主电路中。辅助触点一般有常开、常闭触点各两对，用在控制电路中起电气自锁和互锁作用。辅助触点通过的电流较小，通常接在控制回路中。

(3) 电弧的产生与灭弧方法

如果电路中的电压超过 12 V，电流超过 100 mA，则在动、静触点分离时，在它们的气隙中间就会产生强烈的火花，通常称为"电弧"。电弧是一种高温、高热的气体放电现象，其结果会使触点烧蚀，缩短其使用寿命，因此通常要设灭弧装置。常采用的灭弧方法有以下 4 种。

1) 电动力灭弧。

电动力灭弧是指电弧在触点回路电流磁场的作用下，受到电动力作用拉长，并迅速离开触点而熄灭，如图 1-12 (a) 所示。

2) 纵缝灭弧。

纵缝灭弧是指电弧在电动力的作用下，进入由陶土或石棉水泥制成的灭弧室窄缝中，与室壁紧密接触，被迅速冷却而熄灭，如图 1-12 (b) 所示。

3) 栅片灭弧。

栅片灭弧是指电弧在电动力的作用下，进入由许多定间隔的金属片所组成的灭弧栅之中，被栅片分割成若干段短弧，使每段短弧上的电压达不到燃弧电压，同时受栅片强烈的冷却作用迅速降温而熄灭，如图 1-12（c）所示。

4）磁吹灭弧。

灭弧装置设有与触点串联的磁吹线圈，电弧在吹弧磁场的作用下受力拉长，被吹离触点，加速冷却而熄灭，如图 1-12（d）所示。

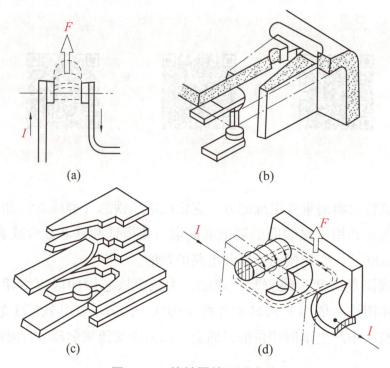

图 1-12　接触器的灭弧方法

(a) 电动力灭弧；(b) 纵缝灭弧；(c) 栅片灭弧；(d) 磁吹灭弧

2. 交流接触器的基本技术参数及选择

(1) 额定电压

交流接触器额定电压是指主触点上的额定电压，其电压等级如下。

交流接触器：220 V、380 V、500 V。

直流接触器：220 V、440 V、660 V。

(2) 额定电流

交流接触器额定电流是指主触点的额定电流，其电流等级如下。

交流接触器：10 A、15 A、25 A、40 A、60 A、150 A、250 A、400 A、600 A，最高可达 2 500 A。

直流接触器：25 A、40 A、60 A、100 A、150 A、250 A、400 A、600 A。

(3) 线圈额定电压

交流接触器线圈额定电压等级如下。

交流线圈：36 V、110 V、127 V、220 V、380 V。

直流线圈：24 V、48 V、110 V、220 V、440 V。

(4) 额定操作频率

交流接触器额定操作频率是指每小时通断次数。交流接触器额定操作频率可高达 6000 次/h，直流接触器额定操作频率可达1 200次/h。电气寿命达500～1 000万次。

（5）类型选择

根据所控制的电动机或负载电流类型来选择接触器类型，交流负载应采用交流接触器，直流负载应采用直流接触器。

（6）主触点额定电压和额定电流选择

交流接触器主触点的额定电压应大于或等于负载电路的额定电压；主触点的额定电流应大于负载电路的额定电流，或者根据经验公式计算，计算公式（适用于CJ0、CJ10系列）为

$$I_C = P_N \times 10^3 / K U_N$$

式中：K——经验系数，一般取1～1.4；

P_N——电动机额定功率（kW）；

U_N——电动机额定电压（V）；

I_C——接触器主触点电流（A）。

如果交流接触器控制的电动机启动，制动或正、反转较频繁，则一般将接触器主触点的额定电流降一级使用。

（7）线圈电压选择

交流接触器线圈的额定电压不一定等于主触点的额定电压，从人身和设备安全角度考虑，线圈电压可选择低一些。但当控制线路简单，线圈功率较小时，为了节省变压器，可选220 V或380 V的线圈电压。

（8）接触器操作频率选择

操作频率是指接触器每小时通断的次数。当通断电流较大及通断频率过高时，会引起触点过热，甚至熔焊。操作频率若超过规定值，则应选用额定电流大一级的接触器。

（9）触点数量及触点类型的选择

交流接触器的触点数量应满足控制支路数的要求，触点类型应满足控制线路的功能要求。

（五）热继电器

热继电器是专门用来对连续运行的电动机进行过载保护，以防止电动机过热而烧毁的保护电器。

1. 热继电器的结构和工作原理

常用的热继电器有由两个热元件组成的两相结构和由3个热元件组成的三相结构两种形式。两相结构的热继电器主要由热元件、触点系统、动作机构、复位按钮、整定电流装置组成。JR16系列热继电器如图1-13所示。

（1）热元件

热元件是热继电器接收过载信号的部分，它由双金属片及绕在双金属片外面的绝缘电阻丝组成。双金属片由两种热膨胀系数不同的金属片复合而成，如铁镍铬合金和铁镍合金。电阻丝用康铜和镍铬合金等材料制成，使用时串联在被保护的电路中。当电流通过热元件时，热元件对双金属片进行加热，使双金属片受热弯曲。热元件对双金属片加热的方式有3种：直

接加热、间接加热和复式加热，如图 1-14 所示。

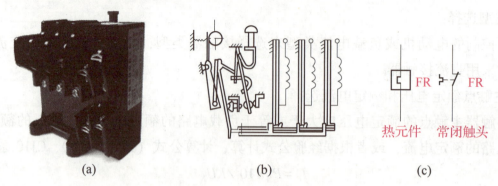

图 1-13　JR16 系列热继电器
（a）外形；（b）结构；（c）图形、文字符号

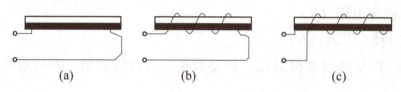

图 1-14　热继电器双金属片加热方式示意图
（a）直接加热；（b）间接加热；（c）复式加热

（2）触点系统

触点系统一般配有一组切换触点，可形成一个动合触点和一个动断触点。

（3）动作机构

动作机构由导板、补偿双金属片、推杆、杠杆及拉簧等组成，用来补偿环境温度的影响。

（4）复位按钮

热继电器动作后的复位有手动复位和自动复位两种。手动复位的功能由复位按钮来完成；自动复位的功能由双金属片冷却自动完成，但需要一定的时间。

（5）整定电流装置

整定电流装置由旋钮和偏心轮组成，用来调节整定电流的数值。热继电器的整定电流是指热继电器长期不动作的最大电流，超过此电流值就要动作。

（6）工作原理

图 1-15 为三相结构热继电器工作原理示意图。三相结构热继电器主要由双金属片、热元件、杠杆、偏心凸轮及调节旋钮等组成。双金属片作为温度检测元件，由两种膨胀系数不同的金属片压焊而成，在被热元件加热后，因两层金属片伸长率不同而弯曲。

将热继电器的三相热元件分别串联在电动机三相主电路中，当电动机正常运行时，热元件产生的热量不会使触点系统动作；当电动机过载时，流过热元件的电流加大，经过一定的时间，热元件产生的热量使双金属片的弯曲程度超过一定值，从而通过导板推动热继电器的触点动作（常开触点闭合，常闭触点断开）。通常用热继电器串联在接触器线圈电路的常闭触点来切断线圈电流，使电动机主电路失电。故障排除后，按下手动复位按钮，热继电器触点复位，可以重新接通控制电路。

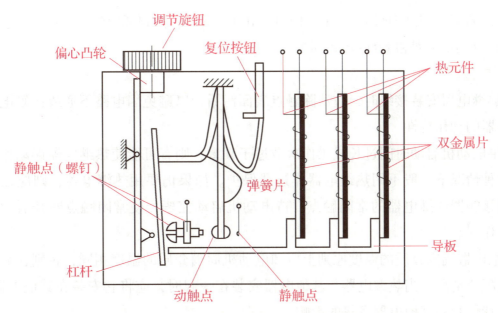

图 1-15 三相结构热继电器工作原理示意图

2. 热继电器主要参数

热继电器的主要参数有额定电流、整定电流等。

1) 热继电器的额定电流是指热继电器中可以安装的热元件的最大整定电流。

2) 热继电器的整定电流是指热元件能够长期通过而不致引起热继电器动作的最大电流。通常热继电器的整定电流是按电动机的额定电流整定的，即手动调节整定电流旋钮，通过偏心轮机构调整双金属片与导板的距离，从而能在一定范围内调节其电流的整定值，使热继电器更好地保护电动机。

3. 热继电器的选用

1) 热继电器应根据被保护电动机的连接形式进行选择。当电动机为星形连接时，选用两相或三相热继电器均可进行保护；当电动机为三角形连接时，应选用三相差分放大机构的热继电器进行保护。

2) 热继电器主要根据电动机的额定电流来确定其型号和使用范围。

3) 热继电器额定电压应大于或等于触点所在线路的额定电压。

4) 热继电器额定电流应大于或等于被保护电动机的额定电流。

5) 热元件电流规格应小于或等于热继电器的额定电流。

6) 热继电器的整定电流要根据电动机的额定电流、工作方式等确定。一般情况下可按电动机额定电流值整定。

7) 对过载能力较差的电动机，可将热元件整定电流调整到电动机额定电流的 0.6~0.8 倍。对启动时间较长，拖动冲击性负载或不允许停车的电动机，热元件的整定电流应调节到电动机额定电流的 1.1~1.15 倍。

8) 对于重复短时工作制的电动机（如起重电动机等），由于电动机不断重复升温，热继电器双金属片的温升跟不上电动机绕组的温升变化，因此电动机将得不到可靠保护，不宜采用双金属片式热继电器作过载保护。

热继电器的国产产品型号有 JR20、JRS1、JR0、JR10、JR14 和 JR15 等系列，引进产品型号有 T 系列、3 mA 系列和 LR1-D 系列等。

4. 热继电器的安装

1）在热继电器安装接线时，应清除触点表面污垢，以避免因电路不通或接触电阻加大而影响热继电器的动作特性。

2）如果电动机启动时间过长或操作次数过于频繁，则有可能使热继电器误动作或烧坏热继电器，这种情况下一般不用热继电器作过载保护。如果仍要用热继电器，则应在热元件两端并联一副接触器或继电器的常闭触点，待电动机启动完毕，使常闭触点断开后，再将热继电器投入工作。

3）热继电器周围介质的温度原则上应和电动机周围介质的温度相同，否则，势必要破坏已调整好的配合情况。当热继电器与其他电器安装在一起时，应将它安装在其他电器的下方，以免其动作特性受到其他电器发热的影响。

（六）按钮

按钮是一种短时接通或断开小电流电路的手动电器，常用于控制电路中发出启动或停止等指令，以控制接触器、继电器等电器的线圈电流的接通或断开，再由它们去接通或断开主电路。

1. 按钮结构

按钮的图形、文字符号，结构和外形分别如图 1-16（a）、图-16（b）、图 1-16（c）所示。它是由按钮帽、复位弹簧、常开触点、常闭触点和外壳等组成，其触点允许通过的电流很小，一般不超过 5 A。

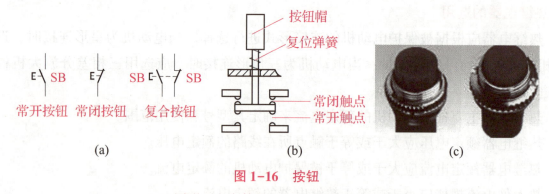

图 1-16 按钮

（a）图形、文字符号；（b）结构；（c）外形

常开按钮：手指未按下时，触点是断开的；当手指按下时，触点接通；手指松开后，在复位弹簧作用下触点又返回原位断开，常用作启动按钮。

常闭按钮：手指未按下时，触点是闭合的；当手指按下时，触点被断开；手指松开后，在复位弹簧作用下触点又返回原位闭合，常用作停止按钮。

复合按钮：将常开按钮和常闭按钮组合为一体形成复合按钮，当手指按下时，其常闭触点先断开，然后常开触点闭合；手指松开后，在复位弹簧作用下触点又返回原位，常用在控制电路中做电气联锁。

按钮开关

为便于识别各个按钮的作用，避免误操作，通常在按钮帽上做出不同标记或涂上不同颜色。例如，蘑菇形表示急停按钮，红色表示停止按钮，绿色表示启动按钮。

2. 按钮的选用

1) 根据使用场合选择按钮的种类，如开启式、保护式、防水式和防腐式等。
2) 根据用途选用合适的形式，如手把旋钮式、钥匙式、紧急式和带灯式等。
3) 按照控制回路的需要，确定不同的按钮数，如单按钮、双按钮、三按钮和多按钮等。
4) 按照工作状态指示和工作情况要求，选择按钮和指示灯的颜色。
5) 核对按钮额定电压、电流等指标是否满足要求。

3. 按钮的安装

1) 按钮安装在面板上时，应布置合理、排列整齐。可根据生产机械或机床启动、工作的先后顺序，从上到下或从左至右依次排列。如果它们有几种工作状态，如上、下，前、后，左、右，松、紧等，则应使每一组正、反状态的按钮安装在一起。
2) 在面板上固定按钮时应牢固，停止按钮用红色，启动按钮用绿色或黑色。按钮较多时，应在显眼且便于操作处用红色蘑菇头设置总停按钮，以应对紧急情况。

4. 注意事项

1) 由于按钮的触点间距较小，有油污时极易发生短路故障，因此使用时应经常保持触点间的清洁。
2) 当用于高温场合时，塑料容易变形老化，导致按钮松动，引起接线螺钉间相碰短路，在安装时可视情况再多加一个紧固垫圈并压紧。
3) 带指示灯的按钮由于灯泡要发热，使用时间长时易使塑料灯罩变形，造成调换灯泡困难，因此不宜用作长时间通电按钮来使用。

（七）电气控制系统图的基本知识

电气控制系统是由许多电气元件按一定要求连接而成的。为了便于电气控制系统的设计、分析、安装、使用和维修，需要将电气控制系统中各电气元件及其连接，用一定的图形表达出来，这种图形就是电气控制系统图。

电气控制系统图有3类，即电气原理图、电气元件布置图和电气安装接线图。

1. 电气控制系统图的图形符号、文字符号及接线端子标记

电气控制系统图中，电气元件必须使用国家统一规定的图形符号和文字符号。采用国家最新标准，即 GB/T 4728.1~5—2018、GB/T 4728.6~13—2018、GB/T 5465.1—2009《电气设备用图形符号 第1部分：概述与分类》、GB/T 5465.2—2008《电气设备用图形符号 第2部分：图形符号》。

接线端子标记采用 GB/T 4026—2019《人机界面标志标识的基本和安全规则 设备端子、导体终端和导体的标识》，并按照 GB/T 6988.1—2008《电气制图》的要求来绘制电气控制系统图。

(1) 图形符号

图形符号通常用于图样或其他文件，用以表示一个设备或概念的图形、标记或字符。电气控制系统图中的图形符号必须按国家标准绘制。图形符号包括符号要素、一般符号和限定符号。

1) 符号要素：一种具有确定意义的简单图形，必须同其他图形组合才能构成一个设备或概念的完整符号。例如，接触器常开主触点的符号就由接触器触点功能符号和常开触点符号组合而成。

2) 一般符号：用以表示一类产品和此类产品特征的一种简单的符号。例如，电动机可用一个圆圈表示。

3) 限定符号：用于提供附加信息的一种加在其他符号上的符号。

运用图形符号绘制电气系统图时应注意以下5点。

1) 图形符号尺寸大小、线条粗细依国家标准可放大与缩小，但在同一张图样中，同一图形符号的尺寸应保持一致，各图形符号间及图形符号本身比例应保持不变。

2) 标准中表示出的图形符号方位，在不改变其含义的前提下，可根据图面布置的需要旋转或成镜像，但文字和指示方向不得倒置。

3) 大多数图形符号都可以加上补充说明标记。

4) 有些具体器件的图形符号由设计者根据国家标准的符号要素、一般符号和限定符号组合而成。

5) 国家标准未规定的图形符号，可根据实际需要，按突出特征、结构简单、便于识别的原则进行设计，但需要报国家标准局备案。当采用其他来源的图形符号或代号时必须在图解和文字上说明其含义。

(2) 文字符号

文字符号适用于电气技术领域中技术文件的编制，也可表示在电气设备、装置和元件上或其近旁以标明它们的名称、功能、状态和特征。

文字符号分为基本文字符号和辅助文字符号。

1) 基本文字符号：有单字母符号和双字母符号两种。单字母符号按拉丁字母顺序将各种电气设备、装置和元件划分为23类，每一类用一个专用的单字母符号表示，如"C"表示电容，"M"表示电动机等。双字母符号由一个表示种类的单字母符号与另一个字母组成，且以单字母符号在前、另一个字母在后的次序表示，如"QF"表示断路器，"FU"表示熔断器，"FR"表示具有延时动作的限流保护器件。

2) 辅助文字符号：用来表示电气设备、装置和元件以及电路的功能、状态和特征，如"RD"表示红色，"SP"表示压力传感器，"YB"表示电磁制动器等。辅助文字符号还可以单独使用，如"ON"表示接通，"N"表示中性线等。

3) 补充文字符号的原则：当规定的基本文字符号和辅助文字符号不够使用时，可按国家标准中文字符号组成的规律和下述原则予以补充。

①在不违背国家标准文字符号编制原则的条件下，可采用国家标准中规定的电气技术文字符号。

②在优先采用基本文字和辅助文字符号的前提下，可补充国家标准中未列出的双字母文字符号和辅助文字符号。

③使用文字符号时，应按电气名词术语国家标准或专业技术标准中规定的英文术语缩写而成。

④基本文字符号不得超过两位字母，辅助文字符号一般不得超过 3 位字母。文字符号采用拉丁字母大写正体字，且拉丁字母中"I"和"O"不允许单独作为文字符号使用。

（3）电路和三相电气设备各端子的标记

电路和三相电气设备各端子采用字母、数字、符号及其组合标记。

三相交流电源相线采用 L1、L2、L3 标记，中性线采用 N 标记。

电源开关后的三相交流电源主电路分别按 U、V、W 顺序标记。分级三相交流电源主电路采用三相文字代号 U、V、W 后加上阿拉伯数字 1、2、3 等来标记，如 U1、V1、W1，U2、V2、W2 等。

各电动机分支电路的各接点标记，采用三相文字代号后面加数字来表示，数字中的个位数表示电动机代号，十位数表示该支路各接点的代号，从上到下按数字大小顺序标记。例如，U11 表示 M_1 电动机第一相的第一个接点代号，U21 表示 M_1 电动机第一相的第二个接点代号，依此类推。电动机绕组首端分别用 U、V、W 标记，末端分别用 U′、V′、W′标记，双绕组的中点用 U″、V″、W″标记。

控制电路采用阿拉伯数字编号，一般由 3 位或 3 位以下的数字组成。标记方法按"等电位"原则进行。在垂直绘制的电路中，编号一般采用由上而下的顺序，凡是被线圈、绕组、触点或电阻、电容元件所间隔的电路，都应标以不同的电路标记。

2. 电气控制系统图的绘制

（1）电气原理图

电气原理图是为了便于阅读和分析控制电路，根据简单清晰的原则，采用电气元件展开的形式绘制成的表示电气控制电路工作原理的图形。在电气原理图中只包括所有电气元件的导电部件和接线端点之间的相互关系，但并不按照各电气元件的实际布置位置和实际接线情况来绘制，也不反映电气元件的大小。下面结合图 1-17 所示的 CW6132 型普通车床的电气原理图来说明绘制电气原理图的基本规则和应注意的事项。

1）绘制电气原理图的基本规则。

①电气原理图一般分主电路和辅助电路两部分。主电路就是从电源到电动机绕组的大电流通过的路径。辅助电路包括控制电路、信号电路及保护电路等，由继电器的线圈和触点、接触器的线圈和辅助触点、按钮、照明灯及控制变压器等元件组成。一般主电路用粗实线表示，画在左边（或上部）；辅助电路用细实线表示，画在右边（或下部）。

②电气原理图中，各电气元件不画实际的外形图，而采用国家规定的统一标准来画，文字符号也要符合国家标准。属于同一电器的线圈和触点，都要用同一文字符号表示。当使用相同类型的元件时，可在文字符号后面加注阿拉伯数字来区分。

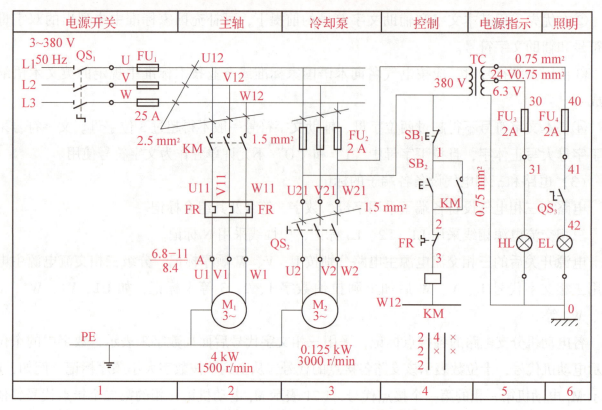

图1-17 CW6132型普通车的床电气原理图

③电气原理图中直流电源用水平线画出,一般其正极线画在上方,负极线画在下方。三相交流电源线集中画在上方,相序自上而下按L1、L2、L3排列,中性线（N线）和保护接地线（PE线）排在相线之下。主电路垂直于电源线画出,控制电路与信号电路垂直在两条水平电源线之间。耗能元件（如接触器、继电器线圈、电磁铁线圈、照明灯及信号灯等）直接与下方水平电源线相接,控制触点接在上方电源水平线与耗能元件之间。

④电气原理图中,各电器元件的导电部件如线圈和触点的位置,应根据便于阅读和发现的原则来安排,绘在它们完成作用的地方。同一电器元件的各个部件可以不画在一起。

⑤电气原理图中所有电器的触点,都按没有通电或没有外力作用时的开闭状态画出。例如,继电器、接触器触头,按线未通电时的状态画出；按钮、行程开关的触点按不受外力作用时的状态画出；对于断路器和开关电器的触点,按断开状态画出；控制器按手柄处于零位时的状态画出等。

⑥当电气触点的图形符号垂直放置时,以"左开右闭"原则绘制,即垂线左侧的触点为常开触点,垂线右侧的触点为常闭触点；当图形符号为水平放置时,以"上闭下开"原则绘制,即在水平线上方的触点为常闭触点,水平线下方的触点为常开触点。

⑦电气原理图中,无论是主电路还是辅助电路,各电气元件一般应按动作顺序从上到下、从左到右依次排列,可水平布置或垂直布置。

2）绘制电气原理图的注意事项。

①电气原理图中,对于需要调试和拆接的外部引线端子,采用"空心圆"表示；有直接电源连接的导线连接点,用"实心圆"表示；无直接电源连接的导线交叉点不画圆点。

②图面区域的划分。在电气原理图上方将图分成若干图区,并标明该区电路的用途与作用。电气原理图下方的数字是图区编号,它是为便于检索电气电路、方便阅读分析设置的。电气原理图中,在继电器、接触器线圈下方注有该继电器、接触器相应触点所在图中位置的索引代号,索引代号用图面区域号表示。对于接触器,其中左栏为常开主触点所在的图区号,中间栏为常开辅助触点的图区号,右栏为常闭辅助触点的图区号;对于继电器,左栏为常开触点的图区号,右栏为常闭触点的图区号。无论是接触器还是继电器,对未使用的触点均用"×"表示,有时也可省略。

③技术数据的标注。在电气原理图中还应标注各电气元件的技术数据,如熔断器熔体的额定电流、热继电器的动作电流范围及其整定值、导线的截面积等。

(2) 电气元件布置图

电气元件布置图主要用来表示各种电气元件在机械设备上和电气控制柜中的实际安装位置,为机械电气控制设备的制造、安装及维修提供必要的资料。各电气元件的安装位置是由机床的结构和工作要求来决定的,如电动机要和被拖动的机械部件在一起,行程开关应放在要取得信号的地方,操作元件要放在操作台及悬挂操纵箱等操作方便的地方,一般电气元件应放在电气控制柜内。

机床电气元件布置图主要由机床电气设备布置图、控制柜及控制板电气设备布置图、操作台及悬挂操纵箱电气设备布置图等组成。在绘制电气设备布置图时,所有能见到的以及需表示清楚的电气设备均用粗实线绘制出简单的外形轮廓,其他设备(如机床)的轮廓用双点划线表示。

(3) 电气安装接线图

电气安装接线图是安装电气设备和电气元件时进行配线或检查、维修电气控制电路故障的依据。在图中要表示电气设备之间的实际接线情况,并标注出外部接线所需的数据。在电气安装接线图中,各电气元件的文字符号、元件连接顺序及电路号码编制都必须与电气原理图一致。

图1-18所示的电气安装接线图是根据图1-17绘制的。图中表明了该电气设备中电源进线按钮板、照明灯及电动机与电气安装板接线端之间的关系,并标注了连接导线的根数、截面积。

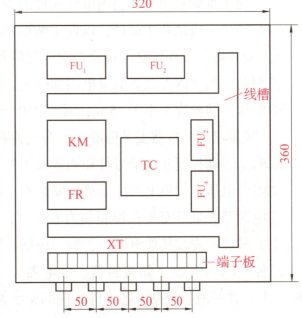

图1-18 电气原理图绘制的电气安装接线图

(八)电动机控制电路安装步骤和方法

安装电动机控制电路时,必须按照有关技术文件执行,并适应安装环境的需要。电动机的控制电路包含电动机的启动、制动、反转和调速等，大部分的电气控制电路采用各种有触点的电器，如接触器、继电器、按钮等。一个电气控制电路可以比较简单，也可以相当复杂。但是，任何复杂的电气控制电路总是由一些比较简单的环节有机地组合起来的。因此，不同复杂程度的控制电路在安装时，所需要的技术文件的内容也不同。对于简单的低压电器，一般可以把有关资料归在一个技术文件里（如电气原理图），该文件应能表示低压电器的全部部件，并能实施低压电器和电网的连接。

电动机控制电路具体安装步骤和方法如下。

1. 安装电气元件

按元件明细表配齐电气元件，并检验所有电气元件是否具有制造厂的名称、商标、型号、索引号、工作电压性质和数值等标志。若工作电压标志在操作线圈上，则应易于观察。

2. 安装控制箱（柜或板）

控制箱的尺寸应根据电器的安装情况决定。

1）电器的安装应尽可能组装在一起，使其成为一台或几台控制装置。只有那些必须安装在特定位置上的器件，如按钮、手动控制开关、位置传感器、离合器及电动机等，才允许分散安装在指定的位置上。安装发热元件时，必须使箱内所有元件的温升保持在它们所允许的极限内。对发热严重的元件，如电动机的启动、制动电阻等，必须隔开安装，必要时可采用风冷。

2）可接近性所有的电气元件必须安装在便于更换、检测的地方。

为了便于维修和调整，箱内电气元件的部位，必须位于离地 0.4~2 m 处之间。所有接线端子，必须位于离地 0.2 m 处，以便于装拆导线。

3）安装电气元件时必须符合规定的间隔和爬电距离，并应考虑有关的维修条件。

控制箱中的裸露无电弧的带电零部件与控制箱导体壁板间的间隙有两种情况：对于 250 V 以下的电压，间隙应不小于 15 m；对于 250~500 V 的电压，间隙应不小于 25 m。

4）控制箱内的电器安装除必须符合上述有关要求外，还应做到以下 5 点。

①除了手动控制开关信号灯和测量仪器外，门上不要安装任何电气元件。

②电源电压直接供电的电器最好安装在一起，使其与只由控制电压供电的电器分开。

③电源开关最好安装在控制箱内右上方，其操作手柄应安装在控制箱前面和侧面。电源开关上方最好不安装其他电器；否则，应把电源开关用绝缘材料盖住，以防电击。

④控制箱内电器（如接触器、继电器）应按原理图上的编号顺序，牢固安装在控制箱（板）上，并在醒目处贴上各元件相应的文字符号。

⑤控制箱内电器安装板的大小必须能自由通过控制箱的门，以便装卸。

3. 布线

（1）导线的选用

导线的选用有以下 3 点要求。

1）导线的类型。硬线只能固定安装于不动的元件之间，且导线的截面积应小于 0.5 mm^2。

若在有可能出现振动的场合或导线的截面积大于等于 0.5 mm² 时，必须采用软线。电源开关的负载侧可采用裸导线，但必须是直径大于 3 mm 的圆导线或者厚度大于 2 mm 的扁导线，并应有预防直接接触的防护措施（如绝缘、间距、屏护等）。

2) 导线的绝缘。导线必须绝缘良好并应具有抗化学腐蚀的能力。在特殊条件下工作的导线，必须同时满足使用条件的要求。

3) 导线的截面积。在必须承受正常条件下流过的最大稳定电流的同时，还应考虑到线路允许的电压降、导线的机械强度和与熔断器的互相配合。

（2）敷线方法

所有导线从一个端子到另一个端子的走线必须是连续的，中间不得有接头。有接头的地方应加接线盒。接线盒的位置应便于安装与检修，而且必须加盖，盒内导线必须留有足够长度，以便于拆线和接线。敷线时，对明露导线必须做到平直、整齐及走线合理等要求。

（3）接线方法

所有导线的连接必须牢固，不得松动。在任何情况下，连接元件必须与连接的导线截面积和材料性质相适应。

导线与端子的接线，一般是一个端子只连接一根导线。当有些端子不适合连接软导线时，可在导线端头上采用针形、叉形等冷压接线头。如果采用专门设计的端子，可以连接两根或多根导线，但必须采用工艺成熟的导线连接方式，如夹紧、压接、焊接及绕接等。这些连接工艺应严格按照工序要求进行。

导线的接头除必须采用焊接方法外，所有导线应采用冷压接线头。如果低压电器在正常运行期间承受很大振动，则不允许采用焊接的接头。

（4）导线的标志

1) 导线的颜色标志。保护导线（PE）必须采用黄绿双色；动力电路的中性线（N）和中间线（M）必须采用浅蓝色；交流或直流动力电路应采用黑色；交流控制电路应采用红色；直流控制电路应采用蓝色；用作控制电路联锁的导线，如果是与外部控制电路连接，而且当电源开关断开仍带电时，应采用橘黄色或黄色；与保护导线连接的导线采用白色。

2) 导线的线号标志。导线的线号标志应与电气原理图和电气安装接线图相符合。在每一根连接导线的线头上必须套上标有线号的套管，位置应接近端子处。线号的编制方法有以下两种。

①主电路中各支路线号应按从上至下，从左至右的顺序编制。单台三相交流电动机（或设备）的3根引出线按相序依次编号为 U、V、W（或 U1、V1、W1）；多台电动机的引出线编号，为了不致引起误解和混淆，可在字母前冠以数字来区别，如 1U、1V、1W，2U、2V、2W。在不产生矛盾的情况下，字母后应尽可能避免采用双数字，如单台电动机的引出线采用 U、V、W 的线号标志时，三相电源开关后的引出线编号可为 U1、V1、W1。当电路编号与电动机线端标志相同时，应三相同时跳过一个编号来避免重复。

②控制电路与照明、指示电路的线号应按从上至下、从左至右的顺序，逐行用数字来依

次编制。每经过一个电气元件的接线端子,其编号要依次递增。编号的起始数字,除控制电路必须从阿拉伯数字1开始外,其他辅助电路依次递增100作为起始数字。例如,照明电路编号从101开始,信号电路编号从201开始等。

(5) 控制箱(板)配线方法

1) 控制箱(板)内部配线方法:一般采用能从正面修改配线的方法,如板前线槽或板前明线配线,较少采用板后配线的方法。

采用线槽配线时,线槽装线不要超过容积的70%,以便安装和维修。线槽外部的配线,如安装在可拆卸门上的电器,其接线必须牢固固定在框架、控制箱或门上。从外部控制、信号电路进入控制箱内的导线若超过10根,则必须接到端子板或连接器件上进行过渡,但动力电路和测量电路的导线可以直接接到器件的端子上。

2) 控制箱(板)外部配线方法:除有适当保护的电缆外,全部配线必须一律安装在导线通道内,使导线有适当的机械保护,防止液体、铁屑和灰尘的侵入。

(6) 对导线的要求

1) 对导线通道的要求:导线通道应留有余量,允许以后增加导线。导线通道必须固定可靠,内部不得有锐边和远离设备的运动部件。

导线通道采用钢管,壁厚应不小于1 mm。若用其他材料,等效壁厚必须有壁厚为1 mm的钢管的强度;若用金属软管时,则必须有适当的保护。当利用设备底座作导线通道时,无须再加预防措施,但必须能防止液体、铁屑和灰尘的侵入。

2) 通道内导线的要求:移动部件和可调整部件上的导线必须用软线。导线的固定,使在接线点上不致产生机械拉力,又不致出现急剧的弯曲。

不同电路的导线可以穿在同一线管内,或处于同一电缆之中。如果它们的工作电压不同,则所用导线的绝缘等级必须满足其中最高一级电压的要求。

为了便于修改和维护,凡安装在同一机械防护通道内的导线束,需要提供备用导线的根数的情况是当同一线管中相同截面积导线的根数在3~10根时,应有一根备用导线,之后每递增1~10根就增加1根备用导线。

4. 连接保护电路的要求

低压电器的所有裸露导体零件(包括电动机、机座等)必须连接到保护接地的专用端子上。

1) 连续性保护电路的连续性必须用保护导线或机床结构上的导体可靠地结合来保证。为了确保保护电路的连续性,保护导线的连接不得作任何机械的紧固用,不得由于任何原因将保护电路拆断,不得利用金属导管作保护线。

2) 可靠性保护电路中严禁用开关和熔断器,特低安全电压电路除外。在接上电源电路前必须先接通保护电路,在断开电源电路后才能断开保护电路。

3) 明显性保护电路的连接处应采用焊接或压接等可靠方法,连接处要便于检查。

5. 检查电气元件

安装接线前应对所有的电气元件逐个进行检查,避免电气元件故障与线路错接、漏接故障。对电气元件的检查主要包括以下6个方面。

1) 电气元件外观是否清洁、完整，外壳有无碎裂；零部件是否齐全、有效；各接线端子及紧固件有无缺失、生锈等现象。

2) 电气元件的触点有无熔焊黏结、变形、严重氧化锈蚀等现象；触点的闭合、分断动作是否灵活；触点的开距、超程是否符合标准，接触压力弹簧是否有效。

3) 低压电器的电磁阀机构和传动部件的动作是否灵活；有无衔铁卡阻、吸合位置不正等现象；新产品使用前应清除铁芯端面的防锈油，检查衔铁复位弹簧是否正常。

4) 用万用表或电桥检查所有元件的电磁线圈（包括继电器、接触器及电动机）的通断情况，测量它们的直流电阻并做好记录，以备在检查线路和排除故障时作为参考。

5) 检查有延时作用的电气元件的功能，检查热继电器的热元件和触点的动作情况。

6) 核对各电气元件的规格与图样要求是否一致。

电气元件应先检查、后使用，避免安装、接线后发现问题再拆换，从而提高电路安装的效率。

6. 固定电气元件

电气元件应按照电气安装接线图规定的位置固定在安装底板上。元件之间的距离要适当，既要节省面板又要方便走线和投入运行以后的检修。固定电气元件应按以下步骤进行。

1) 定位。将电气元件摆放在确定好的位置并排列整齐，以保证连接导线时做到横平竖直、整齐美观，同时尽量减少弯折。

2) 打孔。用手钻在做好的记号处打孔，孔径应略大于固定螺钉的直径。

3) 固定。安装底板上所有的安装孔均打好后，用螺钉将电气元件固定在安装底板上。固定元件时，应注意在螺钉上加装平垫圈和弹簧垫圈，紧固螺钉时将弹簧垫圈压平即可，不要过分用力，以免将元件的安装底板压裂，造成损坏。

7. 连接导线

连接导线时，必须按照电气安装接线图规定的走线方向进行。一般从电源端开始按线号顺序进行，先连接主电路，然后连接辅助电路。

接线前应做好准备工作。例如，按照主电路、辅助电路的电流容量选好规定截面积的导线，准备适当的线号管；使用多股导线时，应准备好焊锡工具或压接钳等。连接导线应按照以下4个步骤进行。

1) 选择适当截面积的导线，按电气安装接线图规定的方位，在固定好的电气元件之间测量所需要的长度，截取适当长度的导线，剥去两端的绝缘外皮。为保证导线与端子间接触良好，要用电工刀将芯线表面的氧化物刮掉；使用多股芯线时要将线头铰紧，必要时应焊锡处理。

2) 走线时应尽量避免导线交叉。先将导线校直，把同一走向的导线汇成一束，依次弯曲成所需要的方向。走线需要拐弯时要用手将拐角弯成90°的"慢弯"，导线的弯曲半径为导线直径的3~4倍，做到横平竖直，不要用钳子将导线弯成"死弯"，以免损坏绝缘层和损伤线芯，走好的导线束用铝线卡（钢筋轧头）垫上绝缘物卡好。

3）将成形好的导线套上写好线号的线号管，根据接线端子的情况，将芯线弯成圆环或直线压进接线端子。

4）接线端子应紧固好，必要时加装弹簧垫圈紧固，防止电气元件动作时因振动而松脱。接线过程中注意对照图样核对，防止错接，必要时用万用表校线。当同一接线端子内压接两根以上导线时，可以只套一只线号管。导线截面积不同时，应将截面积大的放在下层，截面积小的放在上层。线号要用不易褪色的墨水（可用环乙酮与龙胆紫调和），并用印刷体工整地书写，防止检查电路时误读。

8. 检查电路和调试

连接好的控制电路必须经过认真检查后才能通电调试，以防止错接、漏接及电器故障引起的动作不正常，甚至造成短路事故。检查电路应按以下4个步骤进行。

（1）核对接线

对照电气原理图、电气安装接线图，从电源开始逐段核对端子接线的线号，排除漏接、错接现象，重点检查辅助电路中容易错接的线号，还应核对同一根导线的两端是否错号。

（2）检查端子接线是否牢固

检查端子所有接线的情况，用手一一摇动，拉拔端子的接线，不允许有松动与脱落的现象，避免虚接，从而将故障排除在通电之前。

（3）万用表导通法检查

在控制电路不通电时，手动模拟电器的操作动作，用万用表检查与测量电路的通断情况。根据电路控制动作来确定检查步骤和内容，根据电气原理图和电气安装接线图选择测量点。先断开辅助电路，以便检查主电路的情况；然后断开主电路，以便检查辅助电路的情况。主要检查以下两方面的内容。

1）主电路不带负载（电动机）时相间绝缘情况；接触器主触点接触的可靠性；正、反转控制电路的电源换相线路及热继电器热元件是否良好，动作是否正常等。

2）辅助电路的各个控制环节和自锁、联锁装置的动作情况及可靠性，与设备部件联动的元件（如行程开关、速度继电器等）动作的正确性和可靠性，保护电器（如热继电器触点）动作的准确性等。

（4）调试与调整

为保证安全，通电调试必须在指导老师的监护下进行。调试前应做好准备工作，包括清点工具；清除安装底板上的线头杂物；装好接触器的灭弧罩；检查各组熔断器的熔体；分断各开关，使按钮、行程开关处于未操作前的状态；检查三相电源是否对称等。然后按下述3个步骤进行通电调试。

1）空操作试验。先切除主电路（一般可断开主电路熔断器），装好辅助电路熔断器，接通三相电源，使电路不带负载（电动机）通电操作，以检查辅助电路工作是否正常。操作各按钮，检查它们对接触器、继电器的控制作用；检查接触器的自锁、联锁等控制作用；用绝缘棒操作行程开关，检查其行程控制或限位控制作用等。还要观察各电器操作动作的灵活性，注意有无卡住或阻滞等不正常现象；细听电器动作时有无过大的振动噪声；检查有无线圈过热等现象。

2）带负载调试。控制电路经过数次空操作试验动作无误后即可切断电源，接通主电路，进行带负载调试。电动机启动前应先做好停机准备，启动后要注意其运行情况。如果发现电动机启动困难、发出噪声及线圈过热等异常现象，应立即停机，切断电源后进行检查。

3）有些电路的控制动作需要调整。例如，定时运转电路的运行和间隔时间，Y-△启动电路的转换时间，反接制动电路的终止速度等。应按照各电路的具体情况确定调整步骤。调试运转正常后，可投入正常运行。

（九）三相异步电动机单向连续运行控制

1. 单向点动控制电路

所谓点动，即按下按钮时电动机转动工作，松开按钮时电动机停止工作。

单向点动控制电路是用按钮、接触器来控制电动机运转的最简单的控制电路，如图1-19所示。

启动：合上电源开关QS，按下启动按钮SB→接触器KM线圈得电→KM主触点闭合→电动机M启动运行。

停止：松开按钮SB→接触器KM线圈失电→KM主触点断开→电动机M失电停转。

停止使用时：断开电源开关QS。

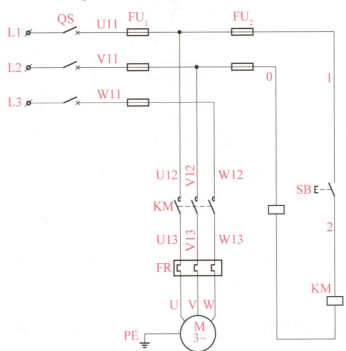

图1-19 单向点动控制电路

2. 单向连续控制电路（启-保-停电路、长动控制电路）

在要求电动机启动后能连续运行时，采用上述单向点动控制电路就不行了。因为如果要使电动机 M 连续运行，启动按钮 SB 就不能断开，这是不符合生产实际要求的。为实现电动机 M 的连续运行，可采用图 1-20 所示的接触器自锁正转控制电路。

启动：先合上电源开关 QS，按下启动按下 SB_1→接触器 KM 线圈得电，KM 主触点闭合→电动机 M 启动运行。

当松开 SB_1，常开触点恢复分断后，因为在接触器 KM 的常开辅助触点闭合时已将 SB_1 短接，控制电路仍保持接通，所以接触器 KM 继续通电，电动机 M 实现连续运转。像这种当松开启动按钮 SB_1 后，接触器 KM 通过自身常开触点而使线圈保持通电的作用叫作自锁（或自保持）。与启动按钮 SB_1 并联起自锁作用的常开触点叫自锁触点（也称自保持触点）。

停止：按下停止按钮 SB_2→KM 线圈失电，KM 自锁触点断开，KM 主触点断开→电动机 M 断电停转。

图 1-20 所示的电路通常称为启-保-停电路。

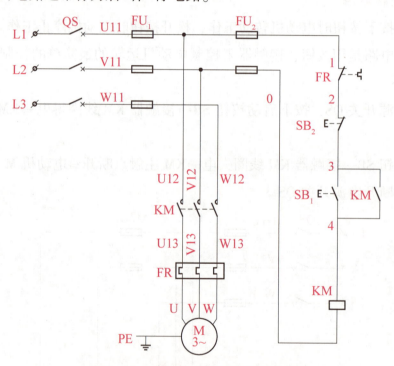

图 1-20 接触器自锁正转控制电路

三、实施任务

（一）训练目标

1）熟悉常用低压电器的结构、型号规格、工作原理、安装方法及其在电路中所起的作用。

2）练习电动机控制电路的接线步骤和安装方法。

3）加深对三相异步电动机单向点动与连续运行控制电路工作原理的理解。

（二）设备和器材

本任务所需设备和器材如表1-3所示。

表1-3 所需设备和器材

序号	名称	符号	技术参数	数量	备注
1	三相鼠笼式异步电动机	M	YS6324-180W/4	1台	表中所列元件及器材仅供参考
2	三相隔离开关	QS	HZ10-25/3	1只	
3	交流接触器	KM	CJ10-20	1个	
4	按钮	SB	LA4-3H（2个复合按钮）	1个	
5	熔断器	FU	RL1-15（2 A 熔体）	5只	
6	热继电器	FR	JR36	1只	
7	接线端子		JF3-10 A	若干	
8	塑料线槽		35 mm×30 mm	若干	
9	电器安装板（电器柜）		500 mm×600 mm×20 mm	1个	
10	导线		BR1.5、BVR1 mm^2	若干	
11	线号管		与导线直径相符	若干	
12	常用电工工具			1套	
13	螺钉			若干	
14	数字万用表			1块	
15	绝缘电阻表			1块	
16	钳形电流表			1块	

（三）实施步骤

1）认真阅读三相异步电动机单向连续运行控制电路图，理解电路的工作原理。

2）认识和检查电器元件。认识本实训所需电器，了解各电器的工作原理和各电器的安装与接线，检查电器是否完好，熟悉各种电器的型号、规格。

3）电路安装。

①检查图1-20中标的线号。

②根据图1-20画出安装接线图，如图1-21所示。电器、线槽位置摆放要合理。

③安装电器与线槽。

④根据图1-21正确接线，先接主电路，后接控制电路。主电路导线截面积视电动机容量而定，控制电路导线通常采用截面积为1 mm^{2}的铜线，主电路与控制电路导线需采用不同颜

色进行区分。导线要走线槽，接线端需套线号管，线号要与图 1-20 中的控制电路一致。

4）检查电路。电路接线完毕，首先清理板面杂物，进行自查，确认无误后请老师检查，得到允许方可通电试车。

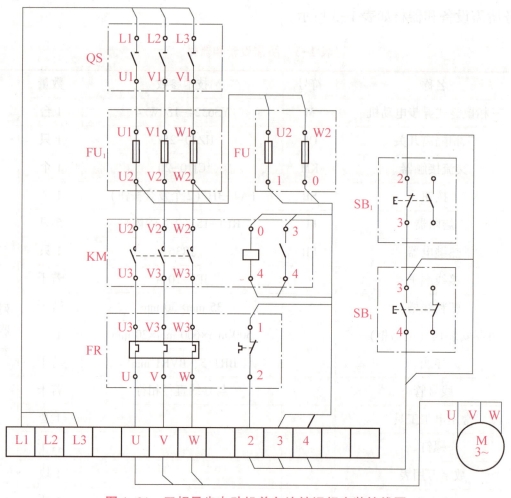

图 1-21　三相异步电动机单向连续运行安装接线图

5）通电试车。

①合上电源开关 QS，接通电源，按下启动按钮 SB_1，观察接触器 KM 的动作情况和电动机 M 的运行情况。

②按下停止按钮 SB_2，观察电动机 M 的停止情况，重复按 SB_2 与 SB_1，观察电动机的运行情况。

③观察电路过载保护的作用，可以采用手动的方式断开热继电器 FR 的常闭触点，进行试验。

④通电过程中若出现异常现象，应切断电源，分析故障现象，并报告老师。检查故障并排除后，经老师允许方可继续进行通电试车。

6）结束任务。任务完成后，首先切断电源，确保在断电情况下拆除连接的导线和电气元件，清点设备与器材，交老师检查。

（四）分析与思考

1）在图 1-20 中按下启动按钮 SB_1，电动机启动后，松开 SB_1 电动机仍能继续运行；而在图 1-19 中，按下启动按钮 SB_1，电动机启动后，若松开 SB_1 电动机将停止，试说明其原因。

2）电路中已安装了熔断器，为什么还要用热继电器？是否重复？

四、考核任务

三相异步电动机单向连续运行考核表如表 1-4 所示。

表 1-4　三相异步电动机单向连续运行考核表

序号	考核内容	考核要求	评分标准	配分	得分
1	电路图识读	1. 正确识别控制电路中各种电器元件符号及功能 2. 正确分析控制电路的工作原理	1. 电器元件符号不认识，每处扣 1 分 2. 电器元件功能不知道，每处扣 1 分 3. 电路工作原理分析不正确，每处扣 1 分	10	
2	装前准备	1. 器材齐全 2. 电器元件型号、规格符合要求 3. 检查电器元件外观、附件、备件 4. 用仪表检查电器元件质量	1. 器材缺少，每处扣 1 分 2. 电器元件型号、规格不符合要求，每只扣 1 分 3. 漏检或错检，每处扣 1 分	10	
3	元件安装	1. 按电器布置图安装 2. 元件安装牢固 3. 元件安装整齐、匀称、合理 4. 不能损坏元件	1. 不按布置图安装，该项不得分 2. 元件安装不牢固，每只扣 4 分 3. 元件布置不整齐、不匀称、不合理，每项扣 2 分 4. 损坏元件，该项不得分 5. 元件安装错误，每只扣 3 分	10	
4	导线连接	1. 按电路图或接线图接线 2. 布线符合工艺要求 3. 接点符合工艺要求 4. 不损伤导线绝缘或线芯 5. 正确套装线号管 6. 软线套线鼻 7. 接地线安装	1. 未按电路图或接线图接线，扣 20 分 2. 布线不符合工艺要求，每处口扣 3 分 3. 接点有松动、露铜过长、反圈、压绝缘层，每处扣 2 分 4. 损伤导线绝缘层或线芯，每根扣 5 分 5. 线号管套装不正确或漏套，每处扣 2 分 6. 不套线鼻，每处扣 1 分 7. 漏接接地线，扣 10 分	40	

续表

序号	考核内容	考核要求	评分标准	配分	得分
5	通电试车	在保证人身和设备安全的前提下，通电试验一次成功	1. 热继电器整定值错误或未整定，扣5分 2. 主电路、控制电路配错熔体，各扣5分 3. 验电操作不规范，扣10分 4. 一次试车不成功扣5分，两次试车不成功扣10分，三次试车不成功扣15分	20	
6	工具仪表使用	工具、仪表使用规范	1. 工具、仪表使用不规范，每次酌情扣1~3分 2. 损坏工具、仪表，扣5分	10	
7	故障检修	1. 正确分析故障范围 2. 查找故障并正确处理	1. 故障范围分析错误，从总分中扣5分 2. 查找故障的方法错误，从总分中扣5分 3. 故障点判断错误，从总分中扣5分 4. 故障处理不正确，从总分中扣5分		
8	技术资料归档	技术资料完整并归档	技术资料不完整或不归档，酌情从总分中扣3~5分		
9	安全文明生产	1. 要求材料无浪费，现场整洁干净 2. 工具摆放整齐，废品清理分类符合要求 3. 遵守安全操作规程，不发生任何安全事故，如违反安全文明生产要求，酌情扣3~40分；情节严重者，可判本次技能操作训练为零分，甚至取消本次实训资格			
10	定额时间	180 min，每超时5 min，扣5分			
11	开始时间		结束时间	实际时间	成绩
12	收获体会： 学生签名： 年 月 日				
13	教师评语： 教师签名： 年 月 日				

五、拓展知识

（一）点动与连续混合控制

机床设备在正常运行时，一般电动机都处于连续运行状态。但在试车或调整刀具与工件的相对位置时,又需要点动控制。实现这种控制要求的电路是点动与连续混合控制的控制电路,如图1-22所示。其中主电路如图1-22(a)所示。

图1-22(b)为开关选择的点动与连续运行控制电路,合上电源开关QS,当选择开关SA断开,按下按钮SB$_1$→KM线圈得电→KM线圈主触点闭合→电动机M实现单向点动;如果选择开关SA闭合,按下按钮SB$_2$→KM线圈得电并自锁→KM主触点闭合→电动机M实现单向连续运行。

图1-22(c)为按钮选择的点动与连续运行控制电路,在电源开关QS合上的条件下,按下SB$_1$,电动机M实现点动;按下SB$_2$,电动机M则实现连续运行。

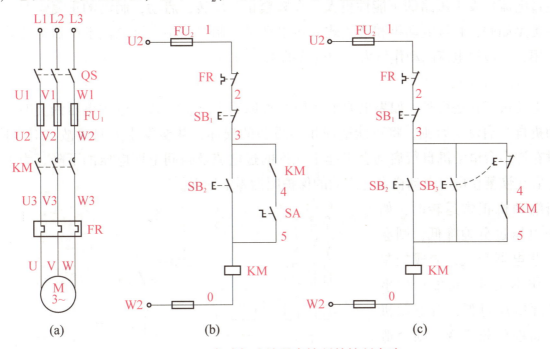

图1-22 点动与连续混合控制的控制电路

(a)主电路;(b)开关选择的点动与连续运行控制电路;(c)按钮选择的点动与连续运行控制电路

(二)电动机的常用保护环节

为了确保设备长期、安全、可靠、无故障地运行,机床电气控制系统必须有保护环节,用来保护电动机、电网、电气控制设备及人身的安全。电气控制系统中常用的保护环节有短路保护、过载保护、零压和欠压保护及弱磁保护等。

1. 短路保护

电动机绕组、导线的绝缘损坏或线路发生故障时,都可能造成短路事故。短路时,若不迅速切断电源,则会产生很大的短路电流和电动力,使电气设备受损。常用的短路保护元件有熔断器和自动开关。

2. 过载保护

电动机长期超载运行,其绕组温升将超过允许值,从而会造成绝缘材料变脆、使用寿命减少,甚至使电动机损坏。常用的过载保护元件是热继电器。

由于热惯性的原因，热继电器不会受电动机短时过载冲击电流或短路电流的影响而瞬时动作，因此在使用热继电器作过载保护元件的同时，还必须设有短路保护，并且选作短路保护熔断器的熔体的额定电流不应超过热继电器发热元件额定电流的 4 倍。

3. 过电流保护

过电流保护广泛应用于直流电动机或绕线式异步电动机。对于三相笼型异步电动机，由于其短时过电流不会产生严重后果，故可不设置过电流保护。过电流保护元件是过电流继电器。

过电流往往是由于电气设备不正确的使用和过大的负载引起的，一般比短路电流要小。但产生过电流比发生短路的可能性更大，在频繁正、反转，启动，制动的重复短时工作的电动机中更是如此。直流电动机和绕线式异步电动机控制线路中，过电流继电器也起着短路保护的作用，一般过电流的动作值为启动电流的 1.2 倍。

4. 零电压和欠电压保护

当电动机正在运行时，如果电源电压因某种原因消失，那么在电源电压恢复时，必须防止电动机自行启动。否则，将可能造成生产设备的损坏，甚至发生人身事故。对电网来说，若同时有许多台电动机自行启动会引起不允许的过电流及瞬间电网电压的下降。为了防止电网失电后在恢复供电时电动机自行启动的保护叫做零电压保护。

当电动机正常运转时，如果电源电压过分地降低，则会引起一些电器释放，造成控制线路工作不正常，可能产生事故。电源电压过低，对电动机来说，如果负载不变，则会造成绕组电流增大，使电动机转速下降甚至停转；还会引起其发热甚至烧坏。因此，在电源电压降到允许值以下时，需要采用保护措施将电源切断，这就是欠电压保护。

图 1-23 为电动机常用保护线路，熔断器 FU 用于短路保护，热继电器 FR 用于过载保护，过电流继电器 K11、K12 用于过电流保护，欠电压继电器

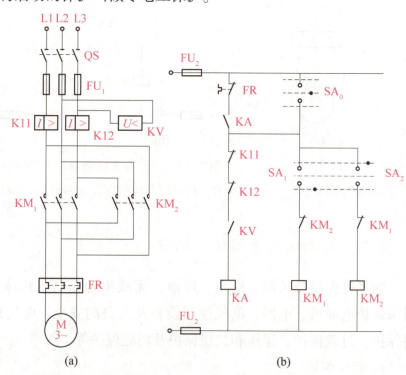

图 1-23 电动机常用保护线路
（a）主电路；（b）控制电路

KV 用于欠电压保护。触点 SA_0 闭合，中间继电器 KA 线圈得电并自锁，然后再将控制器打向 SA_1 或 SA_2，使接触器 KM_1 或 KM_2 得电，从而电动机 M 得以运转。中间继电器 KA 起零电压保护作用，当电源电压过低或消失时，欠电压继电器 KV 的常开触点断开，使中间继电器 KA 断电释放，接触器 KM_1 或 KM_2 也立即释放。由于控制器不在零位，因此在电源电压恢复时中

间继电器 KA 不会得电动作，同时接触器 KM_1 或 KM_2 也不会得电动作，从而实现了零电压保护。

若接触器用按钮启动，并由常开触点自锁保持得电，则可不必另加零电压保护继电器，因为电路本身兼备了零电压保护环节。

5. 弱磁保护

直流电动机在有一定强度下的磁场中才能启动，如果磁场强度太弱，则电动机的启动电流就会很大。当直流电动机正在运行时，磁场突然减弱或消失，其转速就会迅速升高，甚至发生"飞车"事故。因此，需要采取弱磁保护。弱磁保护是通过电动机励磁回路串入欠电流继电器来实现的。在电动机运行中，如果励磁电流消失或降低过多，欠电流继电器就会释放，其触点切断主回路接触器线圈的电源，使电动机断电停车。

六、总结任务

本任务介绍了交流接触器、熔断器、热继电器及按钮等低压电器的结构、工作原理、图形符号、技术参数及选择方法，电气控制系统图的基本知识，电气控制电路安装的步骤和方法。学生在单向连续运行控制电路工作原理及相关知识学习的基础上，通过对电路的安装和调试的操作，应掌握三相异步电动机单向连续运行控制电路安装与调试的基本技能，并加深对理论知识的理解。

任务二　工作台自动往返控制电路的安装与调试

一、引入任务

生产实际中，有很多机械设备都需要进行往返运动。例如，平面磨床矩形工作台的往返加工运动，万能铣床工作台的左右、前后和上下运动。这些往返运动都需要行程开关控制电动机的正、反转来实现。本任务主要介绍行程开关的结构、技术参数，可逆运行控制电路分析及自动往返控制电路的安装与调试的方法。

二、相关知识

（一）行程开关

行程开关又称位置开关或限位开关，是一种小电流控制器，可将机械信号转换为电信号，以实现对机械运动的控制，从而保护运动部件。它的作用原理与按钮类似，利用机械运动部件的碰压使其触点动作，从而将机械信号转换为电信号，使机械实现自动停止、反向运动、自动往复运动、变速运动等控制要求。

1. 行程开关的结构

各系列行程开关的结构基本相同，主要由触点系统、操作机构和外壳组成。行程开关按其结构可分为按钮式（又称直动式）行程开关、旋转式（又称滚轮式）行程开关和微动式行程开关3种，其外形如图1-24所示，其图形符号和文字符号如图1-25所示。行程开关动作后，其复位方式有自动复位和非自动复位两种。其中，按钮式和单轮旋转式行程开关为自动复位式，双轮旋转式行程开关没有复位弹簧，故在挡铁离开后不能自动复位，必须由挡铁从反方向碰撞后，才能复位。

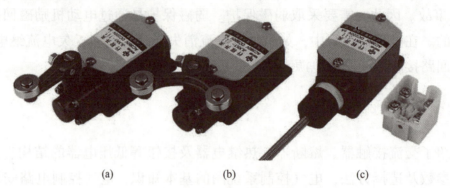

图1-24 行程开关外形

（a）按钮式（又称直动式）行程开关；（b）放置式（又称滚轮式）行程开关；（c）微动式行程开关

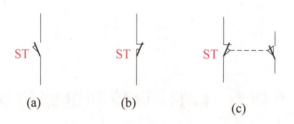

图1-25 行程开关图形符号和文字符号

（a）常开触点；（b）常闭触点；（c）复合触点

滚轮式行程开关

2. 行程开关的工作原理

当机械的挡铁压到滚轮上时，杠杆连同转轴一起转动，并推动撞块。当撞块被压到一定位置时，推动微动开关动作，使常开触点闭合，常闭触点断开。当机械的挡铁离开后，复位弹簧使行程开关各部位部件恢复常态。

行程开关的触点动作方式有蠕动型和瞬动型两种。蠕动型触点的分合速度取决于挡铁的移动速度，当挡铁移动速度低于0.4 m/min时，触点切换太慢，易受电弧烧灼，从而减少触点的使用寿命，也影响动作的可靠性。为克服以上的缺点，可采用具有快速换接动作机构的瞬动型触点。

（二）三相异步电动机正、反转控制

在生产过程中，往往要求电动机能实现正、反两个方向的转动。由三相异步电动机的工作原理可知，只要将电动机接到三相电源中的任意两根连线对调，即可使电动机反转。为此，只需在图1-26（a）所示的主电路中，用两个交流接触器就能实现这一要求。如果这两个交流

接触器同时工作，则这两根对调的电源线将通过它们的主触点引起电源短路。所以，在正、反转控制线路中，对实现正、反转的两个接触器之间要互相联锁，保证它们不能同时工作。电动机的正、反转控制线路，实际上是由互相联锁的两个相反方向的单向运行线路组成的。图 1-26（b）和图 1-26（c）分别为电气联锁控制电路和双重联锁控制电路两种正、反转控制电路。

1）电气联锁控制电路是电动机"正-停-反"控制电路，利用两个接触器的常闭触点 KM_1 和 KM_2 相互制约，即当一个接触器通电时，利用其串联在对方接触器的线圈电路中的常闭触点的断开来锁住对方的线圈电路。这种利用两个接触器的常闭触点来互相控制的方法称为"电气联锁"，起联锁作用的两对触点称为联锁触点。这种只有接触器联锁的控制电路在正转运行时，要想其反转必先停车，否则不能实现，因此叫做"正-停-反"控制电路，工作原理如下。

①启动控制。合上电源开关 QS，电动机正向启动；按下启动按钮 SB_2→KM_1 线圈通电并自锁，其主触点闭合→电动机 M 定子绕组加正相序电源直接正向启动运行。

②停止控制。按下停止按钮 SB_1→KM_1（或 KM_2）线圈断电→其主触点断开→电动机 M 定子绕组断电停转。

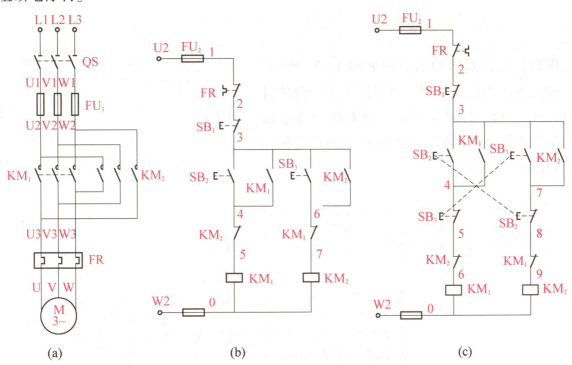

图 1-26 两种正、反转控制电路
(a) 主电路；(b) 电气联锁控制电路；(c) 双重联锁控制电路

③反向启动。按下启动按钮 SB_3→KM_2 线圈通电并自锁→其主触点闭合→电动机 M 定子绕组加反相序电源直接反向启动运行。

2）双重联锁控制电路是电动机"正-反-停"控制电路，采用两只复合按钮实现。在这个电路中，正转启动按钮 SB_2 的常开触点用来使正转接触器 KM_1 的线圈瞬时通电，其常闭触点则串联在反转接触器 KM_2 线圈的电路中，用来锁住 KM_2。反转启动按钮 SB_3 也按与 SB_2 相同的方法连接，当按下 SB₂ 或 SB₃ 时，首先是常闭触点断开，然后才是常开触点闭合。这样在需要改变电动机 M 的运动方向时，就不必按 SB₁ 停止按钮了，直接操作正、反转按钮即能实现电动机 M 的可逆运转。这种将复合按钮的常闭触点串联在对方接触器线圈电路中所起的联锁作用称为按钮联锁，又称机械联锁。电路的工作原理如下。

①启动控制。合上电源开关 QS，电动机正向启动；按下启动按钮 SB₂→其常闭触点断开对 KM₂ 实现联锁，之后 SB₂ 常开触点闭合→KM₁ 线圈通电→其常闭触点断开对 KM₂ 实现联锁，之后 KM₁ 自锁触点闭合，同时主触点闭合→电动机 M 定子绕组加正相序电源直接正向启动运行。

②反向启动。按下反向启动按钮 SB₃→其常闭触点断开对 KM₁ 实现联锁，之后 SB₃ 常开触点闭合→KM₁ 线圈通电→其常闭触点断开对 KM₂ 实现联锁，之后 KM₁ 自锁触点闭合，同时主触点闭合 →电动机 M 定子绕组加反相序电源直接反向启动。

③停止控制。按下停止按钮 SB₁→KM₁（或 KM₂）线圈断电→其主触点断开→电动机 M 定子绕组断电并停转。

这个电路既有接触器联锁，又有按钮联锁，故称为双重联锁的可逆控制电路，为机床电气控制系统所常用。

（三）工作台自动往返控制电路分析

工作台自动往返运动示意图如图 1-27 所示。图中，ST₁、ST₂ 为行程开关，用于控制工作台的自动往返；SQ₁、SQ₂ 为限位开关，用来作为终端保护，即限制工作台的行程。电动机自动循环行程控制电路如图 1-28 所示。

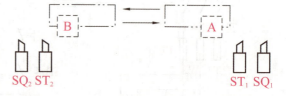

图 1-27　工作台自动往返运动示意图

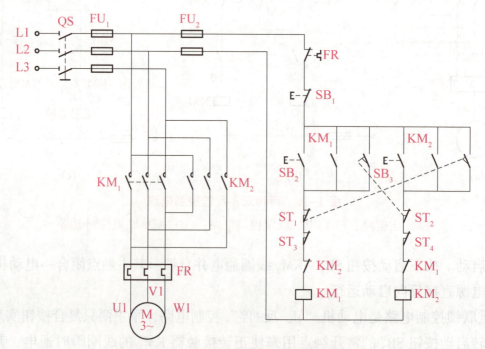

图 1-28　电动机自动循环行程控制电路

工作台自动往返工作过程如下：合上电源开关 QS，按下启动按钮 SB_2→KM_1 线圈得电并自锁→电动机 M 正转→工作台向左移动至左移预定位置→挡铁 B 压下 ST_2→ST_2 常闭触点断开→KM_1 线圈失电，随后 ST_2 常开触点闭合→KM_2 线圈得电→电动机 M 由正转变为反转→工作台向右移动至右移预定位置→挡铁 A 压下 ST_1→KM_2 线圈失电，KM_1 线圈得电→电动机 M 由反转变为正转→工作台向左移动。如此周而复始地自动往返工作。当按下停止按钮 SB_1→KM_1（或 KM_2）线圈失电→其主触点断开→电动机 M 停转→工作台停止移动。若因行程开关 ST_1、ST_2 失灵，则由极限保护限位开关 SQ_1、SQ_2 实现保护，避免运动部件因超出极限位置而发生事故。

正、反转行程控制动画及仿真 1

正、反转行程控制动画及仿真 2

正、反转行程控制动画及仿真 3

三、实施任务

（一）训练目标

1）学会工作台自动往返控制电路的安装方法。
2）理解三相异步电动机正、反转控制电路电气、机械联锁的原理。
3）初步学会工作台自动往返控制电路常见故障的排除方法。

（二）设备和器材

本任务所需设备和器材如表 1-5 所示。

表 1-5 所需设备和器材

序号	名称	符号	技术参数	数量	备注
1	三相鼠笼式异步电动机	M	YS6324-180W/4	1 台	表中所列元件及器材仅供参考
2	三相隔离开关	QS	HZ10-25/3	1 只	
3	交流接触器	KM	CJ10-20	1 个	
4	按钮	SB	LA4-3H（3 个复合按钮）	1 个	
5	熔断器	FU	RL1-15（2 A 熔体）	5 只	
6	热继电器	FR	JR36	1 只	
7	行程开关、限位开关	ST、SQ		各 1 个	
8	接线端子		JF3-10 A	若干	
9	塑料线槽		35 mm×30 mm	若干	

续表

序号	名称	符号	技术参数	数量	备注
10	电器安装板（电器柜）		500 mm×600 mm×20 mm	1个	表中所列元件及器材仅供参考
11	导线		BR1.5、BVR1 mm²	若干	
12	线号管		与导线直径相符	若干	
13	常用电工工具			1套	
14	螺钉			若干	
15	数字万用表			1块	
16	绝缘电阻表			1块	
17	钳形电流表			1块	

（三）实施步骤

1) 认真阅读工作台自动往返行程控制电路图，理解电路的工作原理。

2) 检查元件。检查各电器是否完好，熟悉各电器型号、规格，明确使用方法。

3) 电路安装。

①检查图1-28中标的线号。

②根据图1-28画出安装接线图，如图1-29所示。电器、线槽位置摆放要合理。

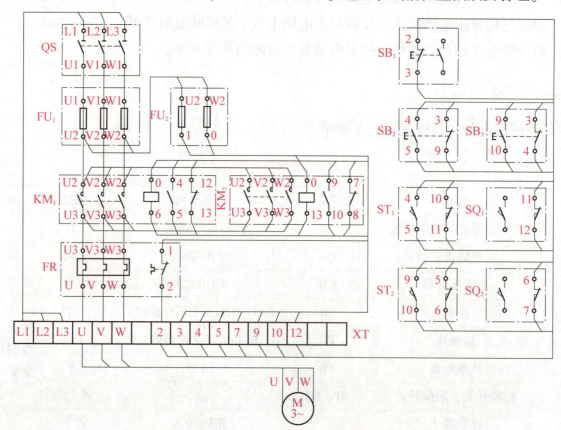

图1-29 工作台自动往返行程控制电路安装接线图

③安装电器与线槽。

④根据图1-29正确接线,先接主电路,后接控制电路。主电路导线截面积视电动机容量而定,控制电路导线通常采用截面积为1 mm²的铜线,主电路与控制电路导线需采用不同颜色进行区分。导线要走线槽,接线端需套线号管,线号要与图1-28中的控制电路一致。

4)检查电路。电路接线完毕,首先清理板面杂物,进行自查,确认无误后请老师检查,得到允许方可通电试车。

5)通电试车。

①左、右移动。合上电源开关QS,分别按SB_2、SB_3,观察工作台左、右移动情况,按SB_1电动机停止转动。

②电气联锁、机械联锁控制的试验。同时按下SB_2和SB_3,接触器KM_1和KM_2均不能通电,电动机M不转。按下正向启动按钮SB_2,电动机M正向运行,再按下反向启动按钮SB_3,电动机M从正转变为反转。

③电动机M不宜频繁持续地由正转变为反转,反转变为正转,故不宜频繁持续地操作SB_2和SB_3。

④SQ_1、SQ_2的限位保护。工作台在左、右往返移动过程中,若行程开关ST_1、ST_2失灵,则由限位开关SQ_1、SQ_2实现极限限位保护,以防止工作台运动超出行程而造成事故。

⑤通电过程中若出现异常现象,应立即切断电源,分析故障现象,并报告老师。检查故障并排除后,经老师允许方可继续通电试车。

6)结束任务。任务完成后,首先切断电源,确保在断电情况下拆除连接的导线和电气元件,清点设备与器材,交老师检查。

(四)分析与思考

1)按下正、反转启动按钮,若电动机旋转方向不改变,原因可能是什么?

2)若频繁持续地操作SB_2和SB_3,会产生什么现象?为什么?

3)同时按下SB_2和SB_3,会不会引起电源短路?为什么?

4)当电动机正常正向或反向运行时,轻按一下反向启动按钮SB_3或正向启动按钮SB_2,但不将按钮按到底,电动机运行状态如何?为什么?

5)如果行程开关ST_1、ST_2失灵,会出现什么现象?本任务采取什么措施解决了这一问题?

四、考核任务

工作台自动往返行程控制电路考核表如表1-6所示。

表1-6 工作台自动往返行程控制电路考核表

序号	考核内容	考核要求	评分标准	配分	得分
1	电路图识读	1. 正确识别控制电路中各种电器元件符号及功能 2. 正确分析控制电路的工作原理	1. 电器元件符号不认识,每处扣1分 2. 电器元件功能不知道,每处扣1分 3. 电路工作原理分析不正确,每处扣1分	10	
2	装前准备	1. 器材齐全 2. 电器元件型号、规格符合要求 3. 检查电器元件外观、附件、备件 4. 用仪表检查电器元件质量	1. 器材缺少,每处扣1分 2. 电器元件型号、规格不符合要求,每只扣1分 3. 漏检或错检,每处扣1分	10	
3	元件安装	1. 按电器布置图安装 2. 元件安装牢固 3. 元件安装整齐、匀称、合理 4. 不能损坏元件	1. 不按布置图安装,该项不得分 2. 元件安装不牢固,每只扣4分 3. 元件布置不整齐、不匀称、不合理,每项扣2分 4. 损坏元件,该项不得分 5. 元件安装错误,每只扣3分	10	
4	导线连接	1. 按电路图或接线图接线 2. 布线符合工艺要求 3. 接点符合工艺要求 4. 不损伤导线绝缘或线芯 5. 正确套装线号管 6. 软线套线鼻 7. 接地线安装	1. 未按电路图或接线图接线,扣20分 2. 布线不符合工艺要求,每处口扣3分 3. 接点有松动、露铜过长、反圈、压绝缘层,每处扣2分 4. 损伤导线绝缘层或线芯,每根扣5分 5. 线号管套装不正确或漏套,每处扣2分 6. 不套线鼻,每处扣1分 7. 漏接接地线,扣10分	40	
5	通电试车	在保证人身和设备安全的前提下,通电试验一次成功	1. 热继电器整定值错误或未整定,扣5分 2. 主电路、控制电路配错熔体,各扣5分 3. 验电操作不规范,扣10分 4. 一次试车不成功扣5分,两次试车不成功扣10分,三次试车不成功扣15分	20	
6	工具仪表使用	工具、仪表使用规范	1. 工具、仪表使用不规范,每次酌情扣1~3分 2. 损坏工具、仪表,扣5分	10	

续表

序号	考核内容	考核要求	评分标准	配分	得分
7	故障检修	1. 正确分析故障范围 2. 查找故障并正确处理	1. 故障范围分析错误，从总分中扣5分 2. 查找故障的方法错误，从总分中扣5分 3. 故障点判断错误，从总分中扣5分 4. 故障处理不正确，从总分中扣5分		
8	技术资料归档	技术资料完整并归档	技术资料不完整或不归档，酌情从总分中扣3~5分		
9	安全文明生产	1. 要求材料无浪费，现场整洁干净 2. 工具摆放整齐，废品清理分类符合要求 3. 遵守安全操作规程，不发生任何安全事故，如违反安全文明生产要求，酌情扣3~40分，情节严重者，可判本次技能操作训练为零分，甚至取消本次实训资格			
10	定额时间	180 min，每超时5 min，扣5分			
11	开始时间		结束时间	实际时间	成绩	
12	收获体会： 学生签名： 年 月 日				
13	教师评语： 教师签名： 年 月 日				

五、拓展知识

图1-30为多点控制电路。其中，SB_2、SB_1为安装在甲地的启动按钮和停止按钮，SB_4、SB_3为安装在乙地的启动按钮和停止按钮。电路的特点是启动按钮并联在一起，停止按钮串联在一起，即分别实现逻辑或和逻辑与的关系。这样，就可以分别在甲、乙两地控制同一台电动机，达到操作方便的目的。对于三地或多地控制，只要将各地的启动按钮并联、停止按钮串联即可实现。

六、总结任务

本任务通过工作台自动往返运动控制电路的安装引出了行程开关的结构、工作原

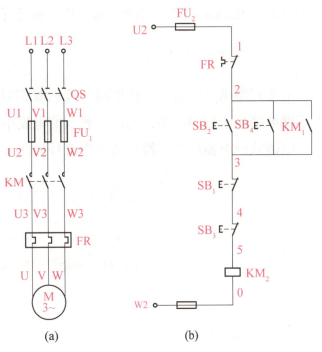

图1-30 多点控制电路
（a）主电路；（b）控制电路

理、常用型号及图形符号和选择，控制电路的分析；学生在工作台自动往返控制电路及相关知识学习的基础上，通过对电路的安装和调试，应掌握工作台自动往返控制电路安装与调试的基本技能，加深对相关理论知识的理解。

任务三　三相异步电动机 Y-△ 减压启动控制电路的安装与调试

一、引入任务

星形-三角形（Y-△）减压启动是指在电动机启动时把定子绕组接成星形，以降低启动电压，减小启动电流，待电动机启动后，当其转速上升至接近额定转速时，再把定子绕组改接成三角形，使电动机全压运行。Y-△ 减压启动适合正常运行时为三角形接法的三相笼型异步电动机轻载启动的场合，其特点是启动转矩小（仅为额定值的 1/3），转矩特性差（启动转矩下降为原来的 1/3）。本任务主要讨论相关的继电器结构、技术参数及三相异步电动机 Y-△ 减压启动控制电路的分析、安装与调试方法。

二、相关知识

继电器主要用于控制与保护电路中，可进行信号转换。继电器具有输入电路（又称感应元件）和输出电路（又称执行元件）功能，当感应元件中的输入量（如电流、电压、温度、压力等）变化到某一定值时继电器动作，执行元件便接通或断开控制回路。

（一）电磁式继电器

电磁式继电器结构、工作原理与接触器相似，由电磁系统、触点系统和释放弹簧等组成。由于继电器用于控制电路，其流过触点的电流小，故不需要灭弧装置。

电磁式继电器的图形符号和文字符号如图 1-31 所示。

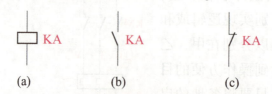

图 1-31　电磁式继电器的图形符号和文字符号

(a) 线圈；(b) 常开触点；(c) 常闭触点

1. 电流继电器

根据输入（线圈）电流大小而动作的继电器称为电流继电器，按用途不同还可分为过电流继电器和欠电流继电器，其图形符号和文字符号如图 1-32 所示。过电流继电器的任务是当电路发生短路及过流时立即将电路切断。当过电流继电器线圈通过的电流小于其整定电流时，继电器不动作；只有电流超过整定电流时，继电器才动作。欠电流继电器的任务是当电路电流过低时立即将电路切断。当欠电流继电器线圈通过的电流大于或等于其整定电流时，继电器吸合；只有电流低于整定电流时，继电器才释放。欠电流继电器一般是自动复位的。

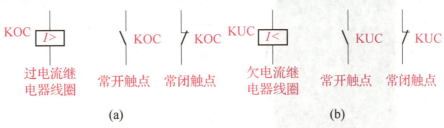

图 1-32　电流继电器的图形符号和文字符号

(a) 过电流继电器；(b) 欠电流继电器

2. 电压继电器

电压继电器是根据输入电压大小而动作的继电器，按用途不同还可分为过电压继电器、欠电压继电器和零电压继电器，其图形符号和文字符号如图 1-33 所示。过电压继电器是当电压大于其电压整定值时动作的电压继电器，主要用于对电路或设备做过电压保护。欠电压继电器是当电压小于其电压整定值时动作的电压继电器，主要用于对电路或设备做欠电压保护。零电压继电器是欠电压继电器的一种特殊形式，是当继电器的端电压降至或接近消失时才动作的电压继电器。

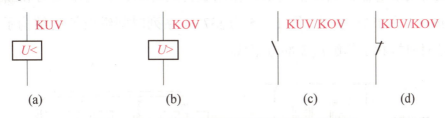

图 1-33　电压继电器的图形符号和文字符号

(a) 欠电压继电器线圈；(b) 过电压继电器线圈；(c) 常开触点；(d) 常闭触点

3. 中间继电器

中间继电器实质上是电压继电器的一种，它的触点数多，触点电流容量大，动作灵敏。中间继电器的主要用途是当其他继电器的触点数或触点容量不够时，可借助中间继电器来扩大它们的触点数或触点容量，从而起到中间转换的作用。中间继电器的结构及工作原理与接触器基本相同，因而中间继电器又称为接触器式继电器。但中间继电器的触点对数多，且没有主辅之分，各对触点允许通过的电流大小相同，多数为 5 A。因此，对于工作电流小于 5 A 的电气控制电路，可用中间继电器代替接触器来实施控制。中间继电器外形、图形符号和文字符号分别如图 1-34 (a)、图 1-34 (b) 所示。

常用的中间继电器有 JZ7 系列。以 JZ7—92 为例，其有 9 对常开触点，2 对常闭触点。

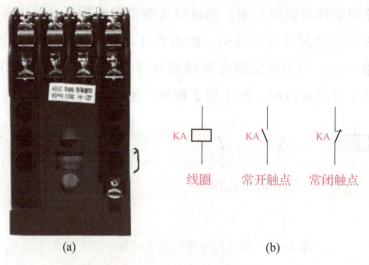

图 1-34 中间继电器
(a) 外形；(b) 图形符号和文字符号

（二）时间继电器

时间继电器是一种用来实现触点延时接通或断开的控制电器，按其动作原理与结构不同，可分为空气阻尼式时间继电器、电动式时间继电器和电子式时间继电器等。

1. 空气阻尼式时间继电器

空气阻尼式时间继电器是利用空气阻尼作用获得延时的，有通电延时和断电延时两种类型，其型号有 JS7-A 和 JS16 系列。图 1-35 为 JS7-A 系列时间继电器的结构示意图，它主要由电磁系统、延时机构和工作触点 3 部分组成。

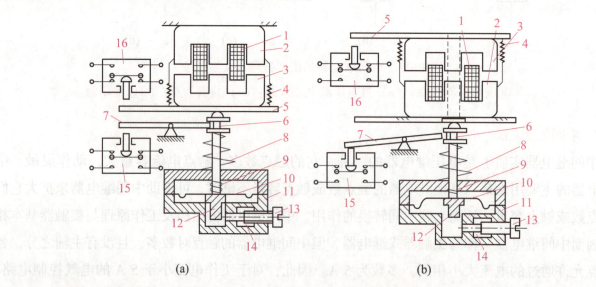

1—线圈；2—铁芯；3—衔铁；4—复位弹簧；5—推板；6—活塞杆；7—杠杆；8—塔形弹簧；9—弱弹簧；10—橡皮膜；11—空气室壁；12—活塞；13—调节螺杆；14—进气孔；15、16—微动开关。

图 1-35 JS7—A 系列时间继电器结构示意图
(a) 通电延时型；(b) 断电延时型

图1-35（a）为通电延时型时间继电器，当线圈1通电后，铁芯2将衔铁3吸合（推板5使微动开关16立即动作），活塞杆6在塔形弹簧8作用下，带动活塞12及橡皮膜10向上移动，由于橡皮膜下方气室空气稀薄，形成负压，因此活塞杆6不能迅速上移。当空气由进气孔14进入时，活塞杆6才逐渐上移。当其移到最上端时，杠杆7才使微动开关15动作。延时时间即为自电磁铁吸引线圈通电时刻起到微动开关动作时为止的这段时间。通过调节螺杆13调节进气孔14的大小，就可以调节延时时间。

当线圈1断电时，衔铁3在复位弹簧4的作用下将活塞12推向最下端。由于活塞被往下推时，橡皮膜下方气室内的空气都通过橡皮膜10、弱弹簧9和活塞12肩部所形成的单向阀，经上气室缝隙顺利排掉，因此延时与不延时的微动开关15与16都迅速复位。

将电磁机构翻转180°安装后，可得到图1-35（b）所示的断电延时型时间继电器。它的工作原理与通电延时型时间继电器相似，微动开关15是在吸引线圈断电后延时动作的。

空气阻尼式时间继电器的优点是结构简单、使用寿命长、价格低廉，还附有不延时的瞬动触点，所以应用较为广泛；其缺点是准确度低、延时误差大（±10%～±20%），因此在要求延时精度高的场合中不宜采用。

2. 晶体管式时间继电器

晶体管式时间继电器具有延时范围广、体积小、精度高、调节方便及使用寿命长等优点，所以其发展很快，应用日益广泛。

时间继电器

晶体管式时间继电器常用产品有JSJ、JSB、JJSB、JS14、JS20等系列。

时间继电器类型主要根据控制电路所需要的延时触点的延时方式、瞬时触点的数目及使用条件来选择。

时间继电器的图形符号和文字符号如图1-36所示。

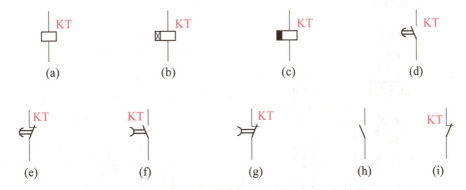

图1-36　时间继电器的图形符号和文字符号

（a）线圈一般符号；（b）通电延时线圈；（c）断电延时线圈；（d）延时闭合常开触点；（e）延时断开常闭触点；（f）延时断开常开触点；（g）延时闭合常闭触点；（h）瞬动常开触点；（i）瞬动常闭触点

（三）减压启动控制

三相笼型异步电动机可采用直接启动和减压启动。异步电动机的启动电流一般可达其额定电流的4~7倍，过大的启动电流会造成电网电压的显著下降，直接影响在同一电网内其他用电设备的正常工作；此外，电动机地频繁启动会造成严重发热，加速绕组绝缘老化，缩短电动机的寿命。因此，直接启动只适用于较小容量的电动机。当电动机容量较大（10 kW 以上）时，一般采用减压启动。

所谓减压启动，是指当电动机启动时降低加在其定子绕组上的电压，待启动后再将电压恢复到额定电压值，使之运行在额定电压下。

减压启动的目的在于减小电动机的启动电流，但同时启动转矩也将降低，因此减压启动只适用于空载或轻载下的启动。

减压启动的方法：定子绕组串电阻减压启动、Y-△减压启动、自变压器减压启动、软启动（固态减压启动器）和延边三角形减压启动等。

（四）三相异步电动机 Y-△减压启动控制电路分析

三相异步电动机 Y-△减压启动控制电路如图 1-37 所示。电路的工作原理：合上电源开关 QS，按下启动按钮 SB_2→KM、KM_2、KT 线圈同时得电吸合并自锁→KM_1、KM_3 的主触点闭合→电动机 M 按星形连接进行减压启动→当电动机 M 转速上升至接近额定转速时→通电延时型时间继电器 KT 动作→其延时断开常闭触点断开→KM_1 线圈断电释放→其联锁触点复位，主触点断开→电动机 M 失电解除星形连接。同时，KT 的延时闭合常开触点闭合→KM_2 线圈通电吸合并自锁→电动机 M 定子绕组连接成三角形全压运行。KM_1、KM 辅助常闭触点为联锁触点，以防电动机 M 定子绕组同时连接成星形和三角形造成主电路电源相间短路。

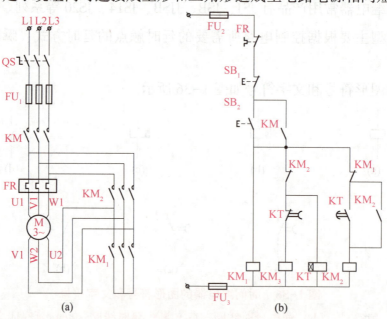

图 1-37 三相异步电动机 Y-△减压启动控制电路
（a）主电路；（b）控制电路

Y-△减压启动 1

Y-△减压启动 2

Y-△减压启动 3

三、实施任务

（一）训练目标

1）掌握三相异步电动机 Y-△减压启动控制电路的连接方法，从而进一步理解电路的工作原理和特点。

2）了解时间继电器的结构、工作原理及使用方法。

3）进一步熟悉电路的安装接线工艺。

4）熟悉三相异步电动机 Y-△减压启动控制电路的调试及常见故障的排除方法。

（二）设备和器材

本任务所需设备和器材如表1-7所示。

表1-7　所需设备和器材

序号	名称	符号	技术参数	数量	备注
1	三相鼠笼式异步电动机	M	YS6324-180W/4	1台	表中所列元件及器材仅供参考
2	三相隔离开关	QS	HZ10-25/3	1只	
3	交流接触器	KM	CJ10-20	1个	
4	按钮	SB	LA4-3H（2个复合按钮）	1个	
5	熔断器	FU	RL1-15（2A熔体）	5只	
6	热继电器	FR	JR36	1只	
7	时间继电器	KT	JS-4 A	1只	
8	接线端子		JF3-10 A	若干	
9	塑料线槽		35 mm×30 mm	若干	
10	电器安装板（电器柜）		500 mm×600 mm×20 mm	1个	
11	导线		BR1.5、BVR1 mm^2	若干	
12	线号管		与导线直径相符	若干	
13	常用电工工具			1套	
14	螺钉			若干	
15	数字万用表			1块	
16	绝缘电阻表			1块	
17	钳形电流表			1块	

（三）实施步骤

1）认真阅读三相异步电动机 Y-△减压启动控制电路图，理解电路的工作原理。

2）检查元件。检查各电器是否完好，熟悉各电器型号、规格，明确使用方法。

3）电路安装。

①检查图1-37中标的线号。

②根据图1-37画出安装接线图，如图1-38所示。电器、线槽位置摆放要合理。

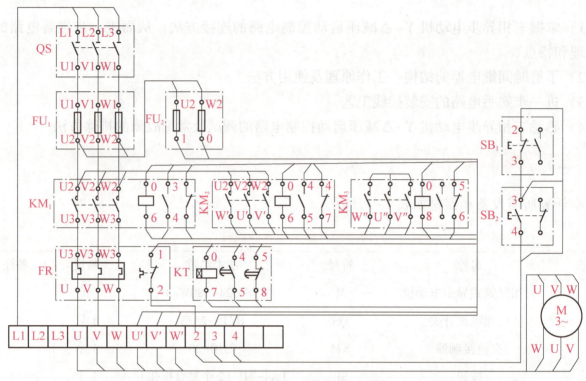

图1-38　三相异步电动机Y-△减压启动控制电路安装接线图

③安装电器与线槽。

④根据图1-38正确接线，先接主电路，后接控制电路。主电路导线截面积根据电动机容量而定，控制电路导线通常采用截面积为1 mm² 的铜线，主电路与控制电路导线需采用不同颜色进行区分。导线要走线槽，接线端需套线号管，线号要与图1-37中的控制电路一致。

4）检查电路。电路接线完毕，首先清理板面杂物，进行自查，确认无误后请老师检查，得到允许方可通电试车。

5）通电试车。

①合上电源开关QS，按下启动按钮SB_2，观察接触器动作顺序及电动机减压启动的过程。启动结束后，按下停止按钮SB_1，电动机停转。

②调整时间继电器KT的延时时间，观察电动机启动过程的变化。

③通电过程中若出现异常情况，应立即切断电源，分析故障现象，并报告老师。检查故障并排除后，经老师允许方可继续进行通电试车。

6）结束任务。任务完成后，首先切断电源，确保在断电情况下拆除连接的导线和电器元件，清点设备与器材，交老师检查。

（四）分析与思考

1）在三相异步电动机Y-△减压启动控制过程中，如果接触器KM_2、KM_3同时得电，会产生什么现象？为防止此现象出现，控制电路中采取了何种措施？

2) 时间继电器 KT 在电路中的作用是什么？请设计一个断电延时继电器控制三相异步电动机 Y-△减压启动控制的电路。

3) 若电路在启动过程中，不能从星形连接切换到三角形连接，则电路始终处在星形连接下运行，试分析故障原因。

四、考核任务

三相异步电动机 Y-△减压启动控制电路考核表如表 1-8 所示。

表 1-8　三相异步电动机 Y-△减压启动控制电路考核表

序号	考核内容	考核要求	评分标准	配分	得分
1	电路图识读	1. 正确识别控制电路中各种电器元件符号及功能 2. 正确分析控制电路的工作原理	1. 电器元件符号不认识，每处扣 1 分 2. 电器元件功能不知道，每处扣 1 分 3. 电路工作原理分析不正确，每处扣 1 分	10	
2	装前准备	1. 器材齐全 2. 电器元件型号、规格符合要求 3. 检查电器元件外观、附件、备件 4. 用仪表检查电器元件质量	1. 器材缺少，每处扣 1 分 2. 电器元件型号、规格不符合要求，每只扣 1 分 3. 漏检或错检，每处扣 1 分	10	
3	元件安装	1. 按电器布置图安装 2. 元件安装牢固 3. 元件安装整齐、匀称、合理 4. 不能损坏元件	1. 不按布置图安装，该项不得分 2. 元件安装不牢固，每只扣 4 分 3. 元件布置不整齐、不匀称、不合理，每项扣 2 分 4. 损坏元件，该项不得分 5. 元件安装错误，每只扣 3 分	10	
4	导线连接	1. 按电路图或接线图接线 2. 布线符合工艺要求 3. 接点符合工艺要求 4. 不损伤导线绝缘或线芯 5. 正确套装线号管 6. 软线套线鼻 7. 接地线安装	1. 未按电路图或接线图接线，扣 20 分 2. 布线不符合工艺要求，每处口扣 3 分 3. 接点有松动、露铜过长、反圈、压绝缘层，每处扣 2 分 4. 损伤导线绝缘层或线芯，每根扣 5 分 5. 线号管套装不正确或漏套，每处扣 2 分 6. 不套线鼻，每处扣 1 分 7. 漏接接地线，扣 10 分	40	

续表

序号	考核内容	考核要求	评分标准	配分	得分
5	通电试车	在保证人身和设备安全的前提下，通电试验一次成功	1. 热继电器整定值错误或未整定，扣5分 2. 主电路、控制电路配错熔体，各扣5分 3. 验电操作不规范，扣10分 4. 一次试车不成功扣5分，两次试车不成功扣10分，三次试车不成功扣15分	20	
6	工具仪表使用	工具、仪表使用规范	1. 工具、仪表使用不规范，每次酌情扣1~3分 2. 损坏工具、仪表，扣5分	10	
7	故障检修	1. 正确分析故障范围 2. 查找故障并正确处理	1. 故障范围分析错误，从总分中扣5分 2. 查找故障的方法错误，从总分中扣5分 3. 故障点判断错误，从总分中扣5分 4. 故障处理不正确，从总分中扣5分		
8	技术资料归档	技术资料完整并归档	技术资料不完整或不归档，酌情从总分中扣3~5分		
9	安全文明生产	1. 要求材料无浪费，现场整洁干净 2. 工具摆放整齐，废品清理分类符合要求 3. 遵守安全操作规程，不发生任何安全事故，如违反安全文明生产要求，酌情扣3~40分，情节严重者，可判本次技能操作训练为零分，甚至取消本次实训资格			
10	定额时间	180 min，每超时5 min，扣5分			
11	开始时间	结束时间	实际时间	成绩	
12	收获体会：			学生签名： 年 月 日	
13	教师评语：			教师签名： 年 月 日	

五、拓展知识

（一）定子绕组串电阻减压启动控制

定子绕组串电阻减压启动是指启动时，在电动机定子绕组中串联电阻，通过电阻的分压作用，使电动机定子绕组上的电压减小；待电动机转速上升至接近其额定转速时，将电阻切除，使电动机在额定电压（全压）下正常运行。这种启动方法适用于电动机容量不大、启动不频繁且平稳的场合，特点是启动转矩小，加速平滑，但电阻上的能量损耗大。

图1-39为三相异步电动机定子绕组串电阻减压启动控制原理图。图中，SB_2为启动按钮，SB_1为停止按钮，R为启动电阻，KM_1为电源接触器，KM_2为切除启动电阻用的接触器，KT为控制启动过程的时间继电器。电路的工作原理：合上电源开关QS，按下启动按钮SB_2→KM_1线圈得电并自锁→电动机M定子绕组串入电阻R减压启动，同时时间继电器KT得电→经延时后KT延时闭合常开触点闭合→KM_2线圈得电并自锁 →KM_1辅助常闭触点断开→KM_2、KT线圈失电，KM_2主触点闭合将启动电阻R短接→电动机M进入全压正常运行。

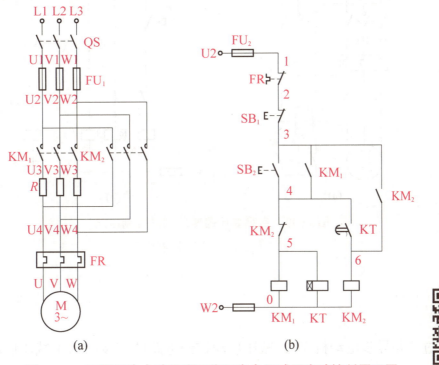

图1-39 三相异步电动机定子绕组串电阻减压启动控制原理图
(a) 主电路；(b) 控制电路

定子串电阻减压启动

（二）自耦变压器减压启动控制

自耦变压器减压启动是指当电动机启动时，利用自耦变压器来降低加在电动机定子绕组上的启动电压；电动机启动后，当电动机转速上升至接近其额定转速时，将自耦变压器切除，电动机定子绕组直接加电源电压，进入全压正常运行。这种启动方法适用于电动机容量较大、正常工作时接成星形或三角形的电动机，其启动转矩可以通过改变抽头的连接位置来改变。它的缺点是价格较贵，而且不允许频繁启动。

图1-40为自耦变压器减压启动控制电路。图中，KM_2为减压启动接触器，KM_1为全压运行接触器，KA为中间继电器，KT为减压启动控制时间继电器。电路工作原理：合上电源开关QS，按下启动按钮SB_2→KM_1、KT线圈同时得电，KM_1线圈得电吸合并自锁→将自耦变压器接入→电动机M由自耦变压器二次电压供电作减压启动。当电动机M转速接近其额定转速

时→时间继电器 KT 延时时间到动作→其延时闭合常开触点闭合→使 KA 线圈得电并自锁→其常闭触点断开 KM_1 线圈电路→KM_1 线圈失电后返回→将自耦变压器从电源切除，KA 的常开触点闭合→使 KM_1 线圈得电吸合→其主触点闭合→电动机 M 定子绕组加全电压进入正常运行。

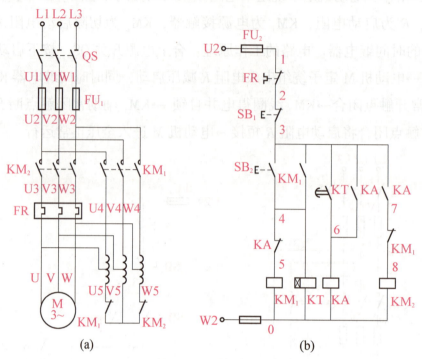

图 1-40　自耦变压器减压启动控制电路

（a）主电路；（b）控制电路

六、总结任务

本任务通过三相异步电动机 Y-△减压启动控制电路的安装引出了减压启动、电磁式继电器的基本知识和时间继电器的结构、工作原理、常用型号及图形符号、类型选择，以及三相异步电动机 Y-△减压启动控制电路的分析；学生在三相异步电动机 Y-△减压启动控制电路及相关知识学习的基础上，通过对电路的安装和调试，应掌握电动机基本控制电路安装与调试的基本技能，加深对相关理论知识的理解。

本任务还介绍了三相异步电动机定子绕组串电阻减压启动和自耦变压器减压启动控制电路的组成，并对它们的工作原理做了详细的分析。

任务四　三相异步电动机能耗制动控制电路的安装与调试

一、引入任务

电动机制动控制方法有机械制动和电气制动。常用的电气制动有反接制动和能耗制动等。

能耗制动是指在电动机脱离三相交流电源后，向定子绕组内通入直流电源，建立静止磁场，转子以惯性旋转，转子导体切割定子恒定磁场产生转子感应电动势，并利用转子感应电流与静止磁场的作用产生制动的电磁转矩，从而达到制动的目的。在制动过程中，电流、转速、时间 3 个参数都在变化，可任取一个作为控制信号。按时间作为控制参数，其控制电路简单，故实际应用较多。本任务主要讨论相关的速度继电器结构、技术参数，能耗制动控制电路原理分析及电路安装与调试的方法。

二、相关知识

（一）速度继电器

速度继电器是根据电磁感应原理制成，用于转速的检测。例如，可用来在三相交流感应电动机反接制动，其转速过零时自动切除反相序电源。图 1-41 为速度继电器的结构原理图。

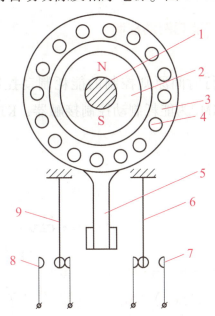

1—转轴；2—转子；3—定子；4—绕组；5—摆锤；6、9—簧片；7、8—静触点。

图 1-41 速度继电器的结构原理图

速度继电器主要由转子、圆环（笼形空心绕组）和触点 3 个部分组成。转子由一块永久磁铁制成，与电动机同轴相连，用以接收转动信号。当转子（磁铁）旋转时，笼型绕组切割转子磁场产生感应电动势，形成环内电流，此电流与磁铁磁场相作用，产生电磁转矩，圆环在此力矩的作用下带动摆杆，克服弹簧力而顺转子转动的方向摆动，并拨动触点，改变其通断状态（在摆杆左、右各设一组切换触点，分别在速度继电器正转和反转时发生作用）。当调节弹簧弹力时，可使速度继电器在不同转速时切换触点，从而改变通断状态。

速度继电器

速度继电器的动作转速一般不低于 120 r/min，其复位转速约在 100 r/min 以下，工作时允许的转速为 1 000~3 900 r/min。由速度继电器的正转和反转切换触点的动作来反映电动机转向和速度的变化。常用的速度继电器型号有 JY1 型和 JFZ0 型。

速度继电器的图形符号和文字符号如图 1-42 所示。

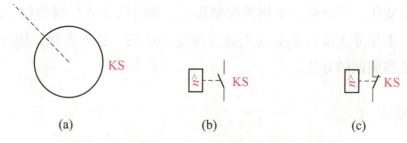

图 1-42 速度继电器的图形符号和文字符号

(a) 转子；(b) 常开触点；(c) 常闭触点

（二）能耗制动

1. 三相异步电动机单向运行能耗制动控制

（1）电路的组成

三相异步电动机按单向运行时间原则控制的能耗制动控制电路如图 1-43 所示。图中，KM_1 为单向运行控制接触器，KM_2 为能耗制动控制接触器，KT 为控制能耗制动的通电延时型时间继电器。

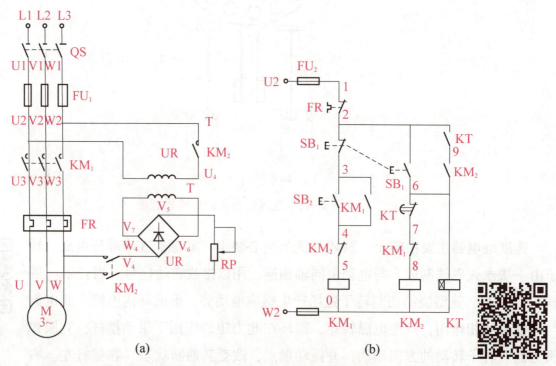

图 1-43 三相异步电动机按单向运行时间原则控制的能耗控制电路

(a) 主电路；(b) 控制电路

能耗制动

（2）电路的工作原理

1）启动控制。合上电源开关 QS，按下启动按钮 SB_2→KM_1 线圈得电并自锁→KM_1 主触点闭合→电动机 M 实现全压启动并正常运行，同时 KM_1 辅助常闭触点断开对反接制动控制接触器 KM_2 实现联锁。

2）制动控制。在电动机 M 单向正常运行需要停车时，按下停止按钮 SB_1，其常闭触点断开→KM_1 线圈失电→KM_1 主触点断开，切断电动机 M 三相交流电源。SB_1 常开触点闭合→KM_2、KT 线圈同时得电并自锁，其主触点闭合→电动机 M 定子绕组接入直流电源进行能耗制动。电动机 M 转速迅速下降，当其转速接近零时，时间继电器 KT 延时时间到→KT 的延时断开常闭触点断开→KM_2、KT 线圈相继失电返回，能耗制动结束。

图 1-43 中，KT 的瞬动常开触点与 KM_2 的辅助常开触点串联，其作用是，当发生 KT 线圈断线或机械卡住故障，致使 KT 的延时断开常闭触点断不开，常开触点也合不上时，只有按下停止按钮 SB_1，使其成为点动能耗制动。若无 KT 的常开瞬动触点串联 KM_2 辅助常开触点，则在发生上述故障时，按下停止按钮 SB_1 后，将使 KM_2 线圈长期得电吸合，电动机 M 两相定子绕组长期接入直流电源。

2. 三相异步电动机可逆运行能耗制动控制

（1）电路的组成

图 1-44 为三相异步电动机按速度原则控制的可逆运行能耗制动控制电路。图中，KM_1、KM_2 为电动机正、反转接触器，KM_3 为能耗制动接触器，KS 为速度继电器，其中 KS-1 为速度继电器正向常开触点，KS-2 为速度继电器反向常开触点。

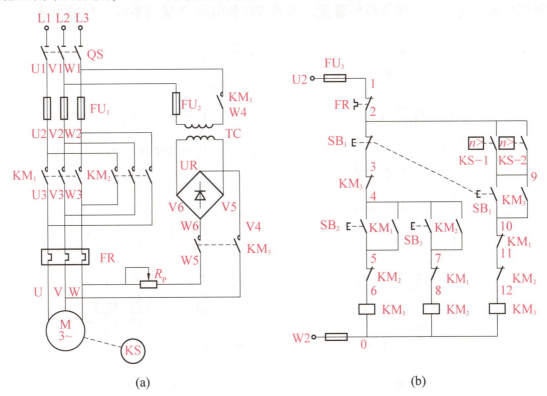

图 1-44 三相异步电动机按速度原则控制的可逆运行能耗制动控制电路
（a）主电路；（b）控制电路

（2）电路的工作原理

1) 启动控制。合上电源开关 QS，按下启动按钮 SB_2（或 SB_3）→KM_1（或 KM_2）线圈得电吸合并自锁→其主触点闭合→M 实现正向（或反向）全压启动并正常运行。当电动机 M 的转速上升至 120 r/min 时，速度继电器 KS 的 KS-1（或 KS-2）闭合，为能耗制动做准备。

2) 制动控制。停车时，按下停止按钮 SB_1→其常闭触点断开→KM_1（或 KM_2）线圈失电，其主触点断开→切除电动机 M 定子绕组三相电源。当 SB_1 常开触点闭合时→KM_3 线圈得电并自锁→其主触点闭合→电动机 M 定子绕组加直流电源进行能耗制动，其转速迅速下降，当转速下降至 100 r/min 时，速度继电器 KS 返回→其 KS-1（或 KS-2）复位断开→KM_3 线圈失电返回→其主触点断开，切除电动机 M 的直流电源，能耗制动结束。

电动机可逆运行能耗制动也可采用时间原则，用时间继电器取代速度继电器，同样能达到制动的目的。

对于负载转矩较为稳定的电动机，在能耗制动时采用时间原则控制为宜；若传动机构能反映电动机转速，则采用速度原则控制较为合适。

3. 无变压器单管能耗制动控制

（1）电路的组成

前述两种能耗制动控制电路均需一套整流装置和整流变压器。为简化能耗制动控制电路，减少附加设备，在制动要求不高、电动机功率在 10 kW 以下时，可采用无变压器单管能耗制动控制电路。它采用无变压器的单管半波整流电路来产生能耗直流电源，这种电源体积小、成本低，如图 1-45 所示。其整流电源电压为 220 V，由制动接触器 KM_2 的主触点接至电动机 M 定子两相绕组，并由另一相绕组经整流二极管 VD 和电阻 R 接到零线，构成回路。

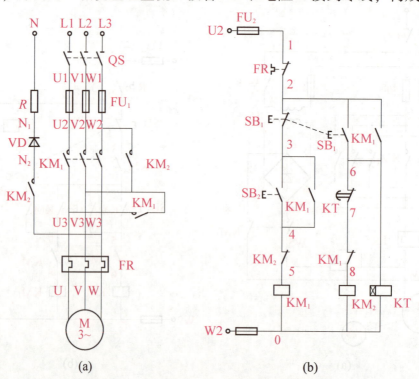

图 1-45 无变压器单管能耗制动控制电路

（a）主电路；（b）控制电路

（2）电路的工作原理

1）启动控制。合上电源开关 QS，按下启动按钮 $SB_2 \rightarrow KM_1$ 线圈得电吸合并自锁→其主触点实现全压启动并正常运行。

2）制动控制。在电动机 M 正常运行需要停车时，按下停止按钮 SB_1，其常闭触点断开，KM_1 线圈失电→KM_1 主触点断开→切断电动机 M 定子绕组三相交流电源，SB_1 常开触点闭合→KM_2、KT 线圈同时得电并自锁，其主触点闭合→电动机 M 定子绕组接入单向脉动直流电流进入能耗制动状态。电动机 M 转速迅速下降，当其转速接近零时，时间继电器 KT 延时时间到→KT 的延时断开常闭触点断开→KM_2、KT 相继失电返回，能耗制动结束。

三、实施任务

（一）训练目标

1）掌握三相异步电动机能耗制动控制电路的连接方法，从而进一步理解电路的工作原理和特点。

2）熟悉三相异步电动机能耗制动控制电路的调试和常见故障的排除方法。

（二）设备和器材

本任务所需设备和器材如表 1-9 所示。

表 1-9 所需设备和器材

序号	名称	符号	技术参数	数量	备注
1	三相鼠笼式异步电动机	M	YS6324-180W/4	1 台	表中所列元件及器材仅供参考
2	三相隔离开关	QS	HZ10-25/3	1 只	
3	交流接触器	KM	CJ10-20	1 个	
4	按钮	SB	LA4-3H（2 个复合按钮）	1 个	
5	熔断器	FU	RL1-15（2 A 熔体）	5 只	
6	热继电器	FR	JR36	1 只	
7	时间继电器	KT	JS-4 A	1 只	
8	接线端子		JF3-10 A	若干	
9	塑料线槽		35 mm×30 mm	若干	
10	电器安装板（电器柜）		500 mm×600 mm×20 mm	1 个	
11	导线		BR1.5、BVR1 mm^2	若干	
12	线号管		与导线直径相符	若干	
13	常用电工工具			1 套	

续表

序号	名称	符号	技术参数	数量	备注
14	变压器	TC		1个	表中所列元件及器材仅供参考
15	电位器	R_P		1只	
16	二极管	VD		1只	
17	螺钉			若干	
18	数字万用表			1块	
19	绝缘电阻表			1块	
20	钳形电流表			1块	

（三）实施步骤

1) 认真阅读三相异步电动机单向运行能耗制动控制电路图，理解电路的工作原理。

2) 检查元件。检查各电器是否完好，熟悉各电器型号、规格，明确使用方法。

3) 电路安装。

①检查图 1-43 中标的线号。

②根据图 1-43 画出安装接线图，如图 1-46 所示。电器、线槽位置摆放要合理。

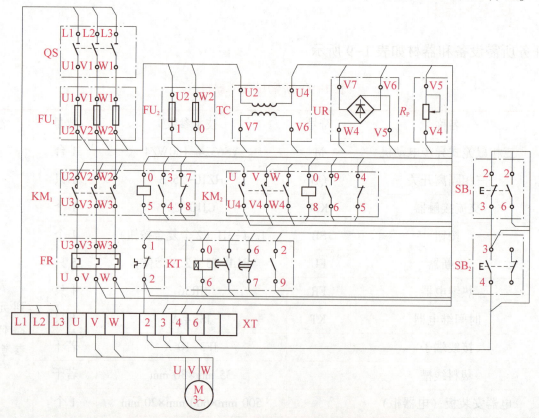

图 1-46　单向运行能耗制动控制电路安装接线图

③安装电器与线槽。

④根据图 1-46 正确接线，先接主电路，后接控制电路。主电路导线截面积视电动机容量

而定，控制电路导线通常采用截面积为 1 mm² 的铜线，主电路与控制电路导线需采用不同颜色进行区分。接线时要分清二极管的正、负极和二极管的安装接线方式。导线要走线槽，接线端需套线号管，线号要与图 1-43 一致。

4）检查电路。电路接线完毕，首先清理板面杂物，进行自查，确认无误后请老师检查，得允许方可通电试车。

5）通电试车。

①合上电源开关 QS，按下启动按钮 SB_2，使电动机启动并进入正常运行状态。

②按下停止按钮 SB_1，观察电动机制动效果。调节时间继电器 KT 的延时，使电动机在停机后能及时切断制动电源。

③减小和增大时间继电器 KT 的延时时间值，观察电路在制动时，会出现什么情况；减小和增大变阻器的阻值，同样观察电路在制动时出现的情况。

④通电过程中若出现异常情况，应立即切断电源，分析故障现象，并报告老师。检查故障并排除后，经老师允许方可继续进行通电试车。

6）结束任务。任务完成后，首先切断电源，确保在断电情况下拆除连接的导线和电器元件，清点设备与器材，交老师检查。

（四）分析与思考

1）在图 1-43 中，时间继电器 KT 延时时间的改变对制动效果有什么影响？为什么？

2）能耗制动与反接制动比较，各有什么特点？

四、考核任务

单向运行能耗制动控制电路考核表如表 1-10 所示。

表 1-10 单向运行能耗制动控制电路考核表

序号	考核内容	考核要求	评分标准	配分	得分
1	电路图识读	1. 正确识别控制电路中各种电器元件符号及功能 2. 正确分析控制电路的工作原理	1. 电器元件符号不认识，每处扣 1 分 2. 电器元件功能不知道，每处扣 1 分 3. 电路工作原理分析不正确，每处扣 1 分	10	
2	装前准备	1. 器材齐全 2. 电器元件型号、规格符合要求 3. 检查电器元件外观、附件、备件 4. 用仪表检查电器元件质量	1. 器材缺少，每处扣 1 分 2. 电器元件型号、规格不符合要求，每只扣 1 分 3. 漏检或错检，每处扣 1 分	10	

续表

序号	考核内容	考核要求	评分标准	配分	得分
3	元件安装	1. 按电器布置图安装 2. 元件安装牢固 3. 元件安装整齐、匀称、合理 4. 不能损坏元件	1. 不按布置图安装，该项不得分 2. 元件安装不牢固，每只扣 4 分 3. 元件布置不整齐、不匀称、不合理，每项扣 2 分 4. 损坏元件，该项不得分 5. 元件安装错误，每只扣 3 分	10	
4	导线连接	1. 按电路图或接线图接线 2. 布线符合工艺要求 3. 接点符合工艺要求 4. 不损伤导线绝缘或线芯 5. 正确套装线号管 6. 软线套线鼻 7. 接地线安装	1. 未按电路图或接线图接线，扣 20 分 2. 布线不符合工艺要求，每处口扣 3 分 3. 接点有松动、露铜过长、反圈、压绝缘层，每处扣 2 分 4. 损伤导线绝缘层或线芯，每根扣 5 分 5. 线号管套装不正确或漏套，每处扣 2 分 6. 不套线鼻，每处扣 1 分 7. 漏接接地线，扣 10 分	40	
5	通电试车	在保证人身和设备安全的前提下，通电试验一次成功	1. 热继电器整定值错误或未整定，扣 5 分 2. 主电路、控制电路配错熔体，各扣 5 分 3. 验电操作不规范，扣 10 分 4. 一次试车不成功扣 5 分，两次试车不成功扣 10 分，三次试车不成功扣 15 分	20	
6	工具仪表使用	工具、仪表使用规范	1. 工具、仪表使用不规范，每次酌情扣 1~3 分 2. 损坏工具、仪表，扣 5 分	10	
7	故障检修	1. 正确分析故障范围 2. 查找故障并正确处理	1. 故障范围分析错误，从总分中扣 5 分 2. 查找故障的方法错误，从总分中扣 5 分 3. 故障点判断错误，从总分中扣 5 分 4. 故障处理不正确，从总分中扣 5 分		
8	技术资料归档	技术资料完整并归档	技术资料不完整或不归档，酌情从总分中扣 3~5 分		

续表

序号	考核内容	考核要求	评分标准	配分	得分
9	安全文明生产	1. 要求材料无浪费，现场整洁干净 2. 工具摆放整齐，废品清理分类符合要求 3. 遵守安全操作规程，不发生任何安全事故，如违反安全文明生产要求，酌情扣3~40分，情节严重者，可判本次技能操作训练为零分，甚至取消本次实训资格。			
10	定额时间	180 min，每超时5 min，扣5分			
11	开始时间		结束时间	实际时间	成绩
12	收获体会：			学生签名：	年 月 日
13	教师评语：			教师签名：	年 月 日

五、拓展知识

反接制动是在停车时，利用改变电动机定子绕组中三相电源的相序，产生与转动方向相反的转矩从而起到制动作用。为防止电动机在制动时反转，必须在电动机转速接近零时，及时将反接电源切除，此时电动机才能真正停下来。机床中广泛应用速度继电器来实现电动机反接制动的自动控制。电动机与速度继电器转子是同轴连接在一起的，当电动机转速在120~3 000 r/min时，速度继电器的触点动作；当电动机转速低于100 r/min时，其触点恢复原位。

反接制动时，由于旋转磁场的相对速度很大，同时定子电流也很大，因此制动迅速。但制动时冲击大，对传动部件有损害，能量消耗也较大。通常仅适用于不经常启动和制动的10 kW以下的小容量电动机。为了减小冲击电流，可在主回路中串联电阻 R 来限制反接制动的电流。

下面介绍电动机单向反接制动控制。

（1）电路的组成

图1-47为电动机单向反接制动控制电路。图中，KM_1 为电动机单向运行接触器，KM_2 为反接制动接触器，KS为速度继电器，R 为反接制动电阻。

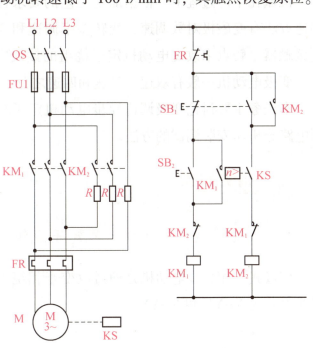

图1-47　电动机单向反接制动控制电路

（2）电路的工作原理

1）启动控制。合上电源开关 QS，按下启动按钮 SB_2→KM_1 线圈得电并自锁→其主触点闭合，电动机 M 全压启动并正常运行。当电动机 M 转速达到 120 r/min 时→速度继电器 KS 动作→其常开触点闭合，为反接制动做准备。

2）制动控制。按下停止按钮 SB_1→其常闭触点断开→KM_1 线圈失电返回→KM_1 主触点断开→切断电动机 M 原相序三相交流电源，但电动机 M 仍以惯性高速旋转。当 SB_1 被按到底时，其常开触点闭合→KM_2 线圈得电并自锁，其主触点闭合→电动机 M 定子串入三相对称电阻 R，并接入反相序三相交流电源进行反接制动，电动机 M 转速迅速下降。当电动机 M 转速下降到 100 r/min 时→速度继电器 KS 返回→其常开触点复位→KM_2 线圈失电返回→其主触点断开电动机反相序交流电源，反接制动结束，电动机自然停车。

六、总结任务

学生在能耗制动及相关知识学习的基础上，通过对电路的安装和调试，应掌握电动机基本控制电路安装与调试的基本技能，加深对相关理论知识的理解。

任务五 双速异步电动机变极调速控制电路的安装与调试

一、引入任务

机械在生产过程中，根据加工工艺的要求往往需要改变电动机的转速。三相异步电动机调速方法有变磁极对数调速、变转差率调速和变频调速 3 种。变磁极对极（变极）调速是通过接触器主触点来改变电动机定子绕组的接线方式，以获得不同的磁极对数来达到调速的目的。变极电动机一般有双速、三速和四速之分。

本任务主要讨论变极调速异步电动机定子绕组的接线方式及双速异步电动机变极调速控制电路分析与安装调试的方法。

二、相关知识

（一）变极调速异步电动机定子绕组的接线方式

变极式三相异步电动机是通过改变半相绕组的电流方向来改变磁极对数的，常用的两种接线方式为 Y-YY 和 △-YY。

1. Y-YY

Y-YY 双速异步电动机三相绕组连接示意图如图 1-48 所示，当异步电动机三相绕组连接成 Y 时，将 U、V、W 端接电源，U″、V″、W″端悬空；当连接成 YY 时，将 U、V、W 端连接在一起，U″、V″、W″端接电源。

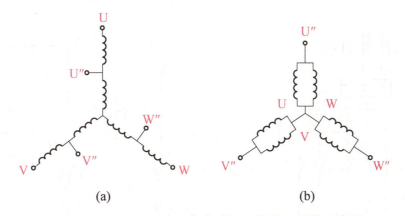

图 1-48　Y-YY 双速异步电动机三相绕组连接示意图
(a) Y 连接；(b) YY 连接

2. △-YY

△-YY 异步电动机三相绕组连接示意图如图 1-49 所示，当异步电动机三相绕组连接成△时，将 U、V、W 端接电源，U″、V″、W″端悬空；当连接成 YY 时，将 U、V、W 连接在一起，U″、V″、W″端接电源。

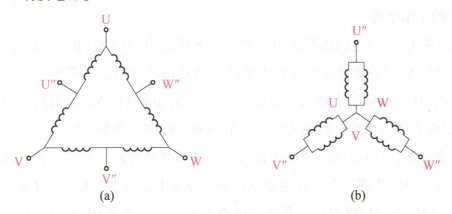

图 1-49　△-YY 异步电动机三相绕组连接示意图
(a) △连接；(b) YY 连接

（二）双速异步电动机变极调速连接控制电路分析

（1）电路组成

双速异步电动机变极调速连接控制电路如图 1-50 所示。图中，SB_2 为低速启动按钮，SB_3 为高速启动按钮，KM_1 为电动机△连接接触器，KM_2、KM_3 为电动机 YY 连接接触器，KT 为电动机低速切换高速控制的时间继电器。

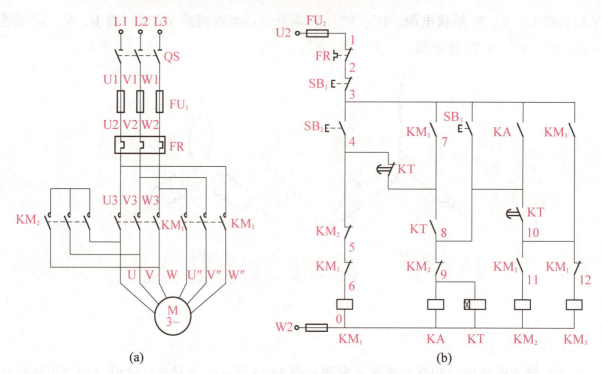

图 1-50 双速异步电动机变极调速连接控制电路

(a) 主电路；(b) 控制电路

(2) 电路的工作原理

合上电源开关 QS，当电动机低速启动时，按下低速启动按钮 SB_2→KM_1 线圈得电→其主触点闭合→电动机 M 定子绕组连接成△作低速启动并正常运行。如果电动机高速启动，则按下高速启动按钮 SB_3→中间继电器 KA 和通电延时型时间继电器 KT 线圈同时得电并自锁，此时 KT 瞬动常开触点闭合→KM_1 线圈得电→其联锁触点断开，主触点闭合→电动机 M 定子绕组连接成△作低速启动。当时间继电器 KT 延时时间到→其延时断开的常闭触点断开，延时闭合的常开触点闭合→KM_1 线圈失电→其主触点断开→电动机 M 定子绕组短时断电→KM_1 联锁触点闭合→KM_3、KM_1 线圈相继得电，其联锁触点断开后，主触点闭合→电动机 M 定子绕组连接成 YY 并接入三相电源作高速运行，即电动机实现低速启动切换高速运行。

注意：△-YY 连接的双速异步电动机，启动时只能在△连接下低速启动，而不能在 YY 连接下高速启动。另外，为保证电动机运行方向不变，在转化成 YY 连接时应使电源换相，否则电动机将反转。

三、任务实施

（一）训练目标

1) 掌握双速异步电动机变极调速连接控制电路的连接方法，从而进一步理解电路的工作原理和特点。

2）熟悉双速异步电动机的触点位置，学会双速异步电动机的接线方法。

3）熟悉双速异步电动机变极调速连接控制电路的调试和常见故障的排除方法。

（二）设备和器材

本任务所需设备和器材如表 1-11 所示。

表 1-11 所需设备和器材

序号	名称	符号	技术参数	数量	备注
1	双速三相鼠笼式异步电动机	M	Y0D63-2/4 极	1 台	表中所列元件及器材仅供参考
2	三相隔离开关	QS	HZ10-25/3	1 只	
3	交流接触器	KM	CJ10-20	1 个	
4	按钮	SB	LA4-3H（3 个复合按钮）	1 个	
5	熔断器	FU	RL1-15（2 A 熔体）	5 只	
6	热继电器	FR	JR36	1 只	
7	时间继电器	KT	JS-4 A	1 只	
8	中间继电器	KA	JZ 系列	1 只	
9	接线端子		JF3-10 A	若干	
10	塑料线槽		35 mm×30 mm	若干	
11	电器安装板（电器柜）		500 mm×600 mm×20 mm	若干	
12	导线		BR1.5、BVR1 mm^2	若干	
13	线号管		与导线直径相符	若干	
14	常用电工工具			1 套	
15	螺钉			若干	
16	数字万用表			1 块	
17	绝缘电阻表			1 块	

（三）实施步骤

1）认真阅读双速异步电动机变极调速连接控制电路图，理解电路的工作原理。

2）检查元件。检查各电器是否完好，熟悉各电器型号、规格，明确使用方法。特别要明确双速异步电动机的△连接与 YY 连接。

3）电路安装。

①检查图 1-50 中标的线号。

②根据图 1-50 画出安装接线图，如图 1-51 所示。电器、线槽位置摆放要合理。

③安装电器与线槽。

④根据图 1-51 正确接线，先接主电路，后接控制电路。主电路导线截面积视电动机容量

而定，控制电路导线通常采用截面积为 1 mm² 的铜线，主电路与控制电路导线需采用不同颜色进行区分。导线要走线槽，接线端需套线号管，线号要与图 1-50 中的控制电路图一致。

注意：接线时需注意电动机 6 个接线端（U、V、W 及 U″、V″、W″）的正确连接。

4）检查电路。电路接线完毕，首先清理板面杂物，进行自查，确认无误后请老师检查，得到允许方可通电试车。

5）通电试车。

①合上电源开关 QS，如果按下启动按钮 SB_2，则电动机 M 连接成△，开始低速启动并正常运行。

②如果按下启动按钮 SB_3，则电动机 M 首先作△连接低速启动，当时间继电器 KT 延时时间到，则切换为 YY 连接作高速运行。

③按下停止按钮 SB_1，电动机 M 逐渐停车。

④通电过程中若出现异常情况，应立即切断电源，分析故障现象，并报告老师。检查故障并排除后，经老师允许方可继续进行通电试车。

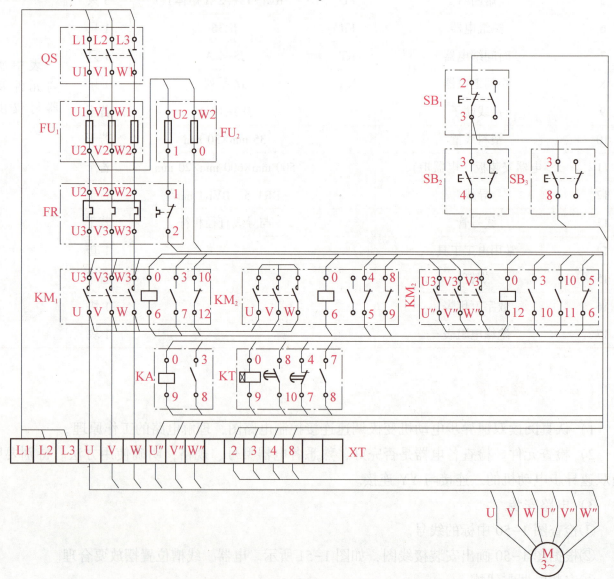

图 1-51 双速异步电动机变极调速连接控制电路安装接线图

6）结束任务。任务完成后，首先切断电源，确保在断电情况下拆除连接的导线和电器元件，清点设备与器材，交老师检查。

（四）分析与思考

1）在图 1-51 中，KA、KT 的作用分别是什么？

2）在实施任务中，如果将双速异步电动机的接线端 U 和 V 接反，结果会怎么样？为什么？

四、考核任务

双速异步电动机变极调速连接控制电路考核表如表 1-12 所示。

表 1-12　双速异步电动机变极调速连接控制电路考核表

序号	考核内容	考核要求	评分标准	配分	得分
1	电路图识读	1. 正确识别控制电路中各种电器元件符号及功能 2. 正确分析控制电路的工作原理	1. 电器元件符号不认识，每处扣 1 分 2. 电器元件功能不知道，每处扣 1 分 3. 电路工作原理分析不正确，每处扣 1 分	10	
2	装前准备	1. 器材齐全 2. 电器元件型号、规格符合要求 3. 检查电器元件外观、附件、备件 4. 用仪表检查电器元件质量	1. 器材缺少，每处扣 1 分 2. 电器元件型号、规格不符合要求，每只扣 1 分 3. 漏检或错检，每处扣 1 分	10	
3	元件安装	1. 按电器布置图安装 2. 元件安装牢固 3. 元件安装整齐、匀称、合理 4. 不能损坏元件	1. 不按布置图安装，该项不得分 2. 元件安装不牢固，每只扣 4 分 3. 元件布置不整齐、不匀称、不合理，每项扣 2 分 4. 损坏元件，该项不得分 5. 元件安装错误，每只扣 3 分	10	
4	导线连接	1. 按电路图或接线图接线 2. 布线符合工艺要求 3. 接点符合工艺要求 4. 不损伤导线绝缘或线芯 5. 正确套装线号管 6. 软线套线鼻 7. 接地线安装	1. 未按电路图或接线图接线，扣 20 分 2. 布线不符合工艺要求，每处口扣 3 分 3. 接点有松动、露铜过长、反圈、压绝缘层，每处扣 2 分 4. 损伤导线绝缘层或线芯，每根扣 5 分 5. 线号管套装不正确或漏套，每处扣 2 分 6. 不套线鼻，每处扣 1 分 7. 漏接接地线，扣 10 分	40	

续表

序号	考核内容	考核要求	评分标准	配分	得分
5	通电试车	在保证人身和设备安全的前提下，通电试验一次成功	1. 热继电器整定值错误或未整定，扣5分 2. 主电路、控制电路配错熔体，各扣5分 3. 验电操作不规范，扣10分 4. 一次试车不成功扣5分，两次试车不成功扣10分，三次试车不成功扣15分	20	
6	工具仪表使用	工具、仪表使用规范	1. 工具、仪表使用不规范，每次酌情扣1~3分 2. 损坏工具、仪表，扣5分	10	
7	故障检修	1. 正确分析故障范围 2. 查找故障并正确处理	1. 故障范围分析错误，从总分中扣5分 2. 查找故障的方法错误，从总分中扣5分 3. 故障点判断错误，从总分中扣5分 4. 故障处理不正确，从总分中扣5分		
8	技术资料归档	技术资料完整并归档	技术资料不完整或不归档，酌情从总分中扣3~5分		
9	安全文明生产	1. 要求材料无浪费，现场整洁干净 2. 工具摆放整齐，废品清理分类符合要求 3. 遵守安全操作规程，不发生任何安全事故，如违反安全文明生产要求，酌情扣3~40分，情节严重者，可判本次技能操作训练为零分，甚至取消本次实训资格			
10	定额时间	180 min，每超时5 min，扣5分			
11	开始时间	结束时间	实际时间	成绩	
12	收获体会： 学生签名：　　　　　年　月　日				
13	教师评语： 教师签名：　　　　　年　月　日				

五、拓展知识

交流电动机主要分为同步电动机和异步电动机两大类，它们的工作原理和运行性能都有很大差别。同步电动机的转速与电源频率之间有着严格的关系，异步电动机的转速虽然也与其电源频率有关，但不像同步电动机那样严格。同步电动机主要用作发电机，目前交流发电机几乎都是采用同步电动机。异步电动机则主要用作原动机，大部分生产机械均用异步电动机作为原动机。

下面分析三相异步电动机中的一般问题。

（一）三相异步电动机的工作原理

三相异步电动机工作原理如图 1-52 所示。图中，N-S 是一对磁极，在两个磁极相对的空间里装有一个能够转动的圆柱形铁芯，在铁芯外圆槽内嵌放有导体，导体两端各用一圆环将它连接成一个整体。如在某种因素的作用下，使磁极以 n_1 的速度逆时针方向旋转，形成一个旋转磁场，则转子导体就会切割磁力线而产生感应电动势 e。用右手定则可以判定，在转子上半部分的导体中，感应电动势 e 的方向为 $\oplus$，下半部分导体的感应电动势 e 的方向为 $\odot$。在感应电动势的作用下，导体中就会有电流 i 产生，若不计电动势与电流的相位差，则电流 i 与电动势 e 同方向。载流导体在磁场中将受到一电磁力 F 的作用，由左手定则可以判定其方向。由于电磁力 F 所形成的电磁转矩 T 使转子以 n 的速度旋转，故其旋转方向与磁场的旋转方向相同，这就是异步电动机的基本工作原理。

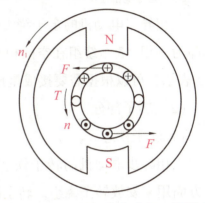

图 1-52　三相异步电动机工作原理

旋转磁场的旋转速度 n_1 称为同步转速。因为转子转动的方向与磁场的旋转方向是一致的，所以如果 $n=n_1$，则磁场与转子之间就没有相对运动，它们之间就不存在电磁感应关系，也就不能在转子导体中形成感应电动势，产生电流，从而不能产生电磁转矩。可见，异步电动机的转子速度不可能等于磁场旋转的速度。

转子转速 n 与旋转磁场转速 n_1 之差称为转差 Δn，转差与磁场转速 n_1 之比称为转差率 s，其公式为

$$s = \frac{n_1 - n}{n_1} \times 100\%$$

其中，转差率 s 是决定感应电动机运行情况的一个基本数据，也是感应电动机一个很重要的参数。

实际上，感应电动机的旋转磁场是由装在其定子铁芯上的三相绕组，通入对称的三相电流而产生的。

和其他旋转电动机一样，三相异步电动机也是由定子和转子两大部分组成。定、转子之间为气隙，三相异步电动机的气隙比其他类型的电动机要小得多，一般为 0.23~2.0 mm，气隙的大小对三相异步电动机的性能影响很大。下面简要介绍三相异步电动机的主要零部件的构造、作用和材料。

（1）定子部分

1）机座。

三相异步电动机的机座仅起固定和支撑定子铁芯的作用，一般用铸铁铸造而成。根据电

动机防护方式、冷却方式和安装方式的不同，机座的形式也不同。

2）定子铁芯。

三相异步电动机的定子铁芯由 0.5 mm 厚的硅钢片叠压而成，其铁芯内圆有均匀分布的槽，用以嵌放定子绕组，冲片上涂有绝缘漆（小型电动机也有不涂漆的）作为片间绝缘以减少涡流损耗，三相异步电动机的定子铁芯是电动机磁路的一部分。

3）定子绕组。

三相异步电动机的定子绕组是一个三相对称绕组，它由 3 个完全相同的绕组组成，每个绕组即为一相，3 个绕组在空间相差 120°电角度，每相绕组的两端分别用 U1-U2、V1-V2、W1-W2 表示，可以根据需要接成星形或三角形。

（2）转子部分

1）转子铁芯。

三相异步电动机的转子铁芯的作用和定子铁芯相同，一方面作为电动机磁路的一部分，一方面用来安放转子绕组。转子铁芯也是用 0.5 mm 厚的硅钢片叠压而成，套在转轴上。

2）转子绕组。

三相异步电动机的转子绕组分为绕线型与笼型两种。

绕线型转子绕组也是一个三相绕组，一般连接成星形，3 根引出线分别接到其转轴上的 3 个与转轴绝缘的集电环上，通过电刷装置与外电路相连。这就有可能在转子电路中串联电阻以改善电动机的运行性能，绕线型转子绕组与外加变阻器的连接如图 1-53 所示。

笼型绕组在转子铁芯的每一个槽中插入一铜条，在铜条两端各用一铜环（称为端环）将导条连接起来，称为铜排转子，如图 1-54（a）所示。也可用铸铝的方法，将转子导条和端环、风扇叶片用铝液一次浇铸而成，称为铸铝转子，如图 1-54（b）所示。100 kW 以下的三相感应电动机一般采用铸铝转子。

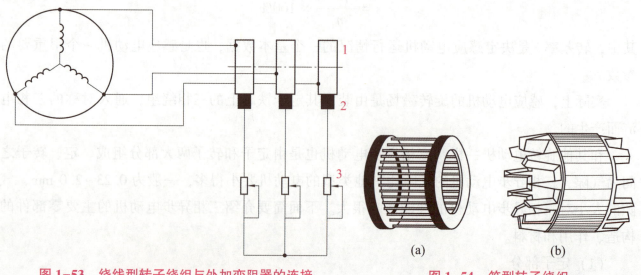

图 1-53　绕线型转子绕组与外加变阻器的连接

图 1-54　笼型转子绕组

（a）铜排转子；（b）铸铝转子

笼型转子绕组结构简单、制造方便、运行可靠，所以得到广泛应用。

图 1-55、图 1-56 分别为笼型异步电动机和绕线型异步电动机的结构图。

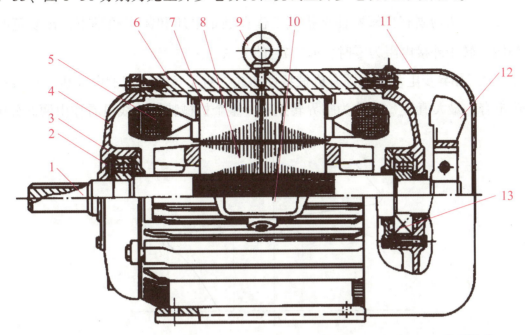

1—轴；2—弹簧片；3—轴承；4—端盖；5—定子绕组；6—机座；7—定子铁芯；
8—转子铁芯；9—吊环；10—出线盒；11—风罩；12—风扇；13—轴承内盖。

图 1-55 笼型异步电动机的结构图

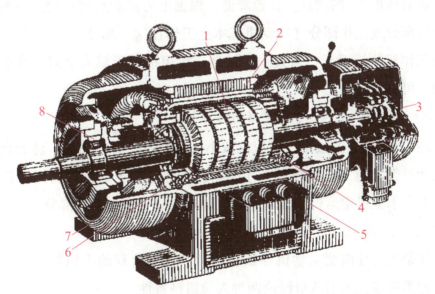

1—转子；2—定子；3—集电环；4—定子绕组；5—出线盒；6—转子绕组；7—端盖；8—轴承。

图 1-56 绕线型异步电动机的结构图

（二）三相异步电动机的机械特性

三相异步电动机的机械特性是指在一定条件下，电动机的转速 n 与转矩 T_{em} 之间的关系，即 $n=f(T_{em})$。因为异步电动机的转速与转差率存在一定的关系，所以异步电动机的机械特性

也往往用 $T_{em}=f(s)$ 的形式表示，通常称为 T-s 曲线。

1. 三相异步电动机固有机械特性的分析

三相异步电动机的固有机械特性是指其工作在额定电压和额定频率下，按规定的接线方式接线，当定、转子外接电阻为零时，n 与 T_{em} 的关系。

图 1-57 为三相异步电动机的固有机械特性曲线，对于负载一定的电动机，在某一转差率 s_m 时，其转矩有一最大值 T_m。s_m 称为临界转差率，整个机械特性曲线可看作由两部分组成。

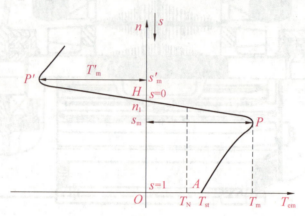

图 1-57　三相异步电动机的固有机械特性曲线

（1）H-P 部分（转矩由 O-T_m，转差率由 O-s_m）

在这一部分随着转矩 T_{em} 的增加，转速降低，根据电力拖动系统稳定运行的条件，称这部分为可靠稳定运行部分或工作部分（电动机基本上工作在这一部分）。三相异步电动机的固有机械特性曲线的工作部分接近于一条直线，只是在转矩接近于最大值时，弯曲较大。故一般在额定转矩以内，可看作直线。

（2）P-A 部分（转矩由 T_m-T_{st}，转差率由 s_m-1）

在这一部分随着转矩 T_{em} 的减小，转速也减小，特性曲线为一曲线，称为机械特性的曲线部分。只有当电动机带动通风机负载时，才能在这一部分稳定运行；而对恒转矩负载或恒功率负载，在这一部分不能稳定运行，因此有时也称这一部分为非工作部分。

2. 三相异步电动机人为机械特性的分析

人为机械特性是人为地改变电动机参数或电源参数而得到的机械特性，三相异步电动机的人为机械特性种类很多，本书着重讨论两种人为机械特性。

（1）降低定子电压时的人为机械特性

当定子电压 U_1 降低时，电动机的电磁转矩（包括最大转矩 T_m 和启动转矩 T_{st}）将与 U_1^2 成正比地降低，但产生最大转矩的临界转差率 s_m 因与电压无关，故保持不变；由于电动机的同步转速 n_1 也与电压无关，因此同步点也不变。可见，降低定子电压时的人为机械特性曲线为一组通过同步点的曲线族。图 1-58 为三相异步电动机降低电压时的人为机械特性曲线，图中绘出了 $U_1=U_N$ 的固有机械特性曲线和 $U_1=0.8U_N$ 及 $U_1=0.5U_N$ 时的人为机械特性曲线。

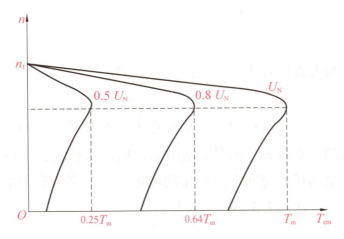

图 1-58 三相异步电动机降低电压时的人为机械特性曲线

由图 1-58 可见，当电动机在某一负载下运行时，若降低电压，将使电动机转速降低，转差率增大，转子电流也将因此增大，从而引起定子电流的增大。若电动机电流超过额定值，则电动机最终温升将超过允许值，导致电动机使用寿命缩短，甚至烧坏。如果电压降低过多，致使最大转矩 T_m 小于总的负载转矩时，则会发生电动机停转事故。

（2）转子电路中串联对称电阻时的人为机械特性

在绕线转子异步电动机转子电路内，三相分别串联大小相等的电阻 R_{pa}，由上述分析可知，此时电动机的同步转速 n_1 不变，最大转矩 T_m 也不变，而临界转差率 s_m 则随 R_{pa} 的增大而增大，其人为机械特性曲线为一组通过同步点的曲线族，如图 1-59 所示。

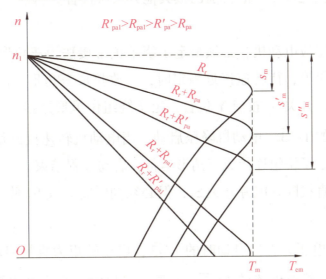

图 1-59 转子电路中串接对称电阻时的人为机械特性曲线

显然，在一定范围内增加转子电阻，可以增大电动机的启动转矩 T_{st}，如果串接某一数值的电阻后使 $T_{x1}=T_m$，这时若再增大转子电阻，则启动转矩将开始减小。

转子电路串联附加电阻，适用于绕线型异步电动机的启动和调速。

三相异步电动机人为机械特性的种类很多，除了上述两种外，还有改变定子极对数、改变电源频率的人为机械特性等，以后将在讨论异步电动机的各种运行状态时进行分析。

(三) 三相笼型异步电动机的启动

三相笼型异步电动机有直接启动与降压启动两种方法。

(1) 直接启动

直接启动也称为全压启动，启动时，电动机定子绕组直接承受额定电压。这种启动方法最简单，也不需要复杂的启动设备。但是，这时启动的电流较大，一般可达额定电流的 4~7 倍。过大的启动电流对电动机本身和电网电压的稳定均会带来不利影响，一般直接启动只允许在小功率电动机中使用（$P_N \leq 7.5 \text{ kW}$）。

(2) 降压启动

降压启动的目的是限制启动电流，通过启动设备使电动机定子绕组承受的电压小于额定电压，待电动机转速达到某一数值时，再使定子绕组承受额定电压，从而使电动机在额定电压下稳定工作。

1) 电阻降压或电抗降压启动。

图 1-60 为电阻降压启动原理图，电动机启动时，在定子电路中串联电阻，这样就降低了加在定子绕组上的电压，从而也就减小了启动电流。若启动瞬时加在定子绕组上的电压为 $U_N/\sqrt{3}$，则启动电流 I_{st}' 将为全压启动时启动电流 I_{st} 的 $1/\sqrt{3}$，即 $I_{st}' = I_{st}/\sqrt{3}$。因为转矩与电压的平方成正比，所以启动转矩 T_{st}' 仅为全压启动时启动转矩 T_{st} 的 1/3，即 $T_{st}' = T_{st}/3$。这种启动方法，由于启动时能量损耗较多，故目前已被其他方法所代替。

2) Y-△启动。

用这种启动方法的感应电动机，必须是定子绕组正常接法为三角形的电动机。在启动时，先将三相定子绕组接成星形，待转速接近稳定时，再改接成三角形，图 1-61 为 Y-△启动原理图。当电动机启动时，开关 S_2 投向 Y 位置，定子绕组做星形连接，这时定子绕组承受的电压只有做三角形连接时的 $1/\sqrt{3}$。电动机降压启动，当电动机转速接近稳定值时，开关 S_2 将迅速投向△位置。此时，定子绕组连接成三角形运行，启动过程结束。

电动机停转时，可直接断开电源开关 S_1，但必须同时将开关 S_2 放在中间位置，以免其再次启动时造成直接启动。

Y-△启动时，定子电压为直接启动时的 $1/\sqrt{3}$，启动转矩为直接启动时的 1/3。由于三角形连接时绕组内的电流是线路电流的 $1/\sqrt{3}$，而星形连接时，线路电流等于绕组内的电流，因此接成星形启动时的线路电流只有接成三角形启动时的 1/3。

Y-△启动操作方便，启动设备简单，应用较广泛，但仅适用于正常运转时定子绕组接成三角形的电动机。因此，对于一般用途的小型异步电动机，当其容量大于 4 kW 时，定子绕组的正常接法都采用三角形。

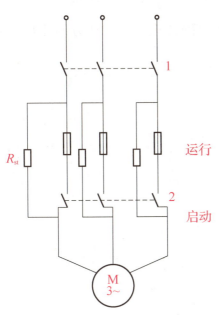
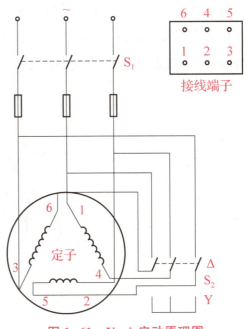

图 1-60 电阻降压启动原理图　　　　图 1-61 Y-△启动原理图

（四）三相异步电动机的制动

三相异步电动机的制动是指在运行过程中其产生的电磁转矩与转速的方向相反的运行状态。根据能量传送关系可分为能耗制动、反接制动和回馈制动，下面主要就前两种进行介绍。

1. 能耗制动

将运行的三相异步电动机定子绕组断开，接入直流电源，串入适当转子电阻，这时的电动机处于能耗制动运行状态，如图 1-62 所示。

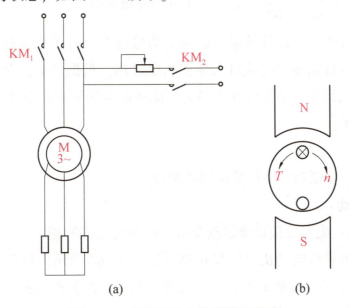

图 1-62 三相异步电动机能耗制动

（a）三相异步电动机能耗制动接线图；（b）三相异步电动机能耗制动原理图

断开定子三相交流电源，定子旋转磁场消失。当定子输入直流电时，在电动机中产生恒定磁场,由于转子在动能作用下转动,切割恒定磁场,产生转子感应电动势,从而产生感应电流(可由右手定则判断);感应电流与磁场的作用产生电磁转矩,与转速方向相反(可由左手定则判断)。能耗制动特性曲线如图 1-63 所示。

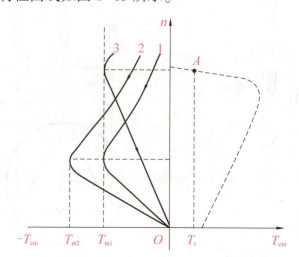

1—电动机正转转矩-转速机械特性曲线；2—电动机反转转矩-转速机械特性曲线；
3—转子电路串电阻人为机械特性曲线。

图 1-63 能耗制动特性曲线

三相异步电动机在能耗制动过程中,利用转子的动能进行发电,在转子电阻中以热的形式消耗掉。

能耗过程中,由于定子磁场固定,转子转速为 n,所以转差 $\Delta n = n$,转差率 $s = \dfrac{\Delta n}{n_1} = \dfrac{n}{n_1}$,转子感应电动势频率 $f_2 = \dfrac{pn}{60} = \dfrac{psn_1}{60} = sf_1$,其中 p 为磁极对数。

定子直流励磁电流越大→磁场越强→感应电动势越大→转子电流越大→制动电磁转矩越大→制动效果越好。但直流励磁电流过大会使绕组过热。根据经验,对于鼠笼式异步电动机可取 $4 \sim 5 I_0$,对绕线式异步电动机可取 $2 \sim 3 I_0$。能耗制动的优点是制动力矩较大,制动平稳,主要用于快速平稳停车。

2. 反接制动

反接制动分电源反接制动与倒拉反接制动两种。

(1) 电源反接制动

1) 电源反接方法：电源反接是通过改变运行中的电动机的相序来实现的,即将定子绕组的任意两相对调。三相异步电动机电源反接制动如图 1-64 所示,设三相异步电动机正向运转,将正向开关 KM_1 断开,接通 KM_2,由于改变了相序,旋转磁场的方向与转子旋转方向相反,所以电动机进入电源反接制动运行状态。

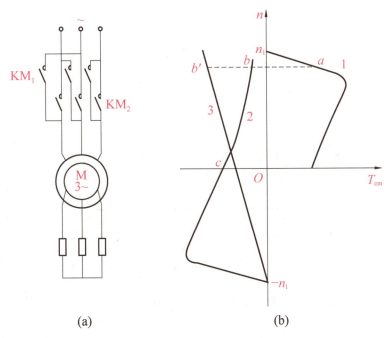

1—电动机正转转矩-转速机械特性曲线；2—电动机反转转矩-转速机械特性曲线；

3—转子电路串电阻人为机械特性曲线。

图 1-64　三相异步电动机电源反接制动

（a）主电路；（b）特性曲线

由于在电源反接制动中，旋转磁场与转子的相对速度 n_1+n 很高，故其感应电动势很大，转子电流也很大。为了限制电流，常在转子回路中串联比较大的电阻。

电源反接制动的优点是制动迅速，但不经济，电能消耗大，有时还会出现反转，所以必须与机械抱闸配合。

2）制动过程中的能量关系：定子由三相交流电源供电，电动机本身将动能发电消耗在转子回路的电阻中，以热的形式散发。

（2）倒拉反接制动

图 1-65 为三相绕线型感应电动机转子串电阻的人为机械特性曲线。如果负载转矩为 T_z，则电动机将稳定工作在特性曲线的 c 点。此时，电磁转矩方向与电动机工作状态时相同，而其转向与电动机工作状态时相反，电动机处于反接制动工作状态，这时转差率 $s=\dfrac{n_1-(-n)}{n_1}=\dfrac{n_1+n}{n_1}>1$，所以也属于反接制动。

倒拉反接制动时的机械特性曲线就是电动机工作状态时的机械特性曲线在第四象限的延长部分。不论是两相反接制动还是倒拉反接制动，电动机仍继续向电网输送功率，同时还输入机械功率（倒拉反接制动是位能负载做功，两相反接制动则是转子的动能做功），这两部分功率都消耗在转子电阻上，所以电动机在反接制动时，其能量损耗是很大的。

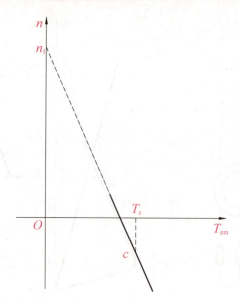

图 1-65　三相绕线型异步电动机转子串电阻的人为机械特性曲线

（五）三相异步电动机的调速方法

三相异步电动机的转速关系式为

$$n = n_1(1-s) = \frac{60f_1}{p}(1-s)$$

从三相异步电动机的转速关系可得其调速有以下 3 种基本方法：改变磁极对数 p 进行调速，即变极调速；改变电源频率 f_1 进行调速，即变频调速；改变转差率 s 进行调速，即变转差调速。

1. 变极调速

改变磁极对数，就可改变三相异步电动机的同步转速，从而达到调速的目的。常用的变极方法是通过改变定子绕组的接法，从而改变绕组电流的方向，达到改变磁极对数的目的。

改变磁极对数的电动机多为鼠笼式电动机，其转子极数会随着定子极数的改变而改变，如图 1-66 所示。

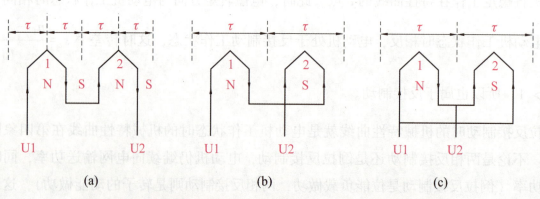

图 1-66　转子极数随着定子极数的改变而改变的鼠笼式电动机

(a) $2p=4$；(b) 反向串联 $2p=2$；(c) 反向并联 $2p=2$

结论：只要改变"半相绕组"电流方向，就可使极对数减少一半。例如，可将 2 对极→1 对极；4 对极→2 对极；8 对极→4 对极等。

注意：在三相异步电动机变极调速，接成 YY 时，为了不改变原先的相序，保持转速不变，就必须交换其相序，即将任意两个接线端交换。

△-YY 接法变极调速和 Y-YY 接法变极调速的接线方式分别如图 1-67 和图 1-68 所示。三相异步电动机低速时，T1、T2、T3 输入，T4、T5、T6 为开路；三相异步电动机高速时，T4、T5、T6 输入，T1、T2、T3 连接在一起。

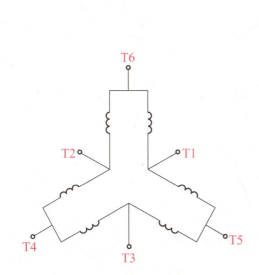
图 1-67　△-YY 接法变极调速的连接方式

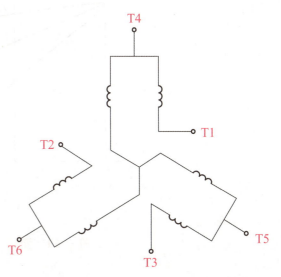
图 1-68　Y-YY 接法变极调速的连接方式

2. 变频调速

电子技术、控制技术的突破，使三相异步电动机变频调速发展迅速，进入了电动机控制的前沿。在实践应用中，往往要求在调速范围内，具有恒转矩能力。其定子电压 U_1 和磁通量 Φ 关系式为

$$U_1 = 4.44 k_1 N_1 f_1 \Phi_m$$

式中：U_1——定子绕组的感应电动势有效值；

k_1——定子绕组的绕组系数，$k_1<1$；

N_1——定子每相绕组的匝数；

f_1——定子绕组感应电动势的频率，即电源频率；

Φ_m——旋转磁场的主磁通。

由上式可知，只要保持磁通恒定，就可保证恒转矩调速。所以，在三相异步电动机变频调速时，常需要同步调节电源电压的大小。

3. 变转差调速

凡是可以改变三相异步电动机转差率的调速方法，都可称为变转差调速。常见的有绕线式电动机变定子电源电压、变转子电阻调速等。

（1）绕线式电动机变定子电源电压调速

这种调速方式主要用于鼠笼式异步电动机中，由于其最大转矩和启动转矩与电压的平方

成正比，如当电压降到 50%时，而最大转矩和启动转矩却降到了 25%，所以这种调速方式的启动力矩与带负载能力都是较低的。

（2）变转子电阻调速

变转子电阻调速只适用于绕线式异步电动机，是通过改变转子电阻，达到改变转差调速的目的的。其特性曲线如图 1-69 所示。

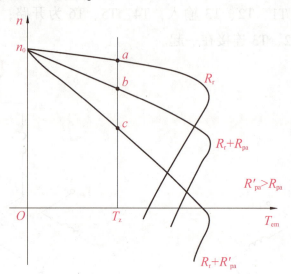

图 1-69　变转子电阻调速特性曲线

六、总结任务

本任务通过双速异步电动机变极调速控制电路的安装，引出了变极调速异步电动机定子绕组接线方式的知识以及双速异步电动机变极调速控制电路的分析。学生在三相异步电动机调速控制及相关知识学习的基础上，通过对电路的安装和调试，应掌握电动机基本控制电路安装与调试的基本技能，加深对相关理论知识的理解。

习　题

一、选择题

1. 在低压电器中，用于短路保护的电器是（　　）。

　　A. 过电流继电器　　B. 熔断器　　C. 热继电器　　D. 时间继电器

2. 在电气控制电路中，若对电动机进行过载保护，则选用的低压电器是（　　）。

　　A. 过电压继电器　　B. 熔断器　　C. 热继电器　　D. 时间继电器

3. 下列不属于主令电器的是（　　）。

　　A. 按钮　　B. 行程开关　　C. 主令控制器　　D. 刀开关

4. 用于频繁地接通和分断交流主电路和大容量控制电路的低压电器是（　　）。

　　A. 按钮　　　　　　B. 交流接触器　　　C. 主令控制器　　　D. 断路器

5. 下列（　　）不属于机械设备的电气工程图。

　　A. 电气原理图　　　B. 电气元件布置图　　C. 电气安装接线图　　D. 电器结构图

6. 低压电器是指工作在交流（　　）V及以下的电器装置。

　　A. 1 500　　　　　B. 1 200　　　　　C. 1 000　　　　　D. 2 000

7. 在控制电路中，熔断器所起到的保护是（　　）。

　　A. 过电流保护　　　B. 过电压保护　　　C. 过载保护　　　D. 短路保护

8. 下列低压电器中，能起到过电流保护、短路保护、失电压和零压保护的是（　　）。

　　A. 熔断器　　　　　B. 速度继电器　　　C. 低压断路器　　　D. 时间继电器

9. 断电延时型时间继电器，其常开触点是（　　）。

　　A. 延时闭合常开触点　　　　　　　　B. 瞬动常开触点

　　C. 瞬时闭合、延时断开常开触点　　　D. 延时闭合、延时断开常开触点

10. 在控制电路中，速度继电器所起到的作用是（　　）。

　　A. 过载保护　　　B. 过电压保护　　　C. 欠电压保护　　　D. 速度检测

11. 下列低压电器中不能实现短路保护的是（　　）。

　　A. 熔断器　　　　　B. 热继电器　　　　C. 过电流继电器　　　D. 空气开关

12. 同一低压电器的各个不同部分在图中可以不画在一起的图是（　　）。

　　A. 电气原理图　　　B. 电气元件布置图　　C. 电气安装接线图　　D. 电气控制系统图

13. 4/2极双速异步电动机的出线端分别为U、V、W和U″、V″、W″。当它为4极时，其与电源的接线为U-L1′、V-L2′、W-L3；当它为2极时，为了保护电动机的转向不变，则其接线应为（　　）。

　　A. U″-L1′、V″-L2′、W″-L3　　　　B. U″-L3′、V″-L2′、W″-L1

　　C. U″-L2′、V″-L3′、W″-L1　　　　D. U″-L1′、V″-L3′、W″-L2

14. 在 Y-△ 减压启动控制电路中，启动电流是正常工作电流的（　　）。

　　A. $1/3$　　　　　B. $1/\sqrt{3}$　　　　C. $2/3$　　　　D. $2/\sqrt{3}$

15. 低压断路器的两段式保护特性是指（　　）。

　　A. 过载延时和特大短路的瞬时动作

　　B. 过载延时和短路短延时动作

　　C. 短路短延时和特大短路的瞬时动作

　　D. 过载延时、短路短延时和特大短路瞬时动作

16. 用两只交流接触器控制三相异步电动机的正、反转控制电路，为防止电源短路，必须采用（　　）控制。

　　A. 顺序　　　　　B. 自锁　　　　　C. 联锁　　　　　D. 安装熔断器

二、判断题

1. 两个接触器的电压线圈可以串联在一起使用。（   ）
2. 热继电器可以用来作线路中的短路保护使用。（   ）
3. 一台额定电压为220 V的交流接触器，其在交流220 V和直流220 V的电源上均可使用。（   ）
4. 交流接触器铁芯端面嵌有短路铜环的目的是保证动、静铁芯吸合严密，不发生振动与噪声。（   ）
5. 低压断路器俗称为空气开关。（   ）
6. 熔断器的保护特性是反时限的。（   ）
7. 一定规格的热继电器，其所装的热元件规格可能是不同的。（   ）
8. 热继电器的保护特性是反时限的。（   ）
9. 行程开关、限位开关、终端开关是同一开关。（   ）
10. 万能转换开关本身带有各种保护。（   ）
11. 三相异步电动机的电气控制电路，如果使用热继电器作为过载保护，就不必再装熔断器作为短路保护。（   ）
12. 在反接制动控制电路中，必须采用时间为变化参数进行控制。（   ）
13. 失电压保护的目的是防止电压恢复时电动机自启动。（   ）
14. 接触器不具有欠电压保护的功能。（   ）
15. 现有4只按钮，如果它们都能控制交流接触器KM通电，则它们的常闭触点应串联在KM的线圈电路中。（   ）
16. 点动是指按下启动按钮，电动机转动运行，松开按钮时，电动机停止运行。（   ）
17. 利用交流接触器自身的常开辅助触点，可实现电动机正、反转控制的联锁控制。（   ）
18. 电动机采用制动措施的目的是为了停车平稳。（   ）
19. 自耦变压器减压启动的方法适用于频繁启动的场合。（   ）
20. 能耗制动是指三相异步电动机电源改变定子绕组上三相电源的相序，使定子产生反向旋转磁场，作用于转子而产生制动转矩。（   ）

三、填空题

1. 刀开关在安装时，手柄要_____，不得_____，避免由于重力自动下落，引起误动合闸，接线时应将_____接在刀开关上端（即静触点），_____接在刀开关下端（即动触点）。
2. 螺旋式熔断器在装接使用时，_____应当接在下接线端，_____接到上接线端。
3. 断路器又称_____，其热脱扣机构作_____保护用，电磁脱扣机构作_____保护用，欠电压脱扣器作_____保护用。

4. 交流接触器由_____、_____、_____3个部分组成。

5. 交流接触器可用于频繁通断_____电路，又具有_____保护作用。其触点分为主触点和辅助触点，主触点用于控制大电流的_____，辅助触点用于控制小电流的_____。

6. 热继电器是利用电流的_____效应而动作的，它的发热元件应_____于电动机电源回路中。

7. 三相异步电动机的控制电路一般由_____、_____、_____组成。

8. 利用接触器自身的辅助触点保持其线圈通电的电路称为_____电路，起到这种作用的常开辅助触点称为_____。

9. 多地控制是利用多组、_____来进行控制的，就是把各启动按钮的常开触点_____连接，各停止按钮的常闭触点_____连接。

10. 三相异步电动机常用的减压启动有_____、_____、_____、_____。

11. 三相异步电动Y-△减压启动是指在电动机启动时，将定子绕组接成_____，以降低启动电压，限制启动电流，待电动机转速上升至接近_____时，再将定子绕组接成_____，电动机进入全压下的正常运行状态。

12. 反接制动是靠改变定子绕组中三相电源的相序，产生一个与_____方向相反的电磁转矩，使电动机迅速停下来，制动到接近_____时，再将反序电源切除。

13. 三相异步电动机调速的方法有_____、_____、_____3种。

四、简答题

1. 何为低压电器？何为低压控制电器？
2. 低压电器的电磁机构由哪几部分组成？
3. 电弧是如何产生的？常用的灭弧方法有哪些？
4. 触点的形式有哪几种？常用的灭弧装置有哪几种？
5. 熔断器有哪几种类型？试写出各种熔断器的型号以及在电路中的作用是什么？
6. 熔断器有哪些主要参数？熔断器的额定电流与熔体的额定电流是不是同一电流？
7. 熔断器与热继电器用于保护交流三相异步电动机时，能不能互相取代？为什么？
8. 交流接触器主要由哪几部分组成？并简述其工作原理。
9. 交流接触器频繁操作后线圈为什么会发热？其衔铁卡住后会出现什么后果？
10. 交流接触器能否串联使用？为什么？
11. 三角形连接的电动机为什么要选用带断相保护的热继电器？
12. 三相异步电动机主电路中装有熔断器作为短路保护，能否同时起到过载保护作用？可不可以不装热继电器？为什么？
13. 断路器在电路中的作用是什么？它有哪些脱扣器？各起什么作用？
14. 继电器与接触器的主要区别是什么？
15. 画出下列低压电器的图形符号，标出其文字符号，并说明其功能。

1）熔断器；2）热继电器；3）接触器；4）低压断路器。

16. 何为电气原理图？绘制电气原理图的原则是什么？

17. 在电气控制电路中采用低压断路器作电源引入开关，电源电路是否还要用熔断器作短路保护？三相异步控制电路是否还要用熔断器作短路保护？

18. 电动机的点动控制与连续运行控制在控制电路上有何不同？其关键控制环节是什么？其主电路又有何区别（从电动机保护环节设置上分析)？

19. QS、FU、KM、KA、FR、SB、SQ、ST 分别是什么电器元件的文字符号，它们各有何功能？

20. 何为联锁控制？实现电动机正、反转联锁的方法有哪两种？它们有何区别？

21. 在接触器正、反转控制电路中，若正、反转控制的接触器同时通电，会发生什么现象？

22. 什么是减压启动？常用的减压启动方法有哪几种？

23. 三相异步电动机在什么情况下应采用减压启动？定子绕组为 Y 连接的三相异步电动机能否用 Y－△ 减压启动？为什么？

24. 在 Y-△减压启动控制电路中，时间继电器 KT 起什么作用？如果 KT 的延时时间为零，会出现什么问题？

项目二

典型机床电气控制电路分析与故障排除

学习目标

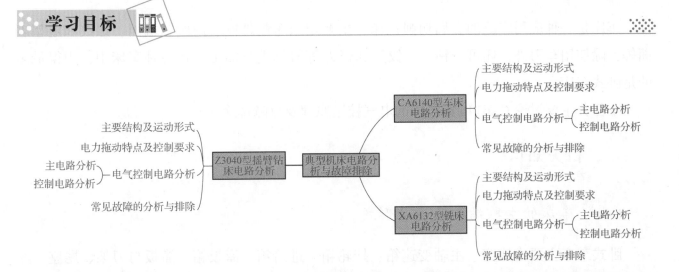

【知识目标】

1) 了解电气控制电路分析的一般方法和步骤。
2) 熟悉车床、磨床、钻床及铣床电气控制系统。
3) 了解机床上机械、液压、电气三者之间的配合。
4) 掌握各种典型机床电气控制电路分析和故障排除的方法。

【技能目标】

1) 学会阅读、分析机床电气控制原理图和常见故障诊断、排除的方法与步骤。
2) 初步具有从事电气设备安装、调试及维护的能力。
3) 通过对常见电气控制电路的分析，能够具备识读复杂电气控制电路图的能力和常见故障的诊断与排除的能力。

【素质目标】

1) 培养精益求精的工匠精神和团队协作能力。
2) 培养逻辑分析能力和实践动手能力。

生产企业的电气设备繁多，控制系统也各异，理解、掌握电气控制系统的原理对电气设备的安装、调试及运行维护是十分重要的；学会分析电气控制原理图是理解、掌握电气控制系统的基础。本项目以机械加工业中常用机床（如车床、万能铣床）的电气控制电路分析与故障排除为导向，使读者掌握分析电气控制系统图的方法，提高识图能力，同时学会如何处理电气故障。

任务一　CA6140型车床电气控制电路分析与故障排除

一、引入任务

车床是一种应用广泛的金属切削机床，主要用来车削外圆、内圆、端面、螺纹和定型表面等；除使用车刀外，还可用钻头、铰刀和镗刀等刀具进行加工。在各种车床中，用得最多的是卧式车床。

本任务主要讨论CA6140型车床的电气控制原理及故障排除。

二、相关知识

（一）车床的主要结构及运动形式

卧式车床主要由床身、主轴变速箱、挂轮箱、进给箱、溜板箱、溜板与刀架、尾座、丝杠、光杠等部件组成，其结构示意图如图2-1所示。

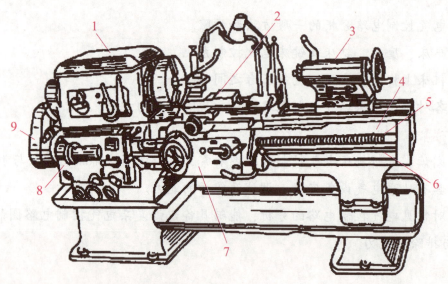

1—主轴变速箱；2—刀架；3—尾座；4—床身；5—丝杠；6—光杠；7—溜板箱；8—进给箱；9—挂轮箱。

图2-1　卧式车床结构示意图

为了加工各种螺旋表面，车床必须具有切削运动和辅助运动。切削运动包括主运动和进给运动，切削运动以外的其他运动皆为辅助运动。

车床的主运动是由主轴通过卡盘带动工件的旋转运动，它承受车削加工时的主要切削功率。车削加工时，应根据加工零件的材料性质、刀具的几何参数、工件尺寸、加工方式及冷却条件等来选择切削速度，要求主轴调速范围宽。卧式车床一般采用机械有级调速。加工螺纹时，C650 型车床通过主电动机的正、反转来实现主轴的正、反转。当主轴反转时，刀架也跟着后退。有些车床通过机械方式实现主轴的正、反转，进给运动是溜板箱带动刀架的纵向或横向运动，由于车削温度高，因此需要配备冷却泵及电动机。此外，还需配备一台功率为 2.2 kW 的电动机来拖动溜板箱快速移动。CA6140 型卧式车床采用 7.5 kW 的电动机为主电动机。

（二）机床电气控制电路分析的内容

通过对机床各种技术资料的分析，了解机床的结构、组成，掌握机床电气电路的工作原理、操作方法、维护要求等，能为今后从事机床的电气部分的维护工作提供必要的基础知识。

1. 设备说明书

设备说明书由机械、液压与电气三部分内容组成，阅读这三部分的说明书，需重点掌握以下内容。

1）机床的构造，主要技术指标，机械、液压、电气部分的传动方式与工作原理。

2）电气传动方式，电动机及执行电器的数目，技术参数、安装位置、用途与控制要求。

3）了解机床的使用方法、操作手柄、开关、按钮、指示信号装置以及它们在控制电路中的作用。

4）熟悉与机械、液压部分直接关联的电器（如行程开关、电磁阀、电磁离合器、传感器等）的位置、工作状态以及与机械、液压部分的关系，在控制电路中的作用。特别是机械操作手柄与电器开关元件的关系、液压系统与电气控制的关系。

2. 电气控制原理图

电气控制原理图由主电路、控制电路、辅助电路、保护与联锁环节以及特殊控制电路等部分组成，这是机床电气控制电路分析的中心内容。

在分析电气控制原理图时，必须结合其他技术资料。例如，电动机和电磁阀等的控制方式、位置及作用，各种与机械有关的开关和主令电器的状态等，这些只有通过阅读设备说明书才能知晓。

3. 电气设备安装接线图

阅读分析电气设备安装接线图，可以了解系统组成分布情况，各部分的连接方式，主要电器元件的位置和安装要求，导线和穿线管的型号规格等。这是电气设备安装不可缺少的资料。

阅读电气设备安装接线图也应与电气控制原理图、设备说明书结合起来进行。

4. 电气元件布置图和电气设备安装接线布置图

电气元件布置图和电气设备安装接线布置图是制造、安装、调试和维护电气设备必需的技术资料。在调试、检修中可通过电气元件布置图和电气设备安装接线布置图迅速方便地找到各电器元件的测试点，从而进行必要的检测、调试和维修。

（三）机床电气控制原理图阅读分析的方法和步骤

在仔细阅读设备说明书，了解机床电气控制系统的总体结构、电动机和电气元件的分布及控制要求等内容之后，即可阅读分析电气控制原理图。阅读分析电气控制原理图的基本原则是"先机后电、先主后辅、化整为零、集零为整、统观全局、总结特点"。

1. 先机后电

"先机后电"是指首先了解设备的基本结构、运行方式、工艺要求、操作方法等，以期对设备有个总体的把握，进而明确设备电力拖动的控制要求，为阅读分析电路作好前期准备。

2. 先主后辅

"先主后辅"是指先阅读主电路，看机床由几台电动机拖动、各台电动机的作用，结合工艺要求确定各台电动机的启动、转向、调速、制动等的控制要求及保护环节。而主电路各控制要求是由控制电路来实现的，此时要运用"化整为零"的方法阅读控制电路。最后再分析辅助电路。

3. 化整为零

"化整为零"是指在分析控制电路时，先将控制电路的功能分为若干个局部控制电路，从电源和主令信号开始，经过逻辑判断，写出控制流程，用简明的方式表达出电路的自动工作过程。然后分析辅助电路，辅助电路包括信号电路、检测电路与照明电路等。这部分电路大多是由控制电路中的元件来控制的，可结合控制电路一并分析。

4. 集零为整、统观全局

经过"化整为零"逐步分析每一局部电路的工作原理之后，用"集零为整"的方法来"统观全局"，明确各局部电路之间的控制关系、联锁关系，机电之间的配合情况，以及各保护环节的设置等。

5. 总结特点

经过上述对电气控制原理图的阅读分析后，总结出机床电气控制原理图的特点，从而更进一步地理解机床电气控制原理图。

三、任务实施

（一）训练目标

1) 掌握机床电气设备调试、故障分析及故障排除的方法和步骤。
2) 熟悉CA6140型车床电气控制电路的特点，掌握电气控制电路的工作原理。
3) 会操作车床电气控制系统，加深对车床电气控制电路工作原理的理解。
4) 能正确使用万用表、电工工具等对车床电气控制电路进行检查、测试和维修。

（二）设备和器材

本任务所需设备和器材如表 2-1 所示。

表 2-1 所需设备和器材

序号	名称	符号	技术参数	数量	备注
1	CA6140 配电柜			1 套	表中所列元件及器材仅供参考
2	常用电工工具			1 套	
3	数字万用表			1 块	
4	绝缘电阻表			1 块	

（三）实施步骤

1. CA6140 型车床的电气控制电路分析

CA6140 型车床电气控制原理图如图 2-2 所示。

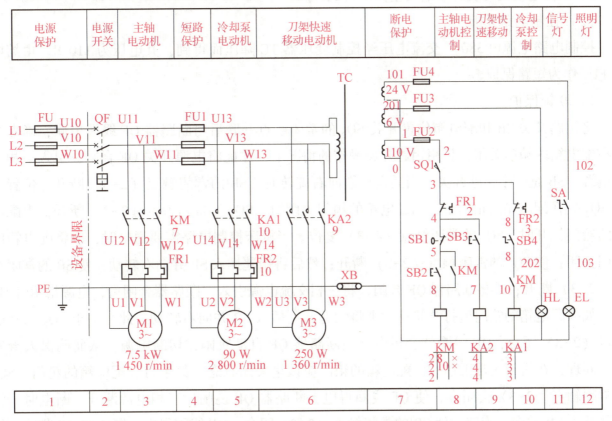

图 2-2 CA6140 型车床电气控制原理图

CM6132 车床主轴
电机变速控制 1

CM6132 车床主轴
电机变速控制 2

电路的工作原理如下。

(1) 主电路分析

车床电源采用三相 380 V 交流电源，由电源开关 QF 引入，由熔断器 FU 作为总电源短路保护。主电路共有 3 台电动机：M_1 为主轴电动机，带动主轴旋转和刀架做进给运动；M_2 为冷却泵电动机，用以输送切削液；M_3 为刀架快速移动电动机，在机械手柄的控制下带动刀架快速做横向或纵向进给运动。

1) 主轴电动机 M_1 由接触器 KM 控制，由热继电器 FR_1 作为过载保护，由低压断路器 QF 作为短路保护；另外，接触器 KM 还具有欠电压保护和失电压保护功能。

2) 冷却泵电动机 M_2 由继电器 KA_1 控制，由热继电器 FR_2 作为过载保护。

3) 刀架快速移动电动机 M_3 由继电器 KA_2 控制，由于其是点动控制，因此没有设置过载保护。

4) 冷却泵电动机 M_2、刀架快速移动电动机 M_3 和控制变压器 TC 一次绕组由熔断器 FU_1 作为短路保护。

5) 3 台电动机均设有接地安全保护 (PE)。

(2) 控制电路分析

控制电路电源由 380 V 交流电压经控制变压器 TC 降压而得到，其电压为 110 V。由熔断器 FU_2 作为短路保护。

1) 联锁保护。

将钥匙开关 SB 和配电箱位置开关 SQ_2 的常闭触点并联后与断路器 QF 线圈串联，确保只有在配电箱的箱门关闭，且用钥匙开关操作的情况下，才能将电源开关 QF 合闸，引入三相交流电源。SB 是一个钥匙开关，当插入钥匙向右旋转时，SB 的常闭触点 (2-3) 断开。位置开关 SQ_2 装在配电箱的箱门上，当配电箱的箱门关闭时，SQ_2 的常闭触点 (2-3) 断开，当配电箱的箱门打开时，SQ_2 的常闭触点 (2-3) 复位。当机床控制电路需要通电时，应将配电箱的箱门关闭，使 SQ_2 的常闭触点 (2-3) 断开；然后将钥匙插入 SB 并向右转动，使 SB 的常闭触点 (2-3) 断开；再将断路器 QF 合闸，将三相交流电源引入。断路器合闸后，电源指示灯 HL 亮。如果配电箱的箱门呈打开状态，则将钥匙开关插入 SB 并向右转动，此时由于 SQ_2 的常闭触点 (2-3) 闭合，QF 线圈就会得电，使断路器 QF 自动跳闸，切断电源，从而确保人身安全。同理，在机床正常工作时，配电箱的箱门应该呈关闭状态。如果打开配电箱的箱门，SQ_2 的常闭触点 (2-3) 会闭合，使 QF 线圈得电，断路器 QF 跳闸，三相电源断开。断电时，将钥匙插入 SB 并向左旋转，使 SB 的常闭触点 (2-3) 闭合，QF 线圈得电，断路器 QF 跳闸，机床就可以断电。如果在机床工作时需要打开配电箱的箱门进行带电检修，则可将 SQ_2 安全开关传动杆拉出，使 SQ_2 的常闭触点 (2-3) 断开，此时 QF 线圈不得电，断路器 QF 不会跳闸。当检修完毕，关上配电箱的箱门后，将 SQ_2 开关传动杆复位，SQ_2 照常起保护作用。

机床床头传动带罩处设有安全开关 SQ_1，确保电动机工作安全。当传动带罩合上时，SQ_1 的常开触点 (2-4) 闭合。当打开传动带罩时，SQ_1 的常开触点 (2-4) 断开。机床在正常工作时，必须将传动带罩合上，使SQ_1的常开触点（2-4）闭合，保证电动机M_1、M_2和M_3能正常工作；当打开传动带罩时，安全开关SQ_1的常开触点（2-4）断开，切断M_1、M_2和M_3控制电路的电源，使电动机全部停止旋转，从而确保人身安全。

2) 主轴电动机M_1的控制。

在引入三相交流电源、合上机床床头传动带罩，SQ_1的常开触点（2-4）闭合的情况下，按下主轴电动机M_1的启动按钮SB_2，其常开触点（6-7）闭合，KM线圈通电，接触器KM主触点闭合，主轴电动机M_1启动；同时，KM辅助常开触点（6-7）闭合，实现自锁；KM辅助常开触点（10-11）闭合，为KA_1线圈得电做准备。按下停止按钮SB_1，KM线圈断电，主轴电动机M_1停转。

3) 冷却泵电动机M_2的控制。

在主轴电动机M_1启动后，转动旋钮开关SB_4，其常开触点（9-10）闭合，KA_1线圈得电，中间继电器KA_1触点闭合，冷却泵电动机M_2启动。当主轴电动机M_1停止时，冷却泵电动机M_2自行停止。

4) 刀架快速移动电动机M_3的控制。

刀架快速移动电动机M_3的启动是由安装在进给操作手柄顶端的按钮SB_3控制的，它与中间继电器KA_2组成点动控制电路。如需刀架快速移动，则按下点动按钮SB_3即可。刀架的移动方向（前、后、左、右）的改变，是由进给操作手柄配合，即机械装置来实现的。

(3) 照明、信号电路

控制变压器TC的二次侧分别输出24 V、6 V安全电压，作为车床局部照明灯和信号灯的电源。EL为车床的局部照明灯，由开关SA控制。HL为电源信号灯，只要机床三相电源接通，HL就会通电发光。HL和EL分别由熔断器FU_3、FU_4作为短路保护。

2. CA6140型车床电路常见故障分析与检修

故障现象1：按下启动按钮SB_2，KM能吸合，但主轴电动机M_1不能启动。

(1) 故障分析

按下启动按钮SB_2，KM能吸合，但主轴电动机M_1不能启动，说明故障可能出现在电源电路和主电路中。

(2) 故障检修

1) 合上电源开关QF，用万用表测量U10与W10之间的电压，如果电压为380 V，则电源电路正常；如果无电压，则说明熔断器FU（L3相）熔断或连线断开，应查明原因，更换相同规格的熔体或连接导线。测量U11与W11之间的电压，如果电压为380 V，则说明断路器QF（L3相）正常；如果无电压，则说明断路器QF（L3相）接触不良或连线断开，应查明原因，更换相同规格的断路器或连接导线。

2) 断开电源开关QF，检查KM主触点，看看是否有接触不良或烧毛的现象。如果有，则修整触点或更换相同规格的接触器。用万用表"R×1"挡测量KM出线端U12、V12与W12之间的电阻值，如果阻值不等，则检查FR与M_1及其之间的连线并排除故障。如果阻值较小且相等，则检查电动机机械部分，查明故障并修复。

故障现象2：主轴电动机M_1转动很慢，并发出嗡嗡声。

（1）故障分析

从故障现象中可以判断出这种状态为断相运行或跑单相，问题可能存在于主轴电动机M_1、主电路电源以及KM_1的主触点上。例如，三相开关中任意一相触点接触不良，三相熔断器任意一相熔断，接触器KM_1的主触点有一对接触不良，电动机定子绕组任意一相接线断开、接头氧化、有油污或压紧螺母未拧紧，这些都会造成断相运行。

（2）故障检修

1）合上断路器QF，测量U10、V10、W10之间的电压，如果电压为380 V，则电源电路正常；否则，可能是熔断器FU以及机床总电源的故障。测量U11、V11、W11之间的电压，如果电压为380V，则说明QF正常；否则，可能是QF的故障。

2）断开断路器QF，测量其出线端到KM进线端同一线号导线之间的电阻，如果电阻为0，则检查KM的主触点是否正常；如果电阻不为0，则有可能是该段电路连接线松脱故障。测量KM出线端到FR_1进线端同一线号导线之间的电阻，如果电阻为0，则检查FR_1的热元件是否正常；如果电阻不为0，则有可能是该段电路连接线松脱故障。如果以上检查都正常，则说明是电动机的故障。

3. CA6140型车床电气控制电路故障排除

1）在CA6140型车床控制柜上人为设置自然故障点。

2）教师指导学生如何从故障现象入手进行分析，掌握正确的故障排除、检修的方法和步骤。

3）设置2~3个故障点，让学生排除和检修，并将内容填入表2-2。

表2-2　CA6140型车床电气控制电路故障排除

故障现象	分析原因	排除过程

（四）分析与思考

1）CA6140型车床电气控制原理图中，快速移动刀架快速移动电动机M2为何没有设置过载保护？

2）CA6140型车床电气控制原理图中，哪两个电动机的启动采用了顺序控制，为什么？

四、考核任务

CA6140型车床电气控制原理图考核表如表2-3所示。

表 2-3　CA6140 型车床电气控制原理图考核表

序号	考核内容	考核要求	评分标准	配分	得分
1	工具仪表使用	能规范地使用工具及仪表	1. 工具不会使用或动作不规范，扣 5 分 2. 不会使用万用表等仪表，扣 5 分 3. 损坏工具或仪表，扣 10 分	10	
2	故障分析	在电气控制原理图中，能正确分析故障的原因	1. 错标或少标故障范围，每个故障点扣 6 分 2. 不能标出最小的故障范围，每个故障点扣 4 分	30	
3	故障排除	正确使用工具和仪表，找出故障点并排除故障	1. 每少查出一个故障点，扣 6 分 2. 每少排除一个故障点，扣 5 分 3. 排除故障的方法不正确，每处扣 4 分	40	
4	安全文明生产	确保人身和设备安全	违反安全文明操作规程，扣 10～20 分	20	
5	定额时间	180 min，每超时 5 min，扣 5 分			
6	开始时间	结束时间	实际时间	成绩	
7	收获体会： 学生签名：　　年　月　日				
8	教师评语： 教师签名：　　年　月　日				

五、拓展知识

（一）断路故障的检修

1. 验电笔检修法

验电笔检修断路故障方法示意图如图 2-3 所示。检修时用验电笔依次测 1、2、3、4、5、6 各点，按下启动按钮 SB_2，测量到哪一点验电笔不亮即为断路处。用验电笔测试断路故障时应注意以下 2 点。

1）在有一端接地的 220 V 电路中测量时，应从电源侧开始依次测量，并注意观察验电笔的亮度，防止由于外部电场、泄漏电流造成验电笔氖管发光，而误认为电路没有断路。

2）当检查 380 V 且有变压器的控制电路中的熔断器是否熔断时，应防止由于电流通过另一相熔断器和变压器的一次侧绕组而回到已熔断的熔断器的出线端，造成熔断器没有熔断的假象。

2. 万用表检修法

万用表检修法有以下 3 种。

1）电压测量法。检查时将万用表旋转"AC500 V"挡位上进行分阶测量。电压分阶测量法示意图如图 2-4 所示。检查时，首先用万用表测量 1、7 两点之间的电压，若电压正常，则值应为 380 V，然后按住启动按钮 SB_2 不放，同时将黑色表笔接到 7 号点上，红色表笔依次接 2、3、4、5、6 各点，分别测量 7-2、7-3、7-4、7-5、7-6 各阶之间的电压。电路正常情况下，各阶的电压值均为 380 V，如测到 7-5 电压为 380 V，7-6 无电压，则说明限位开关 SQ 的常闭触点（3-6）断路。分阶测量法判断故障原因如表 2-4 所示。这种测量方法的过程像台阶一样，所以称为分阶测量法。

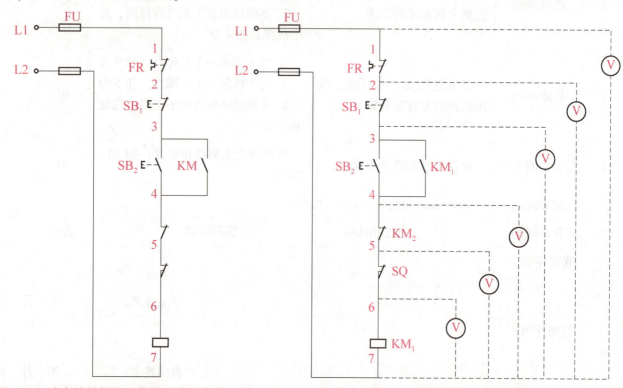

图 2-3　验电笔检修断路故障方法示意图　　　图 2-4　电压分阶测量法示意图

表 2-4　分阶测量法判断故障原因

故障现象	测试方法	7-1	7-2	7-3	7-4	7-5	7-6	故障原因
按下启动按钮 SB_2，接触器 KM_1 不吸合	按下启动按钮 SB_2 不放	380 V	380 V	380 V	380 V	380 V	0 V	限位开关 SQ 常闭触点接触不良
		380 V	380 V	380 V	380 V	0 V	0 V	接触器 KM_2 常闭触点接触不良
		380 V	380 V	380 V	0 V	0 V	0 V	启动按钮 SB_2 常开触点接触不良
		380 V	380 V	0 V	0 V	0 V	0 V	停止按钮 SB_1 常闭触点接触不良
		380 V	0 V	0 V	0 V	0 V	0 V	热继电器 FR 常闭触点接触不良

2）分段测量法。电压分段测量法示意图如图 2-5 所示。检查时先用万用表测试 1、7 两点间的电压，若为 380 V，则说明电源电压正常。电压的分段测量法是用万用表的红、黑两个表笔逐段测量相邻两标号点即 1-2、2-3、3-4、4-5、3-6、6-7 间的电压。若电路正常，则

按下启动按钮 SB_2 后,除 6、7 两点间的电压为 380 V 外,其他任意相邻两点间的电压均为 0。若按下启动按钮 SB_2 后,接触器 KM_1 不吸合,则说明发生断路故障,此时可用万用表的电压挡逐段测试各相邻两点间的电压。例如,测量到某相邻两点间的电压为 380 V,说明这两点间有断路故障。分段测量法判断故障原因如表 2-5 所示。

表 2-5 分段测量法判断故障原因

故障现象	测试方法	1-2	1-3	1-4	1-5	1-6	1-7	故障原因
按下启动按钮 SB_2,接触器 KM_1 不吸合	按下启动按钮 SB_2 不放	380 V	0 V	0 V	0 V	0 V	0 V	热继电器 FR 常闭触点接触不良
		0 V	380 V	0 V	0 V	0 V	0 V	停止按钮 SB_1 常闭触点接触不良
		0 V	0 V	380 V	0 V	0 V	0 V	启动按钮 SB_2 常开触点接触不良
		0 V	0 V	0 V	380 V	0 V	0 V	接触器 KM_2 常闭触点接触不良
		0 V	0 V	0 V	0 V	380 V	0 V	限位开关 SQ 常闭触点接触不良
		0 V	0 V	0 V	0 V	0 V	380 V	接触器 KM_1 线圈短路

3) 电阻测量法。电阻测量法有以下 2 种。

① 分阶测量法。电阻分阶测量法示意图如图 2-6 所示。

按下启动按钮 SB_2,若接触器 KM_1 不吸合,则说明该电气控制回路有断路故障。在用万用表的欧姆挡检测前应先断开电源,然后按下启动按钮 SB_2 不放,先测量 1、7 两点间的电阻,若电阻值为无穷大,则说明 1、7 两点间的电路断路。接下来分别测量 1-2、1-3、1-4、1-5、1-6 各点间的电阻值,若电路正常,则该两点间的电阻值为 0;若测量某两标号间的电阻为无穷大,则说明万用表表笔刚跨过的触点或连接导线断路。

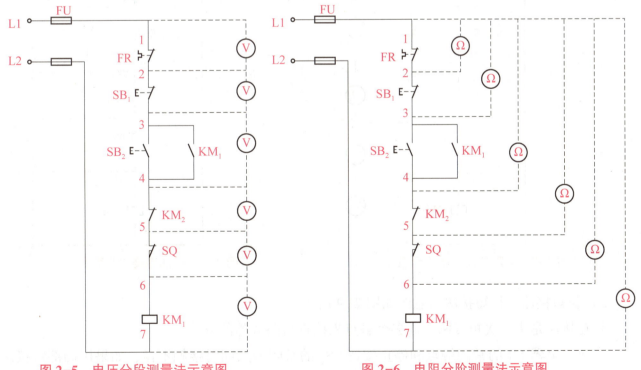

图 2-5 电压分段测量法示意图   图 2-6 电阻分阶测量法示意图

②分段测量法。电阻分段测量法示意图如图2-7所示。检查时,先切断电源,按下启动按钮SB_2,然后依次逐段测量相邻两标号点1-2、2-3、3-4、4-5、3-6、6-7间的电阻。如测量某两点间的电阻为无穷大,则说明这两点间的触点或连接导线断路。例如,当测量2、3两点间的电阻为无穷大时,说明停止按钮SB_1或连接启动按钮SB_2的导线断路。

电阻分段测量法的优点是安全,缺点是其测得的电阻值不准确,容易造成误判。为此,应注意以下3点:一是用电阻分段测量法检查故障时一定要断开电源;二是当被测的电阻与其他电路并联时,必须将该电路与其他电路断开,否则所测得的电阻值是不准确的;三是测量高电阻值的电器元件时,应把万用表旋转至适合的电阻挡。

3. 短接法检修

短接法检修是用一根绝缘良好的导线把所怀疑的断路部位短接。如果短接后,电路被接通,则说明该处断路。短接法检修有以下2种。

1)局部短接法。局部短接法示意图如图2-8所示。

按下启动按钮SB_2后,若接触器KM_1不吸合,则说明该电路有断路故障。检查时先用万用表电压挡测量1、7两点间的电压值,若电压正常,则可按下启动按钮SB_2不放,然后用一根绝缘良好的导线分别短接1-2、2-3、3-4、4-5、3-6。若短接到某两点时,接触器KM_1吸合,则说明断路故障就在这两点之间。

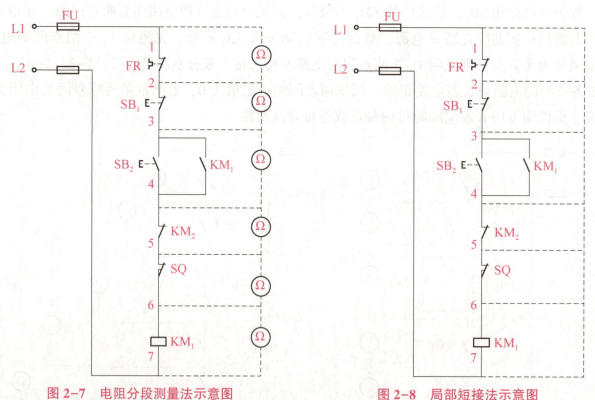

图2-7 电阻分段测量法示意图　　　图2-8 局部短接法示意图

2)长短接法。长短接法示意图如图2-9所示。

长短接法是指一次短接两个或多个触点来检查短路故障的方法。

当热继电器FR的常闭触点和停止按钮SB_1的常闭触点同时接触不良,如果用局部短接法短接1、2两点,按下启动按钮SB_2,接触器KM_1仍然不会吸合,则可能会造成判断错误。而采用长短接法将1-6短接,如果接触器KM₁吸合,则说明1-6电路中有断路故障;然后再短接1-3和3-6,若短接1-3时,按下启动按钮SB₂后接触器KM₁吸合,则说明故障在1-3范围内;再用局部短接法短接1-2和2-3,很快就能将断路故障排除。

短接法检查故障时应注意以下3点。

1) 短接法是用手拿绝缘导线带电操作的,所以一定要注意安全,避免触电事故发生。

2) 短接法只适用于检查压降极小的导线和触点之间的断路故障。对于压降较大的电器,如电阻、接触器和继电器的线圈等,检查其断路故障时不能采用短接法,否则会出现短路故障。

3) 对于机床的某些关键部位,必须保证在电气设备或机械部分不会出现事故的情况下才能使用短接法。

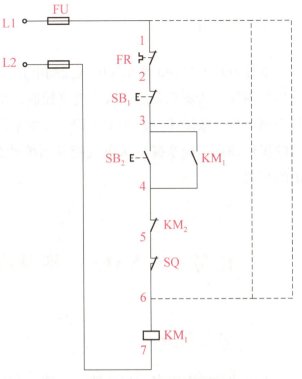

图2-9 长短接法示意图

(二)短路故障的检修

电源间短路故障一般是电器的触点或连接导线将电源短路。检修电源间短路故障示意图如图2-10所示,若图中行程开关SQ中的2号与0号线因某种原因连接后电源短路,合上限位开关SQ,熔断器FU熔断。现采用两节1号干电池和一个2.5 V的小灯泡串联构成的电池灯进行检修,其方法有以下4种。

1) 拿去熔断器FU的熔体,将电池灯的两根线分别接到1号和0号线上,如果电池灯亮,则说明电源间短路。

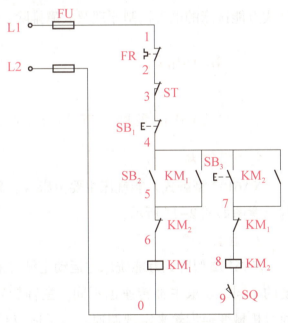

图2-10 检修电源间短路故障示意图

2) 将电池灯的两根线分别接到1号和0号线上,并将限位开关SQ的常开触点上的0号线拆下,当按下启动按钮SB₂时,若电池灯暗,则说明电源短路在这个环节。

3) 将电池灯的一根线从0号移到9号上,如果电池灯灭,则说明短路在0号线上。

4) 将电池灯的两根线仍分别接到1号和0号线上,然后依次断开4、3、2号线,若断开2号线时电池灯灭,则说明2号和0号线间短路。

六、总结任务

本任务以 CA6140 型车床电气控制电路分析与故障排除为导向，引出了机床电气控制电路分析的内容、步骤和方法，机床电气控制系统故障排除的方法；学生在 CA6140 型车床电气控制电路分析及故障排除及相关知识学习的基础上，通过对 CA6140 型车床电气控制电路故障排除的操作训练，应掌握车床电气控制系统的分析及故障排除的基本技能，加深对相关理论知识的理解。

任务二　XA6132 型铣床电气线路分析与故障排除

一、引入任务

铣床的种类有很多，如卧铣、立铣、龙门铣、仿形铣和各种专用铣床，其中以卧铣和立铣使用最为广泛。铣床可以用来加工平面、斜面和沟槽等。如果装上分度头，则可以铣削直齿轮和螺旋面；如果装上圆工作台，还可以加工凸轮和弧形槽等。本任务主要讨论 XA6132 型卧式万能铣床的电气控制原理及故障排除。

二、相关知识

（一）XA6132 型卧式万能铣床的主要结构及运动形式

1. 主要结构

XA6132 型卧式万能铣床主要由床身、悬梁及刀架支架、溜板部件和升降台等组成，其结构示意图如图 2-11 所示。

2. 运动形式

XA6132 型卧式万能铣床主运动是铣刀的旋转运动。随着铣刀的直径、工件材料和加工精度的不同，要求主轴转速也不同。主轴旋转由三相笼型异步电动机拖动，不进行电气调速，通过机械变换齿轮来实现调速。为了适应顺铣和逆铣两种铣削方式的需要，其主轴应能进行正、反转，本铣床中是由电动机正、反转来改变主轴方向的。为了缩短停车时间，主轴停车时采用电磁离合器来实现机械制动。

进给运动是工件相对于铣刀的移动。为了铣削，进给长方形工作台有左右、上下和前后进给移动。装上附件圆工作台后，还可以进行旋转进给运动。工作台用来安装夹具和工件。在横向溜板的水平导轨上，工作台沿导轨做左、右移动。在升降台的水平导轨上，机床工件台沿导轨前、后移动。升降台依靠下面的丝杠，沿床身前面的导轨同工作台一起上、下移动。

各进给运动方向由一台笼型异步电动机拖动,各进给反向选择由机械切换来实现,进给运动速度由机械变换齿轮来实现调速。进给运动时可以上下、左右、前后移动,进给电动机应能正、反转控制。

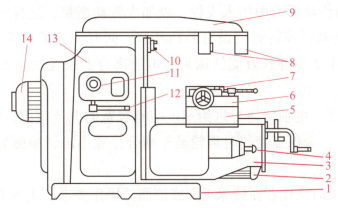

1—底座；2—进给电动机；3—升降台；4—进给变速手柄及变速盘；5—溜板；6—转动部分；7—工作台；8—刀杆支架；9—悬梁；10—主轴；11—主轴变速盘；12—主轴变速手柄；13—床身；14—主轴电动机。

图 2-11　XA6132 型卧式万能铣床结构示意图

为了使主轴、进给变速时变换后的齿轮能顺利地啮合,在主轴变速时主轴电动机应能转动一下,在进给变速时进给电动机也应能转动一下。这种变速时电动机稍微转动一下的运动称为变速冲动。

其他运动：工作台在 6 个进给运动方向的快速移动,工作台上下、前后、左右的手摇移动,回转盘使工作台向左、向右转动±45°刀杆支架的水平移动。除了进给运动几个方向的快速移动由电动机拖动外,其余均为手动。

进给运动速度与快速移动速度的区别是进给运动速度低,快速移动速度高,在机械方面由改变传动链来实现。

(二) XA6132 型卧式万能铣床的电力拖动特点及控制要求

1. XA6132 型卧式万能铣床电力拖动特点

XA6132 型卧式万能铣床的主轴传动机构在床身内,进给传动机构在升降台内,由于主轴旋转运动与工作台进给运动之间不存在速度比例关系,因此采用单独拖动方式。主轴传动机构由一台功率为 7.5 kW 的法兰盘式三相异步电动机拖动,进给传动机构由一台功率为 1.5 kW 的法兰盘式三相异步电动机拖动。铣削加工时所需的冷却剂由一台 0.125 kW 的冷却泵电动机拖动柱塞式油泵供给。

2. 主轴拖动对电气控制的要求

1) 为适应铣削加工需要,主轴要求调速。为此,该铣床采用机械变速,它是由主变速机构中的拨叉来移动主轴传动系统中的三联齿轮和一个双联齿轮,使主轴获得 30～1 500 r/min 的 18 种转速。

2) 铣床加工方式有顺铣和逆铣两种,分别使用顺铣刀和逆铣刀,要求主轴能正、反转,但其旋转方向不需经常变换，仅在加工前预选主轴旋转方向。为此，主轴电动机应能正、反转，并由转向选择开关来选择电动机的方向。

3）铣削加工为多刀多刃不连续切削，在直接切削时会产生负载波动。为减轻负载波动带来的影响，往往在主轴传动系统中加入飞轮，以加大转动惯量，这样一来，又对主轴制动带来了影响，为此主轴电动机停转时应设有制动环节。同时，为了保证安全，主轴在上刀时，也应使主轴制动。XA6132型卧式万能铣床采用电磁离合器来控制主轴停转制动和主轴上刀制动。

4）为适应加工需要，主轴转速与进给速度应有较宽的调节范围。XA6132型卧式万能铣床采用机械变速的方法，为保证变速时齿轮易于啮合，减小齿轮端面的冲击，要求其变速时应有电动机瞬时冲动。

5）为满足铣削加工时操作者在铣床正面或侧面的操作要求，主轴电动机的启动、停止等控制应能两地操作。

3. 进给拖动对电气控制的要求

1）XA6132型卧式万能铣床工作台运行方式有手动、进给运动和快速移动3种。其中，手动为操作者通过摇动手柄使工作台移动；进给运动与快速移动则是由进给电动机拖动，是在工作进给电磁离合器与快速移动电磁离合器的控制下完成的运动。

2）为减少按钮数量，避免误操作，对进给电动机的控制应采用电气开关、机构挂挡相互联动的手柄操作，即扳动操作手柄的同时压合相应的电气开关，挂上相应传动机构的挡位，而且要求操作手柄扳动方向与运动方向一致，增强直观性。

3）工作台的进给有左、右的纵向运动，前、后的横向运动和上、下的垂直运动，其中任何一个方向的运动都是由进给电动机拖动的，故进给电动机要求正、反转。采用的操作手柄有两个，一个是纵向操作手柄，另一个是垂直、横向操作手柄。前者有左、右、中间3个位置，后者有上、下、前、后、中间5个位置。

4）进给运动的控制也是两地操作方式。所以，纵向操作手柄与垂直、横向操作手柄各有两套，可在工作台正面与侧面实现两地操作，且这两套操作手柄是联动的。快速移动也是两地操作。

5）工作台具备左、右、上、下、前、后6个方向的运动，为保证安全，同一时间只允许一个方向的运动。因此，应具有6个方向的联锁控制环节。

6）进给运动由进给电动机拖动，经进给变速机构可获得18种进给速度。为使变速后齿轮能顺利啮合，减小齿轮端面的撞击，进给电动机应在变速后做瞬时冲动。

7）为使铣床安全可靠地工作，在铣床工作时，要求先启动主轴电动机（若换向开关扳在中间位置，则主轴电动机不旋转），再启动进给电动机。停转时，主轴电动机与进给电动机同时停止，或先停进给电动机，后停主轴电动机。

8）工作台上、下、左、右、前、后6个方向的移动应设有限位保护。

4. 其他控制要求

1）冷却泵电动机用来拖动冷却泵，要求单方向转动，其视铣削加工需要选择。

2）整个铣床电气控制具有完善的保护，如短路保护、过载保护、开门断电保护和紧急保护等。

(三)电磁离合器

XA6132型卧式万能铣床主轴电动机停车制动、主轴上刀制动以及进给系统的工作台进给和快速移动皆由电磁离合器来实现。

电磁离合器是利用表面摩擦和电磁感应原理,在两个做旋转运动的物体间传递转矩的执行电器。由于它便于实现远距离控制,控制能量小,动作迅速、可靠,结构简单,故广泛应用于机床的电气控制。铣床上采用的是摩擦片式电磁离合器。

摩擦片式电磁离合器,按摩擦片的数量可分为单片式和多片式两种。机床上普遍采用多片式电磁离合器,其结构示意图如图2-12所示。

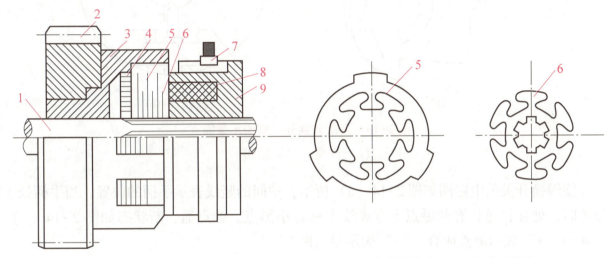

1—主动轴;2—从动轴;3—套筒;4—衔铁;5—从动摩擦片;6—主动摩擦片;
7—集电环;8—线圈;9—铁芯。

图2-12 多片式电磁离合器结构示意图

工作原理:在主动轴1的花键轴端,装有主动摩擦片6,它可以轴向自由移动,但因是花键联接,故将随同主动轴1一起转动。从动摩擦片5与主动摩擦片6交替叠装,其外缘凸起部分卡在与从动轴2固定在一起的套筒3内,因而可以随从动齿轮转动,并在主动轴1转动时其可以不转。当线圈8通电后产生磁场,将摩擦片吸向铁芯9,衔铁4也被吸住,紧紧压住各摩擦片。于是,依靠主动摩擦片6与从动摩擦片5之间的摩擦力,使从动齿轮随主动轴1转动,从而实现转矩的传递。当电磁离合器线圈电压达到其额定值的85%~105%时,就能可靠地工作,这就是它的动作电压。当线圈断电时,装在内外摩擦片之间的圈状弹簧使衔铁4和摩擦片复原,离合器便失去传递转矩的作用。

(四)万能转换开关

万能转换开关是具有更多操作位置和触点,能换接多个电路的一种手控电器。因其能控制多个电路,适应复杂电路的要求,故称"万能"转换开关。万能转换开关主要用于控制电路换接,也可用于小容量电动机的启动、换向、调速和制动控制。

万能转换开关的结构示意图如图 2-13 所示，它由触点座、凸轮、转轴、定位结构、螺杆和手柄等组成，并由 1~20 层触点底座叠装，其中每层底座均装 3 对触点，并由触点底座中的凸轮（套在转轴上）来控制 3 对触点的接通和断开。由于凸轮可制成不同形状，因此转动手柄转到不同位置时，通过凸轮作用，可使各对触点按所需的变化规律接通或断开，以达到换接电路的目的。

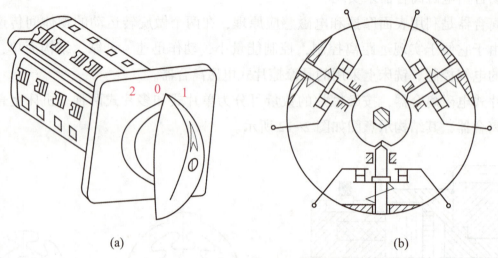

(a)　　　　　　　　　　　　　(b)

图 2-13　万能转换开关结构示意图
（a）外形；（b）结构

万能转换开关的电路图如图 2-14（a）所示，中间的竖线表示手柄的位置，当手柄处于某一位置时，处在接通状态的触点下方虚线上标有小黑点。触点通、断状态如图 2-14（b）所示，其中"+"表示触点闭合，"-"表示触点断开。

常用的万能转换开关有 LW2、LW5、LW6、LW8 等系列。

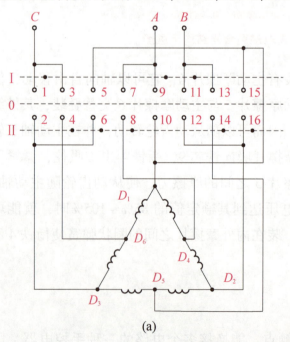

触点标号	手柄位置		
	I	0	II
1-2	+	-	-
3-4	-	-	+
5-6	-	-	+
7-8	-	-	+
9-10	+	-	-
11-12	+	-	-
13-14	-	-	+
15-16	-	-	+

(a)　　　　　　　　　　　　　(b)

图 2-14　万能转换开关
（a）电路图；（b）触点通断状态

三、任务实施

（一）训练目标

1）熟悉 XA6132 型铣床电气控制电路的特点，掌握电气控制电路的工作原理。

2）学会电气控制原理分析，通过操作观察各电器和电动机的动作过程，加深对电路工作原理的理解。

3）能正确使用万用表、电工工具等，并对铣床电气控制电路进行检查、测试和维修。

（二）设备和器材

本任务所需设备和器材如表 2-6 所示。

表 2-6 所需设备和器材

序号	名称	符号	技术参数	数量	备注
1	XA6132 配电柜			1 套	表中所列元件及器材仅供参考
2	常用电工工具			1 套	
3	数字万用表			1 块	
4	绝缘电阻表			1 块	

（三）实施步骤

1. XA6132 型卧式万能铣床电气控制电路分析

XA6132 型卧式万能铣床电气控制原理图如图 2-15 所示。该电路的突出特点是电气控制与机械操作精密配合，是典型的机械-电气联合动作的控制机床。此外，该电路还采用了电磁离合器来实现主轴电动机停车制动与主轴上刀制动、进给系统的工作台工作进给和快速移动的控制。因此，分析电气控制原理图时，应弄清机械操作手柄扳动时相应的机械动作和电气开关的动作情况，弄清各电气开关的作用和相应触点的通、断状态。

（1）主电路分析

三相交流电源由低压断路器 QF 控制。主轴电动机 M_1 由接触器 KM_1、KM_2 控制实现正、反转，过载保护由热继电器 FR_1 实现。进给电动机 M_2 由接触器 KM_3、KM_4 控制实现正、反转，热继电器 FR_2 作过载保护，熔断器 FU_1 作短路保护。冷却泵电动机 M_3 容量只有 0.125 kW，由中间继电器 KA_3 控制，单向旋转，由热继电器 FR_3 作过载保护。整个电气控制电路由低压断路器 QF 作过电流保护、过载保护以及欠电压、失电压保护。

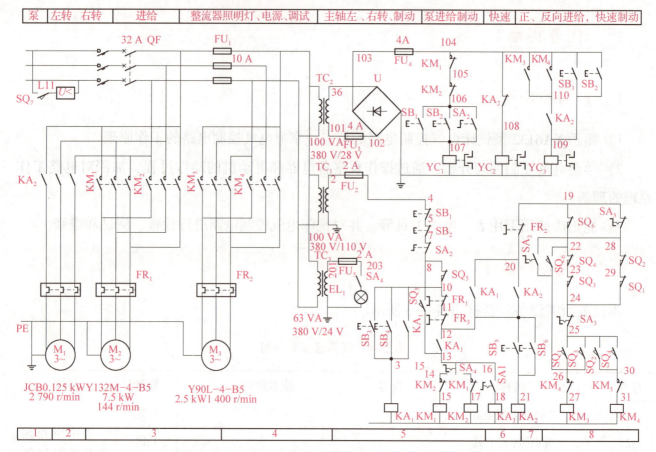

图 2-15　XA6132 型卧式万能铣床电气控制原理图

（2）控制电路分析

控制变压器 TC_1 将交流 380 V 电压变换为交流 110 V 电压，供给控制电路电源，由熔断器 FU_2 作短路保护。整流变压器 TC_2 将交流 380 V 电压变换为交流 28 V 电压，再经桥式全波整流成直流 24 V 电压，作为电磁离合器的电路电源，由 FU_3 作整流桥交流侧、直流侧短路保护。照明变压器 TC_3 将交流 380 V 电压变换成交流 24 V 电压，作为局部照明电源。

1）主轴拖动控制电路分析。

① 主轴电动机 M_1 的启动控制。主轴电动机 M_1 由接触器 KM_1、KM_2 来实现正、反转全压启动，由主轴换向开关 SA_4 来预选电动机的正、反转。由停止按钮 SB_1 或 SB_2，启动按钮 SB_3 或 SB_4 与接触器 KM_1、KM_2 构成主轴电动机正、反转两地操作控制电路。启动时，应将电源引入低压断路器 QF 闭合，再把主轴换向开关 SA_4 拨到主轴所需的旋转方向，然后按下启动按钮 SB_3 或 SB_4→中间继电器 KA_1 线圈通电并自锁→触点 KA_1（12-13）闭合→接触器 KM_1 或 KM_2 线圈通电吸合→其主触点闭合→主轴电动机 M_1 定子绕组接通三相交流电源实现全压启动。而接触器 KM_1 或 KM_2 的一对辅助常闭触点 KM_1（104-105）或 KM_2（103-106）断开→主轴电动机 M_1 制动电磁离合器 YC_1 电路断开。继电器的另一触点 KA_1（20-12）闭合，为进给系统的工作台工作进给和快速移动做好准备。

② 主轴电动机 M_1 的停车制动控制。由停止按钮 SB_1 或 SB_2，正转接触器 KM_1 或反转接触器 KM_2 以及主轴制动电磁离合器 YC_1 构成主轴电动机停车制动环节。电磁离合器 YC_1 安装在

主轴传动链中与主轴电动机 M_1 相连的第一根传动轴上，当主轴停车时，按下停止按钮 SB_1 或 SB_2→接触器 KM_1 或 KM_2 线圈断电释放→其主触点断开→主轴电动机 M_1 断电，同时一对辅助常用触点 KM_1（104-105）或 KM_2（103-106）复位闭合→电磁离合器 YC_1 线圈通电，产生磁场，在电磁吸力作用下将摩擦片压紧从而产生制动→主轴迅速制动。当松开停止按钮 SB_1 或 SB_2→电磁离合器 YC_1 线圈断电→摩擦片松开，制动结束。这种制动方式迅速、平稳，制动时间不超过 0.5 s。

③主轴上刀、换刀时的停车制动控制。在主轴上刀或更换铣刀时，主轴电动机 M_1 不能旋转，否则将发生严重的人身伤害事故。为此，电路设有主轴上刀制动环节，它是由主轴上刀制动开关 SA_2 控制。在主轴上刀、换刀前，将主轴上刀制动开关 SA_2 扳到"接通"位置→其常闭触点 SA_2（7-8）先断开→主轴启动控制电路断电→主轴电动机 M_1 不能启动旋转，而常开触点 SA_2（106-107）后闭合→主轴制动电磁离合器 YC_1 线圈通电→主轴处于制动状态。上刀、换刀结束后，再将主轴上刀制动开关 SA_2 扳至"断开"位置→常开触点 SA_2（106-107）先断开→解除主轴制动状态，而常闭触点 SA_2（7-8）复位闭合，为主轴电动机 M_1 启动做准备。

④主轴变速冲动控制。主轴变速采用的是机械变速，变速后改变主轴变速箱中齿轮的啮合情况。所谓主轴变速冲动是在变速时，主轴电动机作瞬时点动，以调整齿轮，使变速后齿轮顺利进入正常啮合状态。该铣床主轴变速操纵机构装在床身左侧，采用孔盘式结构集中操纵。

主轴变速操纵机构简图如图 2-16 所示，主轴变速操纵过程如下。

a. 将主轴的变速手柄 8 压下，将手柄的榫块自槽中滑出，然后拉动手柄，直到榫块落到第二道槽内为止。在拉出变速手柄 8 时，由扇形齿轮带动齿条 3 和拨叉 7，使变速孔盘 5 向右移出，并与扇形齿轮同轴的凸轮 9 瞬时压合主轴变速限位开关 SQ_5。

b. 转动变速刻度盘 1，把所需转速对准指针，即选好主轴转速。

c. 迅速将变速手柄 8 推回原位，使手柄的榫块落回内槽中。在手柄快接近终位时，应降低推回速度，以利齿轮的啮合，使变速孔盘 5 顺利插入。此时，凸轮 9 又瞬时压合 SQ_5，当变速孔盘 5 完全推入时，SQ_5 不再受压，当变速手柄 8 推不回原位，即变速孔盘 5 推不上时，可将变速手柄 8 扳回，重复上述动作，直至变速手柄 8 推回原位，变速完成。

由上述操作过程可知，在变速手柄 8 拉出、推回过程中，都将瞬时压下 SQ_5，使常闭触点 SQ_5（8-10）短时断开、常开触点 ST_5（8-13）短时闭合，所以 XA6132 型卧式万能铣床能在主轴运转中直接进行变速操纵。其控制过程是扳动变速手柄 8，SQ_5 短时受压→常闭触点 SQ_5（8-10）断开、常开触点 SQ_5（8-13）闭合→接触器 KM_1 或 KM_2 线圈瞬时通电吸合→其主触点瞬间接通→主轴电动机 M_1 做瞬时点动，利于齿轮啮合。当变速手柄 8 榫块落入槽内时，SQ_5 不再受压→常闭触点 SQ_5（8-13）断开→切断主轴电动机 M_1 瞬时点动电路→主轴变速冲动结束。

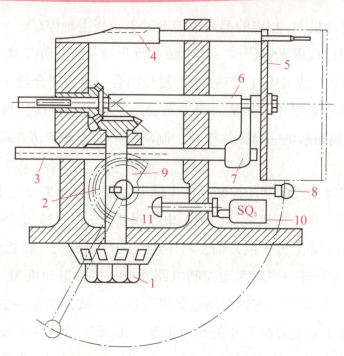

1—变速刻度盘；2—扇形齿轮；3、4—齿条；5—变速孔盘；6、11—轴；7—拨叉；
8—变速手柄；9—凸轮；10—限位开关。

图 2-16 主轴变速操纵机构简图

主轴变速限位开关 SQ_5 的常闭触点 SQ_5（8-10）是为主轴旋转时进行变速而设置的，此时无须按下主轴停止按钮 SB_1 或 SB_2，将主轴变速手柄 8 拉出→压下 SQ_5→其常闭触点 SQ_5（8-10）断开→断开主轴电动机 M_1 接触器 KM_1 或 KM_2 线圈电路→电动机自然停车。然后，再进行主轴变速操作，电动机进行变速冲动，完成变速。变速完成后尚需再次启动电动机，主轴将在新选择的转速下启动旋转。

2）进给拖动控制电路分析。

工作台左、右的纵向运动，前、后的横向运动和上、下的垂直运动，都是由进给电动机 M_2 的正、反转实现的。而正、反转接触器 KM_3、KM_4 是由限位开关 SQ_1、SQ_3 与 SQ_2、SQ_4 来控制的，限位开关又是由两个机械操作手柄控制的。这两个机械操作手柄，一个是纵向机械操作手柄，另一个是垂直与横向操作手柄。扳动机械操作手柄，在完成相应的机械挂挡的同时，压合相应的行程开关，从而接通接触器，启动进给电动机 M_2，拖动工作台按预定方向运动。在工作进给时，由于快速移动继电器 KA_2 线圈处于断电状态，而进给移动电磁离合器 YC_2 线圈通电，故工作台的运动是工作进给。

纵向机械操作手柄有左、中、右 3 个位置，垂直与横向机械操作手柄有上、下、前、后、中 5 个位置。SQ_1、SQ_2 为与纵向机械操作手柄有机械联系的限位开关，SQ_3、SQ_4 为与垂直、横向操作手柄有机械联系的限位开关。当这两个机械操作手柄处于中间位置时，$SQ_1 \sim SQ_4$ 都处于未被压下的原始状态，当扳动机械操作手柄时，将压下相应的限位开关。

SA_3 为圆工作台转换开关，其有"接通"与"断开"两个位置，3 对触点。当不需要圆工作台时，转换开关 SA_3 置于"断开"位置，此时常开触点 SA_3（24-25）、SA_3（19-28）闭合，

常闭触点 SA_3（28-26）断开。当使用圆工作台时，转换开关 SA_3 置于"接通"位置，此时常闭触点 SA_3（24-25）、SA_3（19-28）断开，常开触点 SA_3（26-28）闭合。

在启动进给电动机之前，应先启动主轴电动机 M_1，即合上电源开关 QF，按下主轴启动按钮 SB_3 或 SB_4→中间继电器 KA_1 线圈通电并自锁→其常开触点 KA_1（20-12）闭合→为启动进给电动机做准备。

①工作台纵向进给运动的控制。若需工作台向右工作进给，则将纵向进给操作手柄扳向右侧，在机械上通过联动机构接通纵向进给离合器，在电气上压下限位开关 SQ_1→常闭触点 SQ_1（24-29）先断开→切断通往正、反转接触器 KM_3、KM_4 的另一条通路；常开触点 SQ_1（23-26）后闭合→进给电动机 M_2 的正转接触器 KM_3 线圈通电吸合→进给电动机 M_2 正向启动旋转→拖动工作台向右工作进给。

向右进给工作结束，将纵向进给操作手柄由右侧扳到中间位置，限位开关 SQ_1 不再受压→常开触点 SQ_1（23-26）断开→正转接触器 KM_3 线圈断电释放→进给电动机 M_2 停转→工作台向右进给停止。

工作台向左进给的电路与向右进给时相仿，此时是将纵向进给操作手柄扳向左侧，在机械挂挡的同时，电气上压下的是限位开关 SQ_2→反转接触器 KM_4 线圈通电→进给电动机 M_2 反转→拖动工作台向左进给。当将纵向操作手柄由左侧扳回中间位置时，工作台向左进给结束。

②工作台向前与向下进给运动的控制。将垂直与横向进给操作手柄扳到"向前"位置，在机械上接通横向进给离合器，在电气上压下限位开关 SQ_3→常闭触点 SQ_3（23-24）断开、常开触点 SQ_3（23-26）闭合→正转接触器 KM_3 线圈通电吸合→其主触点闭合→进给电动机 M_2 正向启动运行→拖动工作台向前进给。向前进给结束后，将垂直与横向进给操作手柄扳回中间位置，限位开关 SQ_3 不再受压→常开触点 SQ_3（25-26）断开、常闭触点 SQ_3（23-24）复位闭合→正转接触器 KM_3 线圈断电释放→进给电动机 M_2 停止转动→工作台向前进给停止。

工作台向下进给电路工作情况与向前时完全相同，只是将垂直与横向操作手柄扳到"向下"位置，在机械上接通垂直进给离合器，电气上仍压下限位开关 SQ_4→反转接触器 KM_4 线圈通电吸合→其主触点闭合→进给电动机 M_2 正转→拖动工作台向下进给。

③工作台向后与向上进给的控制。电路情况与向前和向下进给运动的控制相仿，只是将垂直与横向操作手柄扳到"向后"或"向上"位置，在机械上接通垂直与横向进给离合器，电气上都是压下限位开关 SQ_4→常闭触点 SQ_4（22-23）断开、常开触点 SQ_4（23-30）闭合→反转接触器 KM_4 线圈通电吸合→其主触点闭合→进给电动机 M_2 反向启动运行→拖动工作台实现向后或向上的进给运动。当垂直与横向操作手柄扳回中间位置时，工作台进给结束。

④进给变速冲动控制。进给变速冲动只有在主轴启动后，纵向进给操作手柄、垂直与横向操作手柄均置于中间位置时才可进行。进给变速箱是一个独立部件，装在升降台的左边，进给速度的变换由进给操纵箱来控制，进给操纵箱位于进给变速箱前方。进给变速的操作步骤如下：

a. 将蘑菇形手柄拉出；

b. 转动手柄，把刻度盘上所需的进给速度值对准指针；

c. 把蘑菇形手柄向前拉到极限位置，此时借变速孔盘推压限位开关 SQ_6；

d. 将蘑菇形手柄推回原位，此时行程开关 SQ_6 不再受压。

就在蘑菇形手柄已向前拉到极限位置，且没有被反向推回时，限位开关 SQ_6 压下→常闭触点 SQ_6（19-22）断开、常开触点 SQ_6（22-26）闭合→正转接触器 KM_3 线圈瞬时通电吸合→进给电动机 M_2 瞬时正向旋转，获得变速冲动。如果一次瞬间点动时齿轮仍未进入啮合状态，则此时变速手柄不能复原，可再次拉出手柄并再次推回，实现再次瞬间点动，直到齿轮啮合为止。

⑤进给方向快速移动的控制。进给方向的快速移动是由电磁离合器改变传动链来获得的。先启动主轴电动机 M_2，将进给操作手柄扳到所需移动方向的对应位置，则工作台按进给操作手柄选择的方向以选定的进给速度做工作进给。此时，按下快速移动按钮 SB_5 或 SB_6→快速移动中间继电器 KA_2 线圈通电吸合→其常闭触点 KA_2（104-108）先断开→切断工作进给离合器 YC_2 线圈支路；常开触点 KA_2（110-109）后闭合→快速移动电磁离合器 YC_3 线圈通电→工作台按原运动方向做快速移动。松开快速移动按钮 SB_5 或 SB_6，快速移动立即停止，工作台仍以原进给速度继续进给。所以，快速移动为点动控制。

3）圆工作台的控制。

圆工作台的回转运动是由进给电动机 M_2 经传动机构驱动的，使用圆工作台时，首先把圆工作台转换开关 SA_3 扳到"接通"位置。按下主轴启动按钮 SB_3 或 SB_4→中间继电器 KA_1、接触器 KM_1 或 KM_2 线圈通电吸合→主轴电动机 M_1 启动旋转。正转接触器 KM_3 线圈经行程开关 $ST_1 \sim ST_4$ 的常闭触点和转换开关 SA_3 的常开触点 SA_3（28-26）通电吸合→进给电动机 M_2 启动旋转→拖动圆工作台单向回转。此时，工作台进给，两个机械操作手柄均处于中间位置。矩形工作台不动，只拖动圆工作台回转。

4）冷却泵和机床照明的控制。

冷却泵电动机 M_3 通常在铣削加工时由冷却泵转换开关 SA_1 控制，当转换开关 SA_1 扳到"接通"位置时→冷却泵启动继电器 KA_3 线圈通电吸合→其常开触点闭合→冷却泵电动机 M_3 启动旋转。热继电器 FR_3 作为冷却泵电动机 M_3 的长期过载保护。

机床照明由照明变压器 TC_3 供给 24 V 安全电压，并由控制开关 SA_5 控制照明灯 EL_1。

5）控制电路的联锁与保护。

①主运动与进给运动的顺序联锁。进给电气控制电路接在中间继电器 KA_1 的常开触点 KA_1（20-12）之后，这就保证了只有在启动主轴电动机 M_1 之后才可启动进给电动机 M_2，而当主轴电动机 M_1 停止时，进给电动机 M_2 也立即停止。

②工作台 6 个方向的联锁。铣刀工作时，只允许工作台一个方向的运动。为此，工作台上、下、左、右、前、后 6 个方向之间都有联锁。其中，工作台纵向操作手柄实现工作台左、右运动方向的联锁，垂直与横向操作手柄实现上、下、前、后 4 个方向的联锁。为了实现这两个操作手柄之间的联锁，电路设计成：接线点 22-24 之间由限位开关 SQ_3、SQ_4 常闭触点串联组成，接线点 28-24 之间由限位开关 SQ_1、SQ_2 常闭触点串联组成，然后在 24 号点并联后串联在正、反转接触器 KM_3、KM_4 线圈电路中，以控制进给电动机 M_2 正、反转。这样，当扳动

纵向操作手柄时，限位开关 SQ_1 或 SQ_2 被压下→其常闭触点断开→断开其 24-28 支路，但正、反转接触器 KM_3 或 KM_4 仍可经 22-24 支路通电。若此时再扳动垂直与横向操作手柄，又将限位开关 SQ_1 或 SQ_2 压下→其常闭触点断开→断开 22-24 支路→正、反转接触器 KM_3 或 KM_4 线圈支路断开→进给电动机 M_2 无法启动→实现了工作台 6 个方向之间的联锁。

③长工作台与圆工作台的联锁。圆工作台的运动必须与长工作台 6 个方向的运动有可靠的联锁，否则将造成刀具与机床的损坏。这里由选择开关 SA_3 来实现其相互间的联锁，当使用圆工作台时，选择开关 SA_3 置于"接通"位置→其常闭触点 SA_3（24-25）、SA_3（19-28）先断开，常开触点 SA_3（28-26）后闭合→进给电动机 M_2 启动控制正转接触器 KM_3 经开关 SQ_1～SQ_4 常闭触点串联电路接通→进给电动机 M_2 启动旋转→圆工作台运动。若此时又操作纵向或垂直与横向进给操作手柄→压下限位开关 SQ_1～SQ_4 中的某一个→断开正转接触器 KM_3 线圈电路→进给电动机 M_2 立即停止→圆工作台也停止运动。

若长工作台正在运动，扳动圆工作台选择开关 SA_3 于"接通"位置→其常闭触点 SA_3（24-25）断开→正、反转接触器 KM_3 或 KM_4 线圈支路断开→进给电动机 M_2 也立即停止→长工作台也停止运动。

④工作台进给运动与快速运动的联锁。工作台工作进给与快速移动分别由电磁离合器 YC_2 与 YC_3 传动，而电磁离合器 YC_2 与 YC_3 是由快速进给继电器 KA_2 控制，利用快速进给继电器 KA_2 的常开触点与常闭触点实现工作台工作进给与快速移动的联锁。

⑤熔断器 FU_1～FU_5 实现相应电路的短路保护。

⑥热继电器 FR_1～FR_3 实现相应电动机的长期过载保护。

⑦低压断路器 QF 实现整个电路的过电流、欠电压、失电压等保护。

⑧工作台 6 个运动方向的限位保护采用机械与电气相配合的方法来实现。当工作台左、右运动到预定位置时，安装在工作台前方的挡铁将撤动纵向操作手柄，使其从左侧或右侧返回到中间位置，使工作台停止，实现工作台左、右运动的限位保护。

在铣床床身导轨旁设置了上、下两块挡铁，当升降台上、下运动到一定位置时，挡铁撞动垂直与横向操作手柄，使其回到中间位置，实现工作台垂直运动的限位保护。

工作台横向运动的限位保护由安装在工作台左侧底部的挡铁来撞动垂直与横向操作手柄，使其回到中间位置。

⑨打开电气控制箱门断电的保护。在机床左壁龛上安装了行程开关 ST7，ST7 常开触点与低压断路器 QF 失电压线圈串联，当打开控制箱门时，限位开关 SQ_7 不再受压，限位开关 SQ_7 常开触点断开，使低压断路器 QF 失电压线圈断电，低压断路器 QF 跳闸，切断三相交流电源，实现开门断电保护的目的。

2. XA6132 型卧式万能铣床电气控制电路常见故障分析与检修

（1）主轴停车制动效果不明显或无制动

从工作原理分析，当主轴电动机 M_1 启动时，接触器 KM_1 或 KM_2 通电吸合，使电磁离合器 YC_1 的线圈处于断电状态。当主轴停车时，接触器 KM_1 或 KM_2 断电释放，断开主轴电动机 M_1 电源，同时电磁离合器 YC_1 线圈经停止按钮 SB_1 或 SB_2 常开触点接通而接通直流电源，产生磁场,在电磁吸力作用下将摩擦片压紧产生制动效果。若主轴制动效果不明显,则通常是按下停止按钮 SB_1 或 SB_2 时间太短,松开过早导致的。若主轴无制动,则有可能是没将制动按钮按到底,致使电磁离合器 YC_1 线圈无法通电,从而主轴而无法制动。若并非此原因,则可能是整流后输出电压偏低、磁场弱、制动力小导致制动效果差;也可能是由电磁离合器 YC_1 线圈断电造成主轴无法制动。

(2) 主轴变速与进给变速时无变速冲动

出现主轴变速与进给变速时无变速冲动故障,多是因为操作变速手柄压合不上主轴变速限位开关 SQ_5 或压合不上进给变速限位开关 SQ_6,其主要是由于行程开关松动或行程开关移位所致,做相应的处理即可。

(3) 工作台控制电路的故障

工作台控制电路的故障较多,如工作台能向左、向右运动,但无垂直与横向运动。这表明进给电动机 M_2 与正、反转接触器 KM_3、KM_4 运行正常,但垂直与横向操作手柄扳动后压合不上限位开关 SQ_3 或 SQ_4,也可能是限位开关 SQ_1 或 SQ_2 在纵向操作手柄扳回中间位置时不能复原。有时,进给变速限位开关 SQ_6 损坏,其常闭触点 SQ_6(19-22)闭合不上,也会出现上述故障。

3. XA6132 型卧式万能铣床电气控制电路故障排除

1) 在 XA6132 型铣床控制柜上人为设置自然故障点。

2) 教师指导学生如何从故障现象入手进行分析,掌握正确的故障排除、检修的方法和步骤。

3) 设置 2~3 个故障点,让学生排除和检修,并将内容填入表 2-7。

表 2-7　XA6132 型铣床电气控制电路故障排除

故障现象	分析原因	排除过程

(四) 分析与思考

1) XA6132 型卧式万能铣床电气控制原理图中,哪几台电动机采用的是正、反转控制?它们是如何实现的?

2) XA6132 型卧式万能铣床电气控制箱门断电的保护是如何实现的?

四、考核任务

XA6132 型卧式万能铣床电气控制原理图考核表如表 2-8 所示。

表 2-8 XA6132 型卧式万能铣床电气控制原理图考核表

序号	考核内容	考核要求	评分标准	配分	得分
1	工具及仪表使用	能规范地使用工具及仪表	1. 工具不会使用或动作不规范，扣 5 分 2. 不会使用万用表等仪表，扣 5 分 3. 损坏工具或仪表，扣 10 分	10	
2	故障分析	在电气控制原理图中，能正确分析故障的原因	1. 错标或少标故障范围，每个故障点扣 6 分 2. 不能标出最小的故障范围，每个故障点扣 4 分	30	
3	故障排除	正确使用工具和仪表，找出故障点并排除故障	1. 每少查出一个故障点，扣 6 分 2. 每少排除一个故障点，扣 5 分 3. 排除故障的方法不正确，每处扣 4 分	40	
4	安全文明生产	确保人身和设备安全	违反安全文明操作规程，扣 10~20 分	20	
5	定额时间	180 min，每超时 5 min，扣 5 分			
6	开始时间	结束时间	实际时间	成绩	
7	收获体会：			学生签名： 年 月 日	
8	教师评语：			教师签名： 年 月 日	

五、拓展知识

钻床是一种孔加工机床。可进行钻孔、扩孔、铰孔、攻丝及修刮端面等多种形式的加工。

钻床按用途和结构可分为立式钻床、台式钻床、多轴钻床、摇臂钻床及其他专用钻床等。在各类钻床中，摇臂钻床操作方便、灵活，适用范围广，具有典型性，特别适用于单件或批量生产中多孔大型零件的孔加工，是一般机械加工车间中常见的机床。下面对 Z3040 型摇臂钻床进行重点分析。

（一）Z3040 型摇臂钻床的主要结构及运动形式

Z3040 型摇臂钻床主要由底座，内、外立柱，摇臂，主轴箱及工作台等部分组成，其结构示意图如图 2-17 所示。内立柱固定在底座的一端，在它外面套有外立柱，外立柱可绕内立柱回转360°，摇臂的一端为套筒，它套装在外立柱上，并借助丝杠的正、反转可沿外立柱做上下移动。由于该丝杠与外立柱连成一体，而升降螺母固定在摇臂上，因此摇臂不能绕外立柱转动，只能与外立柱一起绕内立柱回转。主轴箱是一个复合部件，它由主传动电动机、主轴和主轴传动机构、进给和变速机构及机床的操作机构等部分组成，主轴箱安装在摇臂的水平导轨上，可以通过手轮操作使其在水平导轨上沿摇臂移动。当进行加工时，由特殊的夹紧装置将主轴箱紧固在摇臂导轨上，外立柱紧固在内立柱上，摇臂紧固在外立柱上，然后进行钻削加工。钻削加工时，钻头在旋转进行切削的同时进行纵向进给。可见，摇臂钻床的主运动为主轴的旋转运动；进给运动为主轴的纵向进给。辅助运动有：摇臂沿外立柱的垂直移动，主轴箱沿摇臂长度方向的移动，摇臂与外立柱一起绕内立柱的回转运动。

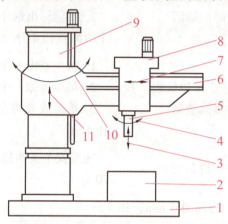

1—底座；2—工作台；3—主轴纵向进给；4—主轴旋转主运动；5—主轴；6—摇臂；
7—主轴箱；8—主轴箱；9—内、外立柱；10—摇臂回转运动；11—摇臂垂直移动。

图 2-17　Z3040 型摇臂钻床结构示意图

（二）Z3040 型摇臂钻床的电力拖动特点及控制要求

根据 Z3040 型摇臂钻床结构及运动形式，对其电力拖动和控制情况提出如下 4 点要求。

1）Z3040 型摇臂钻床运动部件较多，为简化其传动装置，采用多台电动机拖动。通常设有主轴电动机、摇臂升降电动机、立柱夹紧放松电动机及冷却泵电动机。

2）Z3040 型摇臂钻床为适应多种形式的加工，要求主轴及进给有较大的调速范围。其主轴在一般速度下的钻削加工常为恒功率负载；而在低速时主要用于扩孔、铰孔、攻丝等加工，这时则为恒转矩负载。

3）Z3040 型摇臂钻床的主运动与进给运动皆为主轴的运动，这两个运动均由一台主轴电动机拖动，分别经主轴与进给传动机构实现主轴旋转和进给。所以，主轴变速机构与进给变速机构均装在主轴箱内。

4）为加工螺纹，主轴要求正、反转。Z3040 型摇臂钻床的主轴正、反转一般由机械方法获得，这样主轴电动机只需单方向旋转。

（三）Z3040 型摇臂钻床电气控制电路

Z3040 型摇臂钻床是在 Z35 型摇臂钻床的基础上更新的产品，它取消了 Z35 汇流环的供电方式，改为直接由机床底座进线，由外立柱顶部引出再进入摇臂后面的电气壁龛；对内、外立柱，主轴箱及摇臂的夹紧放松和其他一些环节，采用了先进的液压技术。由于在机械上Z3040有两种型式，因此其电气控制电路也有两种形式。下面以Z3040型摇臂钻床为例进行分析。

Z3040型摇臂钻床具有两套液压控制系统，一套是操纵机构液压系统；一套是夹紧机构液压系统。前者安装在主轴箱内，用以实现主轴正、反转，停车制动，空挡，预选及变速；后者安装在摇臂背后的电器盒下部，用以夹紧或松开主轴箱、摇臂及立柱。

1. Z3040型摇臂钻床电气控制电路分析

图2-18为Z3040型摇臂钻床电气控制电路。图中，M_1为主轴电动机，M_2为摇臂升降电动机，M_3为液压泵电动机，M_4为冷却泵电动机。

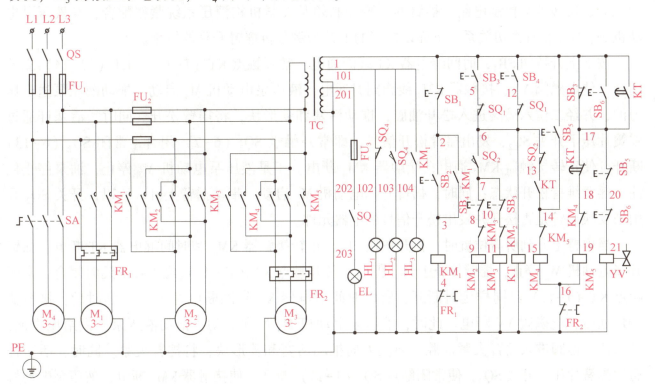

图2-18　Z3040型摇臂钻床电气控制电路

Z3040型摇臂钻床电气控制原理图1

Z3040型摇臂钻床电气控制原理图2

（1）主电路分析

主轴电动机M_1为单方向旋转，由接触器KM_1控制，主轴的正、反转则由机床液压系统操纵机构配合正、反转摩擦离合器实现，并由热继电器FR_1作电动机长期过载保护。

摇臂升降电动机M_2由正、反转接触器KM_2、KM_3控制实现正、反转。控制电路保证在操纵摇臂升降时，首先使液压泵电动机M_3启动旋转，供出压力油，经液压系统将摇臂松开，然后才使摇臂升降电动机 M_2 启动，拖动摇臂上升或下降。当移动到位后，控制电路又保证摇臂升降电动机 M_2 先停下，再自动通过液压系统将摇臂夹紧，最后液压泵电动机 M_3 才停下。摇臂升降电动机 M_2 为短时工作，不用设长期过载保护。

液压泵电动机 M_3 由接触器 KM_4、KM_5 实现正、反转控制，并由热继电器 FR_2 作长期过载保护。

冷却泵电动机 M_4 容量小，仅为 0.125 kW，由开关 SA 控制。

(2) 控制电路分析

由按钮 SB_1、SB_2 与接触器 KM_1 构成主轴电动机 M_1 的单方向旋转启动-停止电路。主轴电动机 M_1 启动后，指示灯 HL_3 亮，表示主轴电动机 M_1 在旋转。

由摇臂上升按钮 SB_3、下降按钮 SB_4 及正、反转接触器 KM_2、KM_3 组成具有双重互锁的电动机正、反转点动控制电路。摇臂的升降控制须与夹紧机构液压系统紧密配合，与液压泵电动机 M_3 的控制有密切关系。下面以摇臂的上升为例分析摇臂升降的控制。

按下上升按钮 SB_3，时间继电器 KT 线圈通电，常开触点 KT (1-17)、KT (13-14) 立即闭合，使电磁阀 YV、接触器 KM_4 线圈同时通电，液压泵电动机 M_3 启动，拖动液压泵送出压力油，并经二位六通阀进入松开油腔，推动活塞和菱形块，将摇臂松开。同时，活塞杆通过弹簧片压下开关 SQ_2，发出摇臂松开信号，即常开触点 SQ_2 (6-7) 闭合，常闭 SQ_2 (6-13) 断开，使正转接触器 KM_2 通电，接触器 KM_4 断电。于是液压泵电动机 M_3 停止，油泵停止供油，摇臂维持松开状态；同时，摇臂升降电动机 M_2 启动，带动摇臂上升。所以，开关 SQ_2 是用来反映摇臂是否松开并发出松开信号的电器元件。

当摇臂上升到所需位置时，松开按钮 SB_3，正转接触器 KM_2 和时间继电器 KT 断电，摇臂升降电动机 M_2 停止，摇臂停止上升。但由于常开触点 KT (17-18) 经 1~3 s 延时闭合，常闭触点 KT (1-17) 经同样延时断开，所以时间继电器 KT 线圈断电经 1~3 s 延时后，接触器 KM_5 通电，电磁阀 YV 断电。此时，液压泵电动机 M_3 反向启动，拖动液压泵，供给压力油，经二位六通阀进入摇臂夹紧油腔，向反方向推动活塞和菱形块，将摇臂夹紧。同时，活塞杆通过弹簧片压下开关 SQ_3，使常闭触点 SQ_3 (1-17) 断开，使接触器 KM_5 断电，液压泵电动机 M_3 停止，摇臂夹紧完成。所以，SQ_3 为摇臂夹紧信号开关。

时间继电器 KT 是为保证夹紧动作在摇臂升降电动机停止运转后而设的，其延时长短依摇臂升降电动机切断电源到停止惯性大小来调整。

摇臂升降的极限保护由组合开关 SQ_1 来实现。组合开关 SQ_1 有两对常闭触点，当摇臂上升或下降到极限位置时，其相应触点动作，切断对应上升或下降接触器 KM_2 与 KM_3，使摇臂升降电动机 M_2 停止，摇臂停止移动，实现极限位置保护。组合开关 SQ_1 两对触点平时应调整在同时接通位置，一旦动作时，应使其一对触点断开，而另一对触点仍保持闭合。

摇臂自动夹紧程度由开关 SQ_3 控制。如果夹紧机构液压系统出现故障不能夹紧，那么常闭触点 SQ_3 (1-17) 不能断开，或者开关 SQ_3 安装调整不当，摇臂夹紧后仍不能压下开关 SQ_3，都会使液压泵电动机 M_3 处于长期过载状态，易将电动机烧毁。为此，液压泵电动机 M_3 采用热继电器 FR_2 作过载保护。

主轴箱和立柱松开与夹紧的控制。主轴箱和立柱的夹紧与松开是同时进行的。当按下松开按钮 SB_5，接触器 KM_4 通电，液压泵电动机 M_3 正转，拖动液压泵，送出压力油，这时电磁阀 YV 处于断电状态，压力油经二位六通阀，进入主轴箱松开油腔与立柱松开油腔，推动活塞和菱形块，使主轴箱和立柱实现松开。在松开的同时通过行程开关 SQ_4 控制指示灯发出信号。当主轴箱与立柱松开时，开关 SQ_4 不受压，常开触点 SQ_4（101-102）闭合，指示灯 HL_1 亮，表示已松开，可操作主轴箱和立柱移动。当主轴箱和立柱夹紧时，将压下开关 SQ_4，常开触点（101-103）闭合，指示灯 HL_2 亮，可以进行钻削加工。

机床安装后，接通电源，可利用主轴箱和立柱的夹紧、松开来检查电源相序。当电源相序正确后，再调整摇臂升降电动机 M_2 的接线。

2. Z3040 型摇臂钻床电气控制电路常见故障分析

Z3040 型摇臂钻床的摇臂的控制，是机、电、液的联合控制。下面以摇臂移动的常见故障来作分析。

（1）摇臂不能上升

由摇臂上升电气动作过程可知，摇臂移动的前提是摇臂完全松开，此时活塞杆通过弹簧片压下开关 SQ_2，液压泵电动机 M_3 停止旋转，摇臂升降电动机 M_2 启动。因此，可根据开关 SQ_2 有无动作来分析摇臂不能移动的原因。

若开关 SQ_2 不动作，则常见故障为开关 SQ_2 安装位置不当或发生移动。这样，摇臂虽已松开，但活塞杆仍压不上开关 SQ_2，致使摇臂不能移动。有时也会出现因液压系统发生故障，使摇臂没有完全松开，活塞杆压不上开关 SQ_2。为此，应配合机械、液压调整好开关 SQ_2 位置并安装牢固。

若液压泵电动机 M_3 电源相序接反，此时按下摇臂上升按钮 SB_3，液压泵电动机 M_3 反转，使摇臂夹紧，更压不上开关 SQ_2，摇臂也不会上升。所以，机床大修或安装完毕，必须认真检查电源相序及电动机正、反转是否正确。

（2）摇臂移动后夹不紧

摇臂升降后，摇臂应自动夹紧，而夹紧动作的结束由开关 SQ_3 控制。若摇臂夹不紧，则说明摇臂控制电路能够动作，只是夹紧力不够。这往往是由于开关 SQ_3 安装位置不当或松动移位，过早地被活塞杆压上动作，使液压泵电动机 M_3 在摇臂还未充分夹紧时就停止旋转。

（3）液压系统的故障

有时电气控制系统工作正常，而电磁阀芯卡住或油路堵塞，造成液压控制系统失灵，也会造成摇臂无法移动。因此，在维修工作中，应正确判断是电气控制系统还是液压控制系统的故障，这两者之间是相互联系的。

六、总结任务

本任务以 XA6132 型卧式万能铣床电气控制电路分析与故障排除为导向，引出了电磁离合器、万能转换开关和 XA6132 型卧式万能铣床电气控制电路分析及故障排除的方法；学生在学习这些相关知识的基础上，通过对 XA6132 型卧式万能铣床电气控制电路故障排除的操作训练，应掌握卧式铣床电气控制系统的分析及故障排除的基本技能，加深对理论知识的理解。

本任务还介绍了Z3040型摇臂钻床电气控制系统分析及故障排除。

习 题

一、选择题

1. Z3040型摇臂钻床在电气控制原理图中使用了一个断电延时型时间继电器，它的作用是（　　）。

　　A. 升降机构上升定时　　　　　　　　B. 升降机构下降定时
　　C. 夹紧时间控制　　　　　　　　　　D. 保证升降电动机完全停止的延时

2. Z3040型摇臂钻床在电气控制原理图中，如果行程开关ST_4调整不当，夹紧后仍然不动作，则会造成（　　）。

　　A、升降电动机过载　　　　　　　　　B、液压泵电动机过载
　　C、主动电动机过载　　　　　　　　　D. 冷却泵电动机过载

3. XA6132型卧式万能铣床主轴电动机的正、反转控制是由（　　）实现的。

　　A. 接触器KM_1、KM_2的主触点　　　B. 接触器KM_3、KM_4的主触点
　　C. 转换开关SA_4　　　　　　　　　　D. 转换开关SA_5

二、判断题

1. CA6140型车床电气控制原理图中KM_3为控制刀架快速移动电动机M_3启动用，因刀架快速移动电动机M_3是短期工作，故可不设过载保护。（　　）

2. CA6140型车床为车削螺纹，主轴只要求电动机向一个方向旋转即可。（　　）

3. CA6140型车床为实现溜板箱的快速移动，由单独的刀架快速移动电动机拖动，采用点动控制。（　　）

4. CA6140型车床电气控制原理图应具有必要的保护环节和安全可靠的照明和信号指示。（　　）

5. XA6132型卧式万能铣床圆工作台运动需两个转向，且与工作台进给运动要有联锁，不能同时进行。（　　）

6. XA6132型卧式万能铣床工作台有上、下、左、右、前5个方向的运动。（　　）

7. XA6132型卧式万能铣床为提高主轴旋转的均匀性并消除铣削加工时的振动，主轴上装有飞轮，其转动惯量较大。因此，要求主轴电动机有停转制动控制。（　　）

8. XA6132型卧式万能铣床为操作方便，应能在两处控制各部件的启动或停止。（　　）

9. 在Z3040型摇臂钻床中，摇臂与外立柱的夹紧和松开程度是通过行程开关控制的。（　　）

10. Z3040型摇臂钻床主电动机采用热继电器作短路保护。（　　）

11. Z3040型摇臂钻床摇臂的夹紧必须在摇臂停止时进行。(　　)

三、填空题

1. CA6140型车床的主运动为_____，它是由主轴通过卡盘或顶尖带动工件旋转。

2. CA6140型车床的进给运动是溜板带动刀架的纵向或_____直线运动，其运动方式有_____或自动两种。

3. CA6140型车床主电路共有_____台电动机，分别为_____电动机、_____电动机和_____电动机。

4. CA6140型车床电气控制原理图中控制变压器TC二次侧输出_____V电压作为控制回路的电源。

5. XA6132型卧式万能铣床主要由车身、_____、导杆支架、_____、主轴和_____等部分组成。

6. XA6132型卧式万能铣床的工作台上还可以安装_____以扩大铣削能力。

7. XA6132型卧式万能铣床为了能进行顺铣和逆铣加工，要求主轴能够实现_____运行。

8. XA6132型卧式万能铣床的主电路中共有3台电动机，其中M_1是_____电动机，M_2是_____电动机，M_3是_____电动机。

9. Z3040型摇臂钻床主要由底座、_____、外立柱、_____、主轴箱、_____等组成。

10. Z3040型摇臂钻床电气控制原理图中有4台电动机，其中M_1为_____电动机，M_2为_____电动机，M_3为液压泵电动机，M_4为_____电动机。

11. Z3040型摇臂钻床电气控制原理图中时间继电器的作用是_____。

四、简答题

1. CA6140型车床电气控制具有哪些特点？

2. CA6140型车床电气控制具有哪些保护？它们是通过哪些电器元件实现的？

3. 分析在Z3040型摇臂钻床电路中，时间继电器KT与电磁阀YV在什么时候动作？时间继电器各触点作用是什么？

4. Z3040型摇臂钻床发生故障，其摇臂的上升、下降动作相反，试由电气控制电路分析其故障的原因。

5. XA6132型卧式万能铣床电气控制电路中，电磁离合器$YC_1 \sim YC_3$的作用是什么？

6. XA6132型卧式万能铣床电气控制电路中，行程开关$ST_1 \sim ST_6$的作用各是什么？

7. XA6132型卧式万能铣床电气控制具有哪些联锁与保护？为何设有这些联锁与保护？它们是如何实现的？

8. XA6132型卧式万能铣床主轴变速能否在主轴停止或主轴旋转时进行？为什么？

项目三

FX₃ᵤ 系列的 PLC 基本指令的应用

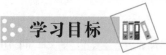

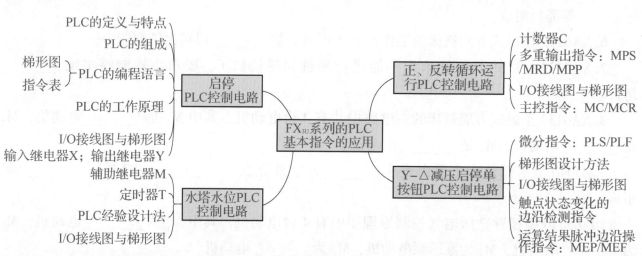

【知识目标】

1) 了解 PLC 的结构及工作过程。
2) 了解编程元件 X、Y、M、T、C 的功能及使用方法。
3) 掌握指令中触点类指令、线圈驱动类指令的编程。
4) 掌握梯形图和指令表之间的相互转换。

【技能目标】

1) 分配 I/O 地址,运用基本指令编制控制程序。
2) 学会用 GX Developer 编程软件编制梯形图。
3) 能进行程序的离线和在线调试。
4) 能正确安装 PLC,并完成输入/输出的接线。
5) 能分析简单控制系统的工作过程。

【素质目标】

1) 培养精益求精的工匠精神和团队协作能力。
2) 培养逻辑分析能力和实践动手能力。

任务一 三相异步电动机启停的 PLC 控制

一、引入任务

在"电机与电气控制应用技术"课程中我们已经学习了电动机启停控制电路,本任务我们将学习利用 PLC 实现电动机启停控制的方法,学习时要注意两者的异同之处。

当采用 PLC 控制电动机启停时,必须将按钮的控制信号送到 PLC 的输入端,经过程序运算,再将信号输出,从而驱动接触器 KM 线圈得电,电动机运行。那么,如何将输入、输出器件与 PLC 进行连接?如何编写 PLC 控制程序?这需要用到 PLC 内部的编程元件即输入继电器 X、输出继电器 Y 以及相关的基本指令。

二、相关知识

(一) 认识 PLC

PLC 采用可编制程序的存储器,在其内部存储和执行逻辑运算、顺序运算、计时、计数和算术运算等操作指令,并能通过数字式或模拟式的输入和输出,用于控制各种类型的机械或生产过程。PLC 及其有关的外围设备都应该按易于与工业控制系统形成一个整体,易于扩展其功能的原则而设计。

1. PLC 的产生

20 世纪 60 年代,继电器-接触器控制系统在工业控制领域占主导地位,应用广泛。该系统按照一定的逻辑关系对开关量进行顺序控制。采用固定接线的控制系统耗电多,体积大,可靠性、通用性和灵活性差,故迫切地需要新型控制系统的出现。与此同时,计算机技术开始广泛应用于工业控制领域,因其价格高、I/O 电路不匹配、编程难度大及难以适应恶劣工业环境等原因,故未能在工业控制领域获得推广。

1968 年,美国最大的汽车制造商——通用汽车公司为了满足汽车型号的不断更新、生产工艺不断变化的需要,希望寻找一种比继电器更可靠、功能更齐全、响应速度更快的新型工业控制器。实际上是将继电器控制的使用方便、简单易懂、价格低等优点,与计算机的功能完善、灵活性及通用性好的优点结合起来,即将继电器-接触器控制系统的硬件接线逻辑转变为计算机软件逻辑编程。1969 年,美国数字设备公司研制出了第一台 PLC,并在美国通用汽车公司的生产线上试用成功,并取得了满意效果,PLC 自此诞生。

PLC 自问世以来,以其编程方便、可靠性高、通用性好、体积小、使用寿命长等一系列优点,很快在世界各国的工业控制领域推广应用。1971 年,日本从美国引进了这项新技术,研制出了日本第一台PLC。1973年，欧洲也开始生产PLC。直到现在，世界各国著名的电气工厂几乎都在生产PLC。PLC已作为一种独立的工业设备被列入生产中，成为当代工业自动化领域中最重要、应用最广泛的控制装置。

20世纪70年代中后期，随着微处理器和微型计算机的出现，将微型计算机技术应用于PLC中，PLC的工作速度提高了，功能也不断完善。在进行开关量逻辑控制的基础上还增加了数据传送、比较和对模拟量进行控制的功能，产品初步系列化和规模化。

20世纪80年代以来，随着大规模和超大规模集成电路技术的迅猛发展，以16位和32位微处理器为核心的PLC也得到迅猛发展，其功能更强、工作速度更快、体积更小、可靠性更高、编程和故障检测更灵活方便。现代的PLC不仅能实现开关量的顺序逻辑控制，而且还具有高速计数、中断技术、PID调节、模拟量控制、数据处理、数据通信及远程I/O、网络通信和图像显示等功能。全世界有上百家PLC制造厂商，其中著名的有美国Rockwell自动化公司所属的A·B（Allen & Bradly）公司，德国的西门子公司和日本的欧姆龙和三菱公司等。

2. PLC的定义

国际电工委员会于1987年2月颁布PLC的标准草案（第3稿），草案对PLC定义：PLC是一种数字运算操作的电子系统，专为在工业环境应用而设计。它采用一类可编程序的存储器，用于其内部存储程序，执行逻辑运算、顺序控制、定时、计数和算术操作等面向用户的指令，并通过数字式或模拟式的输入/输出控制各种类型的机械或生产过程。PLC及其外部设备都按易于与工业控制系统连成一个整体，易于扩充其功能的原则设计。

定义强调了PLC是"数字运算操作电子系统"，即它是一种计算机，能完成逻辑运算、顺序控制、定时、计数和算术操作等功能，还具有数字量或模拟量的输入/输出控制的能力。

定义还强调了PLC直接应用于工业环境，须具有很强的抗干扰能力、广泛的适应能力和应用范围。这也是其区别于一般微型计算机控制系统的一个重要特征。

3. PLC的特点和分类

（1）PLC的特点

现代工业生产具有复杂多样性，对控制要求也各不相同。PLC因具有以下特点而深受工程技术人员的欢迎。

1）可靠性高、抗干扰能力强。

PLC采用集成度很高的微电子器件，大量的开关动作由无触点的半导体电路完成，其可靠程度是机械触点的继电器所无法比拟的。为保证PLC在恶劣的工业环境下能可靠工作，在其设计和制造过程中采取了一系列硬件和软件方面的抗干扰措施。

软件方面，PLC设置故障检测与诊断程序，每次扫描都对系统状态、用户程序、工作环境和故障进行检测与诊断，发现出错信息后，立即自动处理，如报警、保护数据和封锁输出等。PLC还对用户程序及动态数据进行备份，以保障停电后有关状态及信息不会因此丢失。

硬件方面，PLC采用可靠性高的工业元件和先进的电子加工工艺制造，对干扰采用屏蔽、隔离和滤波等技术，有效地抑制了外部干扰源对 PLC 内部电路的影响。

2）编程简单、操作方便。

PLC 有多种程序设计语言可供使用，主要有梯形图、语句表（指令表）、功能图等。其中，梯形图语言与继电器控制电路极为相似，直观易懂，深受电气技术人员的欢迎；指令表程序与梯形图程序有一一对应的关系，同样有利于技术人员的编程操作；功能图语言是一种面向对象的顺控流程图语言，它以过程为主线，编程简单、方便。对于用户来说，即使没有专门的计算机知识，也可以在短时间内掌握 PLC 编程语言，当生产工艺发生变化时，修改程序即可。

3）使用简单、调试维修方便。

PLC 接线非常方便，只需将产生输入信号的设备（如按钮、开关、各种传感器信号等）与 PLC 的输入端连接，将接收输出信号的被控设备（如接触器、电磁阀、信号灯）与 PLC 的输出端连接。PLC 用户程序可以在实验室模拟调试，输入信号用开关来模拟，输出信号用 PLC 的发光二极管显示。PLC 的调试通过后，再将 PLC 在现场安装调试。PLC 的调试工作量比继电器控制系统小得多。PLC 有完善的自诊断和运行故障指示装置，一旦发生故障，工作人员通过它便可以查出故障原因并迅速排除。

4）功能完善、应用灵活。

目前，PLC 产品已具标准化、系列化和模块化，功能更加完善，不仅具有逻辑运算、计时、计数和顺序控制等功能，还具有 D/A、A/D 转换、算术运算及数据处理、通信联网和生产监控等功能。其模块式的硬件结构使组合和扩展方便，用户可根据需要灵活选用相应的模块，以满足系统大小不同及功能繁简各异的控制系统要求。

（2）PLC 的分类

1）按应用规模和功能分类。

按 I/O 点数和存储容量分类，PLC 大致可以分为大型 PLC、中型 PLC、小型 PLC。小型 PLC 的 I/O 点数在 256 点以下，用户程序存储容量在 4 KB 左右；中型 PLC 的 I/O 点数为 256~2 048 点，用户程序存储容量在 8 KB 左右；大型 PLC 的 I/O 点数在 2 048 点以上，用户程序存储容量在 16 KB 以上。PLC 还可以按其功能分为低档 PLC、中档 PLC 和高档 PLC。低档 PLC 以逻辑运算为主，具有计时、计数、移位等功能；中档 PLC 一般具有整数和浮点运算、数制转换、PID 调节、中断控制及联网功能，可用于复杂的逻辑运算及闭环控制；高档 PLC 具有更强的数字处理能力，可进行矩阵运算、函数运算，完成数据管理工作，有较强的通信能力，可以和其他计算机构成分布式生产过程综合控制管理系统。一般大型、超大型 PLC 都是高档 PLC。

2）按硬件的结构类型分类。

PLC 按结构形式分类，可以分为整体式 PLC、模块式 PLC 和叠装式 PLC。

整体式 PLC 又称单元式 PLC 或箱体式 PLC，其 CPU 模块、I/O 模块和电源装在一个箱体机壳内，其结构非常紧凑，体积小、价格低。小型 PLC 一般采用整体式结构。整体式 PLC 一般配有许多专用的特殊功能单元，如模拟量 I/O 单元、位置控制单元、数据 I/O 单元等，以扩展功能，一般用于规模较小、I/O 点数固定，以后也少有扩展的场合。

模块式 PLC 又称积木式 PLC，其各部分以模块形式分开，如电源模块、CPU 模块、输入模块、输出模块等。这些模块插在模块插座上，模块插座焊接在框架中的总线连接板上。这种结构配置灵活、装配方便、便于扩展。一般大、中型 PLC 均采用模块式结构。图 3-1 为模块式 PLC 结构示意图。模块式 PLC 一般用于规模较大、I/O 点数较多且比例较灵活的场合。

叠装式 PLC 是整体式 PLC 和模块式 PLC 相结合的产物，其电源也可做成独立的，采用电缆连接各个单元，在控制设备中安装时可以一层层地叠装。图 3-2 为叠装式 PLC 结构示意图。叠装式 PLC 兼有整体式 PLC 和模块式 PLC 的优点，根据近年来的市场情况看，整体式 PLC 及模块式 PLC 有结合为叠装式 PLC 的趋势。

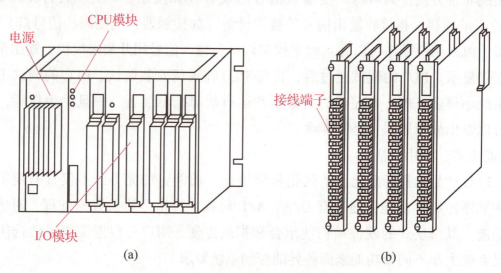

图 3-1 模块式 PLC 结构示意图

（a）模块插入机箱时的情形；（b）模块插板

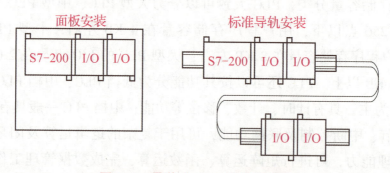

图 3-2 叠装式 PLC 结构示意图

4. PLC 的应用范围及发展趋势

（1）应用范围

随着 PLC 功能的不断完善、性价比的不断提高，其应用面也越来越广。目前，PLC 在国内外已广泛应用于钢铁、采矿、水泥、石油、化工、电子、机械制造、汽车、船舶、装卸、造纸、纺织、环保及娱乐等各行各业，其应用范围通常可分为如下 6 种类型。

1) 开关量逻辑控制。

开关量逻辑控制是 PLC 应用最广泛的领域，其取代了传统的继电器-接触器控制，从而实行逻辑控制、顺序控制。

2) 运动控制。

PLC 使用专用的指令或运动控制模块，对圆周运动或直线运动进行控制，可实现单轴、双轴、三轴和多轴位置控制，使运动控制与顺序控制功能有机地结合在一起。PLC 的运动控制功能广泛地用于各种机械设备中。

3) 数据处理。

现代的 PLC 具有数学运算、数据传送、转换、排序和查表、位操作等功能，可以完成数据的采集、分析和处理。

4) 过程控制。

过程控制是指对温度、压力、流量等连续变化的模拟量的闭环控制。PLC 通过模拟量 I/O 模块，实现模拟量和数字量之间的转换，并对模拟量进行 PID 控制。

5) 计数控制。

为了满足计数的需要，不同的 PLC 提供不同数量、不同类型的计数器。例如，FX1S 提供 16 位增量计数器 C0~C15（一般用）、C16~C31（保持用），32 位高速可逆计数器 C233~C245（单相输入）、C246~C250（单相双输入）、C251~C255（双相双输入）共 22 个计数器。

6) 通信和联网。

通信是指 PLC 与 PLC 之间、PLC 与上位计算机或其他智能设备（如变频器、数控装置）之间的通信。联网是指利用 PLC 和计算机的 RS-232 或 RS-422 接口、PLC 的专用通信模块，用同轴电缆或光缆将它们连成网络，实现信息交换，构成"集中管理、分散控制"的多级分布式控制系统，从而建立自动化网络。

(2) 发展趋势

PLC 的发展有两个主要趋势：一是向大型网络化、智能化、高可靠性、操作简单化、好的兼容性和多功能方面发展；二是向体积更小、速度更快、功能更强和价格更低的微小型化方面发展。

大型 PLC 自身向着大存储容量、高速度、高性能、增加 I/O 点数的方向发展。网络化和强化通信能力是大型 PLC 的一个重要发展趋势。PLC 构成的网络向下可将多个 PLC、多个 I/O 模块相连，向上可与工业计算机、以太网等结合，构成整个工厂的自动控制系统。PLC 采用了计算机信息处理技术、网络通信技术和图形显示技术，将生产控制功能和信息管理功能融为一体，满足了现代化大生产的控制与管理的需要。为了满足特殊功能的需要，各种智能模块层出不穷。例如，通信模块、位置控制模块、闭环控制模块、模拟量 I/O 模块、高速计数模块、数控模块、计算模块、模糊控制模块和语言处理模块等。

小型 PLC 应用于中小型的工业控制场合，不仅成为继电器控制柜的替代物，而且具有超过继电器控制系统的功能。小型、超小型、微小型 PLC 不仅便于实现机电一体化，而且也是实现家庭自动化的理想控制器。

（二）PLC 的组成

1. PLC 的基本组成

PLC 的结构多种多样，但一般原理基本相同，都是采用以微处理器为核心的结构，其基本组成包括硬件系统和软件系统。

PLC 的硬件系统主要由中央处理单元（CPU）、存储器（RAM、ROM）、输入/输出电路（I/O 模块）、电源和外部设备等组成。PLC 硬件系统结构如图 3-3 所示。

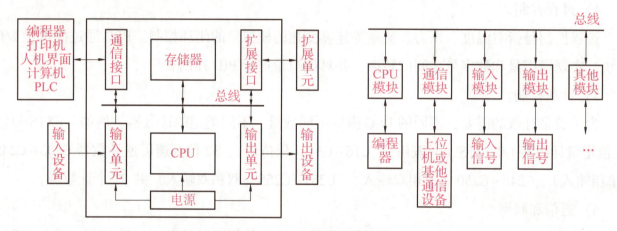

图 3-3 PLC 硬件系统结构

（1）中央处理单元（CPU）

CPU 是 PLC 的核心组件，一般由控制器、运算器和寄存器等组成，其电路一般都集成在一个芯片内。CPU 通过数据总线、地址总线和控制总线与存储单元、输入/输出电路相连接。PLC 使用的 CPU 多为 8 位字长的单片机。为增加控制功能和提高实时处理速度，16 位或 32 位单片机也在高性能 PLC 设备中使用。不同型号 PLC 的 CPU 是不同的，有的采用通用 CPU，如 8031、8051、8086、80826 等；有的采用厂家自行设计的专用 CPU（如西门子公司的 S7-200 系列）等。CPU 的性能关系到 PLC 处理控制信号的能力与速度，位数越高，其系统处理的信息量越大，运算速度也越快。随着 CPU 技术的不断发展，PLC 所用的 CPU 也越来越高档。

与普通微型计算机一样，CPU 按系统程序赋予的功能指令 PLC 有条不紊地进行工作，完成运算和控制任务。CPU 的主要用途有以下 5 个方面。

1）接收从编程器（计算机）输入的用户程序和数据，送入存储器存储。

2）用扫描工作方式接收输入设备的状态信号，并存入相应数据区（输入映像寄存器）。

3）监测和诊断电源、PLC 内部电路的工作状态和用户编程过程中的语法错误等。

4）执行用户程序。从存储器逐条读取用户指令，完成各种数据的运算、传送和存储等功能。

5）根据数据处理的结果，刷新有关标志位的状态和输出映像寄存器表的内容，再经过输出部件实现输出控制、制表打印或数据通信等功能。

（2）存储器（RAM、ROM）

存储器主要用来存放程序和数据，PLC 的存储器可以分为系统程序存储器、用户程序存储器及工作数据存储器 3 种。

1）系统程序存储器。

系统程序存储器用来存放由 PLC 生产厂家编写的系统程序，并固化在 ROM 内，用户不能直接更改。它使 PLC 具有基本的功能，能够完成设计者规定的各项工作。系统程序质量的好坏在很大程度上决定了 PLC 的性能，其内容主要包括：系统管理程序，其主要控制 PLC 的运行，使整个 PLC 按部就班地工作；用户指令解释程序，将 PLC 的编程语言变为机器语言指令，再由 CPU 执行这些指令；标准程序模块与系统调用程序，其包括许多不同功能的子程序及其调用管理程序，如完成输入、输出及特殊运算等子程序。PLC 的具体工作都是由这部分程序来完成的，这部分程序的多少决定了 PLC 性能的强弱。

2）用户程序存储器。

根据控制要求而编制的应用程序称为用户程序。用户程序存储器用来存放用户针对具体控制任务，用规定的 PLC 编程语言编写的各种程序。用户程序存储器根据所选用的存储器单元类型的不同，分为 RAM（用锂电池进行掉电保护）、EPROM 或 E^2PROM，其内容可以由用户任意修改或增删。目前较为先进的 PLC 采用可随时读/写的快闪存储器作为用户程序存储器，快闪存储器不需要后备电池，掉电时数据也不会丢失。

3）工作数据存储器。

工作数据存储器用来存储工作数据，即用户程序中使用的 ON/OFF 状态、数位数据等。在工作数据区中开辟有元件映像寄存器和数据表。其中，元件映像寄存器用来存储开关量、输出状态以及定时器、计数器、辅助继电器等内部器件的 ON/OFF 状态；数据表用来存放各种数据，包括用户在程序执行时的变换参数值及 A/D 转换得到的数字量和数学运算的结果等。

在 PLC 断电时能保持数据的存储器区称为数据保持区。用户程序存储器和用户存储器容量的大小关系到用户程序容量的大小和内部器件的多少，是反映 PLC 性能的重要指标之一。

（3）输入/输出电路（I/O 模块）

I/O 模块是 PLC 与工业控制现场各类信号连接的部分，在 PLC 被控对象间传递 I/O 信息。实际生产过程中产生的输入信号多种多样，信号电平也各不相同，而 PLC 只能对标准电平进行处理。通过输入模块，PLC 可以将来自被控对象的信号转换成 CPU 能够接收和处理的标准电平信号。同样，外部执行元件所需的控制信号电平也有差别，其也必须通过输出模块转换成这些执行元件所能接收的控制信号。I/O 接口电路还具有良好的抗干扰能力，因此接口电路一般都包含光电隔离电路和 RC 滤波电路，用以消除输入触点的抖动和外部噪声的干扰。

1）输入电路。

连接到 PLC 输入接口的输入器件是各种开关、按钮、传感器等。按现场信号可以接纳的电源类型不同，开关量输入接口电路可分为 3 类：直流输入接口电路、交流输入接口电路和交直流输入接口电路，使用时要根据输入信号的类型来选择合适的输入模块。

交流输入接口电路和直流输入接口电路原理图分别如图 3-4、图 3-5 所示。

2）输出电路。

开关输出电路的作用是将 PLC 的输出信号传送到用户输出设备中。按输出开关器件的种类不同，PLC 的输出有 3 种形式，即晶体管输出、双向晶闸管输出和继电器输出。其中，晶体管输出型接口电路只能接直流负载，为直流输出接口电路；双向晶闸管输出型接口电路只能接交流负载，为交流输出接口电路；继电器输出型接口电路既可接直流负载，也可接交流负载，为交直流输出接口电路。图 3-6 为晶体管输出型接口电路原理图。

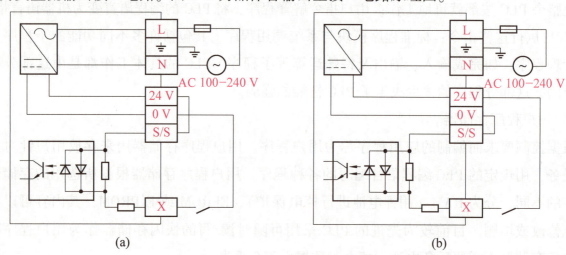

图 3-4　交流输入接口电路原理图

（a）漏型；（b）源型

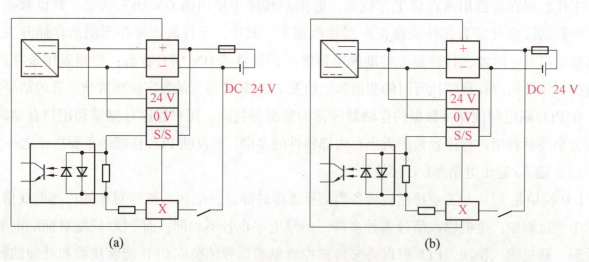

图 3-5　直流输入接口电路原理图

（a）漏型；（b）源型

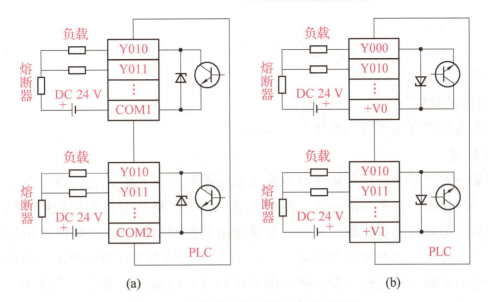

图 3-6 晶体管输出型接口电路原理图
(a) 漏型；(b) 源型

双向晶闸管输出型接口电路原理图和继电器输出型接口电路原理图分别如图 3-7、图 3-8 所示。其电路原理和结构与直流输出接口电路基本相似。

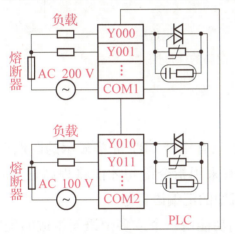

图 3-7 双向晶闸管输出型接口电路原理图

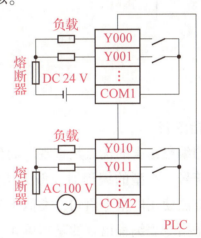

图 3-8 继电器输出型接口电路原理图

（4）电源

PLC 配有开关式稳压电源模块，用于将交流电源转换成供 PLC 的 CPU、存储器等内部电路工作的直流电源，使 PLC 正常工作。PLC 的电源部件有很好的稳压措施，因此对外部电源的稳定性要求不高，一般允许外部电源电压的额定值为 AC 240 V。有些 PLC 的电源部件还能向外提供 DC 24 V 的稳压电源，用于对外部传感器供电。为了防止在外部电源发生故障的情况下 PLC 内部程序和数据等重要信息丢失，用锂电池做停电时的后备电源。

（5）外部设备

PLC 硬件系统的外部设备主要由编程器和其他外部设备等组成。

1) 编程器。

编程器是将用户程序输入到 PLC 的存储器中。可以用编程器来检查程序、修改程序；还可以利用编程器来监视 PLC 的工作状态。它通过接口与 CPU 联系，从而完成人机对话。

2）其他外部设备。

PLC还可以配置生产厂家提供的其他外部设备，如存储器卡、EPROM写入器、盒式磁带机、打印机等。

2. PLC的编程语言

PLC的编程语言有梯形图、指令表和结构文本。

（1）梯形图

梯形图是一种图形语言，是从继电器控制电路图演变过来的。它将继电器控制电路图进行了简化，同时增加了许多功能强大、使用灵活的指令，将微型计算机的特点结合进去，使编程更加容易，但实现的功能却大大超过传统继电器控制电路图，是目前应用最普遍的一种PLC编程语言。图3-9为继电器控制电路与PLC控制的梯形图比较示意图，两种方式都能实现三相异步电动机的自锁正转控制。梯形图及图形符号的画法应遵循一定规则，各厂家的图形符号和规则虽然不尽相同，但基本上是大同小异的。

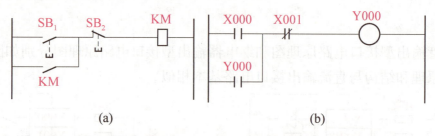

图3-9　继电器控制电路与PLC控制的梯形图比较示意图

（a）继电器控制电路　（b）梯形图

（2）指令表

梯形图编程语言的优点是直观、简便，但要求只有用带CRT屏幕显示的图形编程器才能输入图形符号。小型的编程器一般无法满足，只有采用指令语句才能将程序输入到PLC中，这种编程方法使用的指令语句，类似于微型计算机中的汇编语言。

语句是指令表编程语言的基本单元，每个控制功能由一个或多个语句组成的程序来执行。每条语句规定PLC中CPU如何动作的指令，是由操作码和操作数组成的。

（3）结构文本

随着PLC的飞速发展，如果许多高级功能用梯形图来表示就会很不方便。为了增强PLC的数字运算、数据处理、图表显示、报表打印等功能，方便用户的使用，许多大、中型PLC都配备了Pascal、Basic、C等高级编程语言。这种编程方式称为结构文本。与梯形图相比，结构文本有两大优点：一是能实现复杂的数学运算，二是其非常简洁和紧凑。用结构文本编制极其复杂的数学运算程序只需占用一页纸，同时结构文本用来编制逻辑运算程序也很容易。

（三）PLC的工作原理

1. PLC的内部等效电路

图3-10所示的两台电动机启动的继电器-接触器控制为例，用PLC控制的内部等效电路如图3-11所示。

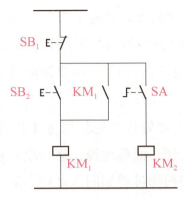

图 3-10　两台电动机启动的继电器-接触器控制

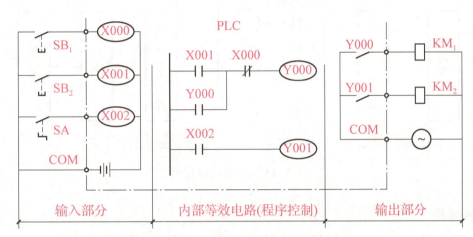

图 3-11　两台电动机启动的 PLC 控制的内部等效电路图

图 3-11 中，PLC 的输入部分是用户输入设备，常用的有按钮、开关、传感器等，通过输入端子（I 接口）与 PLC 连接。PLC 的输出部分是用户输出设备，包括接触器（继电器）线圈、信号灯、各种控制阀灯，通过输出端子（O 接口）与 PLC 连接。内部控制（梯形图）可视为由内部继电器、接触器等组成的等效电路。

三菱 FX 系列的 PLC 输入 COM 端，一般是机内电源 24 V 的负极端，其输出 COM 端接用户负载电源。

2. PLC 的工作过程

PLC 有两种基本工作模式，即运行（RUN）模式与停止（STOP）模式，如图 3-12 所示。

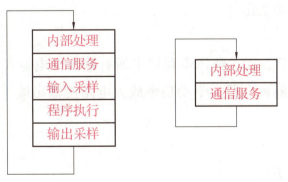

图 3-12　PLC 的基本工作模式

(a) RUN 模式；(b) STOP 模式

在 STOP 模式下，PLC 只进行内部处理和通信服务工作。在内部处理阶段，PLC 检查 CPU 模块内部的硬件是否正常，同时对用户程序的语法进行检查，定期复位监控定时器等，以确保系统可靠运行；在通信服务阶段，PLC 可与外部智能装置进行通信，如进行 PLC 之间及 PLC 与计算机之间的信息交换。

在 RUN 模式下，PLC 除进行内部处理和通信服务工作外，还要完成输入采样、程序执行和输出刷新 3 个阶段的周期扫描工作。简单地说，运行模式是执行应用程序的模式，停止模式一般用于程序的编制与修改。周期扫描过程如图 3-13 所示。

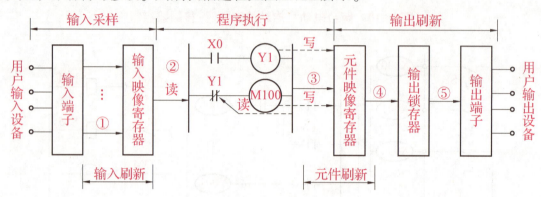

图 3-13 周期扫描过程

（1）输入采样

在输入采样阶段，PLC 首先扫描所有输入端子，并将各输入状态存入内存中的各对应的输入映像寄存器中。此时，输入映像寄存器被刷新。接着，进入程序执行阶段。在程序执行阶段和输出刷新阶段，输入映像寄存器与外界隔离，无论输入信号如何变化，其内容始终保持不变，直到下一个扫描周期的输入采样阶段，才重新写入输入端的新内容。

（2）程序执行

根据 PLC 梯形图程序扫描原则，CPU 按先左后右、先上后下的步序逐句扫描。当指令中涉及输入、输出状态时，PLC 就从输入映像寄存器中读入上一阶段采入的对应输入端子状态，同时从元件映像寄存器中读入对应元件（软继电器）的当前状态。然后，进行相应的运算，运算结果再存入元件映像寄存器中。对元件映像寄存器来说，每一个元件（软继电器）的状态都会随着程序执行过程而变化。

（3）输出刷新

当所有指令执行完毕后，元件映像寄存器中所有输出继电器 Y 的状态在输出刷新阶段转存到输出锁存器中，通过隔离电路，驱动功率放大电路使输出端子向外界发出控制信号，从而驱动外部负载。

3. PLC 的工作方式

（1）循环扫描的工作方式

PLC 的工作方式是一个不断循环的顺序扫描工作方式。每一次扫描所用的时间称为扫描周期或工作周期。CPU 从第一条指令开始，按顺序逐条地执行用户程序直到用户程序结束，然后返回第一条指令，开始新一轮的扫描。

（2）PLC 与其他控制系统工作方式的区别

PLC 对用户程序的执行是以循环扫描方式进行的，这种运行程序的方式与微型计算机相比有较大的不同。微型计算机运行程序时，一旦执行到 END 指令，就结束运行。而 PLC 从存储地址所存放的第一条用户程序开始，在无中断或跳转的情况下，按存储地址号递增的方向顺序逐条地执行用户程序，直到 END 指令结束。然后从头开始执行，直到停机或从运行（RUN）切换到停止（STOP）工作状态。PLC 每扫描完一次程序就形成一个扫描周期。

（四）FX₃ᵤ 系列简介

三菱 FX₃ᵤ 系列 PLC 将 CPU 和输入/输出一体化，用户使用更为方便。为进一步满足不同用户的要求，FX₃ᵤ 系列有多种不同的型号供选择。此外，其还有多种特殊功能模块提供给不同的用户。

FX₃ᵤ 系列命名的基本格式如图 3-14 所示。

系列序号：0、0S、0N、1、2、2C、1S、1N、2N、2NC。

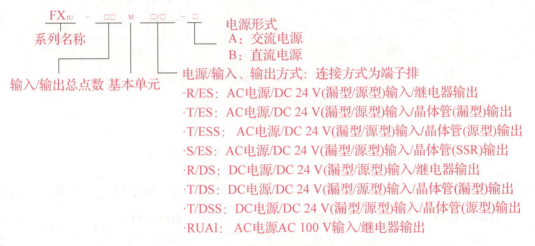

图 3-14　FX₃ᵤ 系列命名的基本格式

（五）PLC 的输入、输出继电器（X、Y 元件）

PLC 内部有许多具有不同功能的器件，这些器件通常都是由电子电路和存储器组成的，它们都可以作为指令中的目标元件（或称为操作数），在 PLC 中把这些器件统称为 PLC 的编程软元件。FX₃ᵤ 系列的 PLC 的编程软元件可以分为位元件、字元件和其他三大类。位元件是只有两种状态的开关量元件，而字元件是以字为单位进行数据处理的软元件，其他是指立即数（十进制数、十六进制数和实数）、字符串和指针（P/I）等。

这里只介绍位元件中的输入继电器和输出继电器，其他的位元件及另外两类编程软元件将在其他各项目中分别介绍。

1. 输入继电器（X）

输入继电器是 PLC 用来接收外部开关信号的元件。输入继电器与 PLC 的输入端相连，PLC 通过输入接口将外部输入信号状态（接通时为"1"，断开时为"0"）读入并存储在输入映像寄存器中。PLC 输入继电器 X000 的等效电路如图 3-15 所示。

FX_{3U} 系列输入继电器是以八进制数进行编号的，FX_{3U} 系列可用输入继电器的编号范围为 X000~X367（248 点）。基本单元输入继电器的编号是固定的，扩展单元和扩展模块的变化是按与基本单元最靠近开始，顺序进行编号。例如，基本单元 FX_{3U}-48MR/ES-A 的输入继电器编号为 X000~X027（24 点），如果接有扩展单元或扩展模块，则扩展的输入继电器从 X030 开始编号。FX_{3U} 系列主机输入继电器一览表如表 3-1 所示。

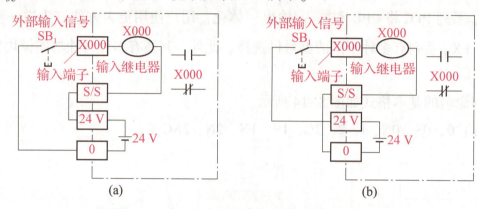

图 3-15　PLC 输入继电器 X000 的等效电路

（a）漏型；（b）源型

表 3-1　FX_{3U} 系列主机输入继电器一览表

PLC 型号	输入继电器	PLC 型号	输入继电器	PLC 型号	输入继电器	PLC 型号	输入继电器
FX_{2N}-16M	X000~X007（8 点）	FX_{2N}-80M	X000~X047（40 点）	FX_{2NC}-64M	X000~X037（32 点）	FX_{3U}-48M	X000~X027（24 点）
FX_{2N}-32M	X000~X017（16 点）	FX_{2N}-128M	X000~X077（64 点）	FX_{2NC}-96M	X000~X057（48 点）	FX_{3U}-64M	X000~X037（32 点）
FX_{2N}-48M	X000~X027（24 点）	FX_{2NC}-16M	X000~X007（8 点）	FX_{3U}-16M	X000~X007（8 点）	FX_{3U}-80M	X000~X047（40 点）
FX_{2N}-64M	X000~X037（32 点）	FX_{2NC}-32M	X000~X017（16 点）	FX_{3U}-32M	X000~X017（16 点）	FX_{3U}-128M	X000~X077（64 点）

2. 输出继电器（Y）

输出继电器是将 PLC 内部信号输出给外部负载（用户输出设备）的元件。输出继电器的外部输出触点接到 PLC 的输出端子上。输出继电器线圈由 PLC 内部程序的指令驱动，其线圈状态传送给输出接口，再由输出接口对应的硬触点来驱动外部负载。PLC 输出继电器 Y000 的等效电路如图 3-16 所示。

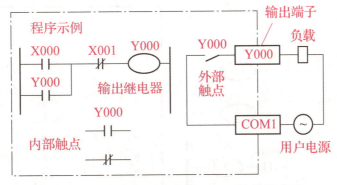

图 3-16 PLC 输出继电器 Y000 的等效电路

FX$_{3U}$系列的输出继电器也是采用八进制数进行编号，其中 FX$_{3U}$ 系列的可用输出继电器的编号范围为 Y000~Y367（248 点）。与输入继电器一样，基本单元输出继电器的编号是固定的，扩展单元和扩展模块的变化也是按与基本单元最靠近开始，顺序进行编号。

如果要用指令表语言编写 PLC 控制程序，就必须熟悉 PLC 的基本逻辑指令。

（六）LD/LDI、OUT、AND/ANI、OR/ORI、ANB、ORB 用法

1. LD/LDI：取/取反指令

功能：取单个常开/常闭触点与母线（左母线、分支母线等）相连接，操作元件有输入继电器 X、输出继电器 Y、辅助继电器 M、定时器 T、计数器 C、状态继电器 S。

2. OUT：驱动线圈（输出）指令

功能：驱动线圈，操作元件有输入继电器 X、输出继电器 Y、辅助继电器 M、定时器 T、计数器 C、状态继电器 S。

LD/LDI 指令及 OUT 指令的基本用法如图 3-17 所示。

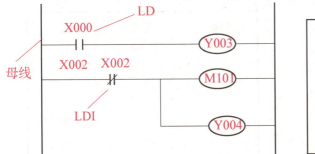

图 3-17 LD/LDI 指令及 OUT 指令的基本用法

3. AND/ANI：与/与反指令

功能：串联单个常开/常闭触点。

4. OR/ORI：或/或反指令

功能：并联单个常开/常闭触点。

AND/ANI 指令和 OR/ORI 指令的基本用法分别如图 3-18 和图 3-19 所示。

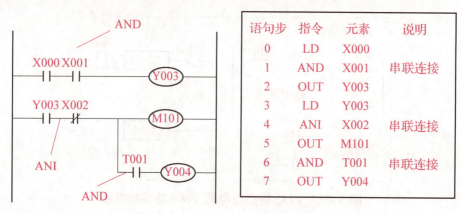

图 3-18 AND/ANI 指令的基本用法

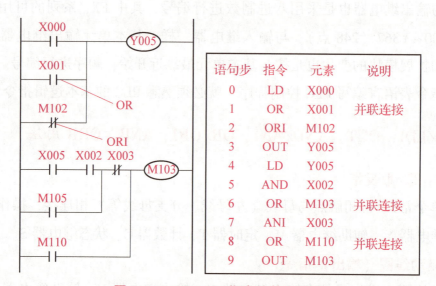

图 3-19 OR/ORI 指令的基本用法

5. ANB：与块指令

功能：串联一个并联电路块，ANB 指令的基本用法如图 3-20 所示。

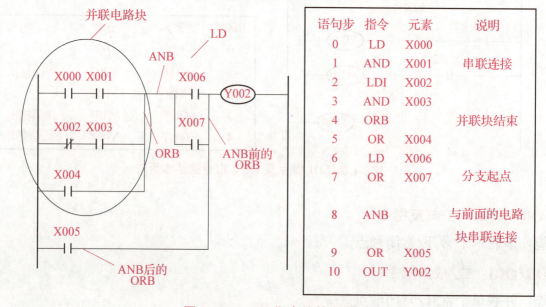

图 3-20 ANB 指令的基本用法

ANB 指令是不带操作元件编号的指令,两个或两个以上触点并联连接的电路称为并联电路块。当分支电路并联电路块与前面的电路串联连接时,使用 ANB 指令,即分支起点用 LD、LDI 指令,并联电路块结束后使用 ANB 指令,表示与前面的电路串联。ANB 指令原则上可以无限制使用,但受 LD、LDI 指令只能连续使用 8 次的影响,ANB 指令的使用次数也应限制在 8 次。

6. ORB:或块指令

功能:并联一个串联电路块,无操作元件,ORB 指令的基本用法如图 3-21 所示。

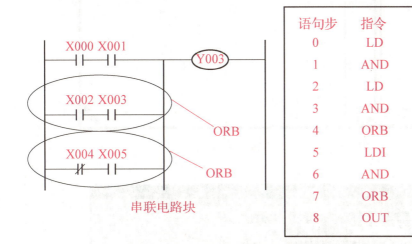

图 3-21 ORB 指令的基本用法

(七) GX Developer 软件简介

GX Developer 软件是三菱电机有限公司开发的一款针对三菱系列 PLC 的编程软件,它操作简单,支持梯形图、指令表、SFC 等多种程序设计方法,可设置网络参数,可进行程序的线上更改、监控及调试,具有异地读写 PLC 程序等功能。下面以 GX Developer 8.86 为例进行介绍。

启动 GX Developer 编程软件后,选择菜单命令"工程"→"创建新工程",或者使用快捷键<Ctrl+N>,弹出图 3-22 所示的"创建新工程"对话框。在"创建新工程"对话框中,选择 PLC 系列为 FXCPU,PLC 类型为 FX$_{3U}$(C),程序类型为"梯形图",工程名设定为"设置工程名"等操作。然后单击"确定"按钮,会弹出梯形图编辑界面。编辑菜单栏 1、2 分别如图 3-23、图 3-24 所示;PLC 程序编制如图 3-25 所示;PLC 传输过程如图 3-26 所示;PLC 写入过程如图 3-27 所示。

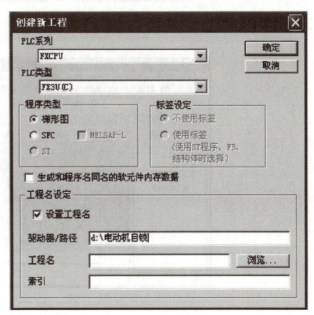

图 3-22 "创建新工程"对话框

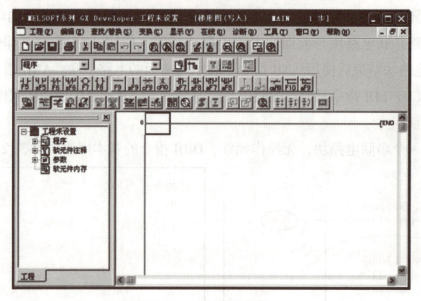

图 3-23　编辑菜单栏 1

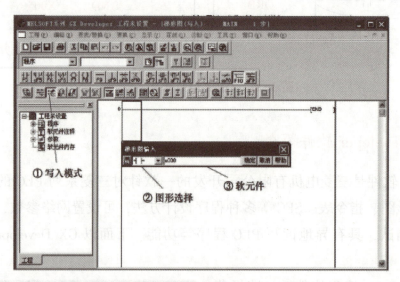

图 3-24　编辑菜单栏 2

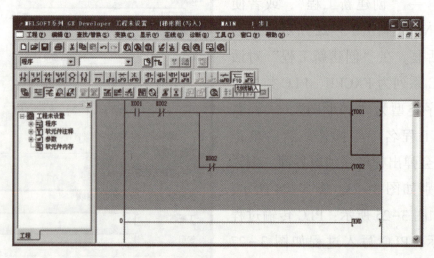

图 3-25　PLC 程序编制

项目三 FX₃ᵤ 系列的 PLC 基本指令的应用 145

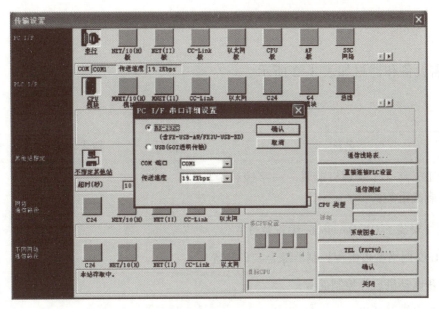

图 3-26　PLC 传输过程

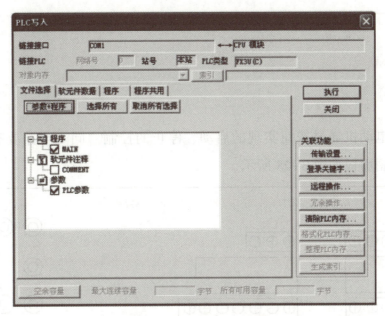

图 3-27　PLC 写入过程

三、任务实施

（一）训练目标

1）学会用 FX₃ᵤ 系列 PLC 基本指令编制三相异步电动机启停控制的程序。

2）学会绘制三相异步电动机启停控制的 I/O 接线图及主电路图。

3）掌握 FX₃ᵤ 系列 PLC 的 I/O 端口的外部接线方法。

4）熟练使用 GX Developer 编程软件编制梯形图与指令表程序，并写入 PLC 中进行调试运行。

(二)设备和器材

本任务所需设备和器材如表 3-2 所示。

表 3-2 所需设备和器材

序号	名称	符号	技术参数	数量	备注
1	常用电工工具(十字螺钉旋具、一字螺钉旋具、尖嘴钳、剥线钳等)			1 套	表中所列设备、器材仅供参考
2	计算机(安装了 GX Developer 编程软件)			1 台	
3	THPFSL-2 网络型可编程控制器综合实训装置			1 台	
4	三相异步电动机启停控制面板			1 套	
5	三相笼型异步电动机	M		1 台	
6	连接导线			若干	

(三)实施步骤

1. 任务要求

完成三相异步电动机通过按钮实现的启动、停止的控制,同时电路要有完善的软件或硬件保护环节,其控制面板如图 3-28 所示。

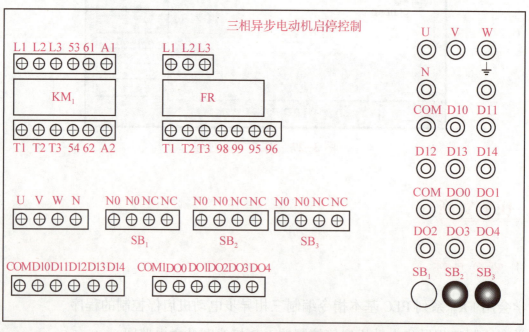

图 3-28 三相异步电动机启停控制面板

2. I/O 地址分配与接线图

I/O 分配如表 3-3 所示,I/O 接线图如图 3-29 所示。

表 3-3　I/O 分配表

输入			输出		
设备名称	符号	X 元件编号	设备名称	符号	Y 元件编号
启动按钮	SB_1	X000	接触器	KM_1	Y000
停止按钮	SB_3	X001			
热继电器	FR	X002			

3. 编制程序

根据控制要求编制梯形图，三相异步电动机启停控制梯形图如图 3-30 所示。

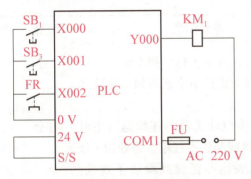
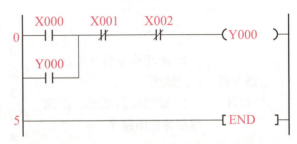

图 3-29　I/O 接线图　　　　　图 3-30　三相异步电动机启停控制梯形图

PLC 连续控制　　　　　　　　PLC 顺序控制

4. 调试运行

利用 GX Developer 编程软件在计算机上输入图 3-30 中的程序，然后下载到 PLC 中。

（1）静态调试

按图 3-29 中 PLC 的 I/O 接线图正确连接输入设备，进行 PLC 的模拟静态调试（当按下启动按钮 SB_1 时，模拟接触器的指示灯 Y000 亮。运行过程中，按下停止按钮 SB_3，模拟接触器的指示灯 Y000 灭，运行过程结束），并通过 GX Developer 编程软件使程序处于监视状态，观察其是否与指示灯一致；否则，检查并修改程序，直至输出指示正确。

（2）动态调试

按图 3-29 中 PLC 的 I/O 接线图正确连接输出设备，进行系统的空载调试，观察交流接触器能否按控制要求动作（当按下启动按钮 SB_1 时，交流接触器 KM_1 动作。运行过程中，按下停止按钮 SB_3，KM_1 返回，运行过程结束），并通过 GX Developer 编程软件使程序处于监视状态，观察其是否与交流接触器 KM_1 动作一致；否则，检查电路接线或修改程序，直至交流接触器能按控制要求动作。

运行结果正确，训练结束，整理好实训台及仪器设备。

（四）分析与思考

1) 本任务三相异步电动机过载保护是如何实现的？
2) 如果将热继电器过载保护作为 PLC 的硬件条件，试绘制 I/O 接线图，并编制梯形图程序。

四、考核任务

三相异步电动机启停控制考核表如表 3-4 所示。

表 3-4 三相异步电动机启停控制考核表

序号	考核内容	考核要求	评分标准	配分	得分
1	电路及程序设计	1. 能正确分析并绘制 I/O 接线图 2. 根据控制要求，正确编制梯形图程序	1. I/O 分配错或少，每个扣 5 分 2. I/O 连线图设计不全或有错，每处扣 5 分 3. 三相异步电动机单向连续运行主电路表达不正确或画法不规范，每处扣 5 分 4. 梯形图表达不正确或画法不规范，每处扣 5 分	40 分	
2	安装与连接	能根据 I/O 分配表进行地址分配，正确连接电路	1. 连接错一处，扣 5 分 2. 损坏元件，每只扣 5~10 分 3. 损坏连接线，每根扣 5~10 分	20 分	
3	调试与运行	能熟练使用编程软件编制程序，写入 PLC，并按照要求调试运行	1. 不会熟练使用编程软件进行梯形图的编辑、修改、转换、写入及监视，每项扣 2 分 2. 不能按照控制要求完成相应的功能，每缺一项扣 5 分	20 分	
4	安全文明操作	确保人身和设备安全	违反安全文明操作规程，扣 10~20 分	20 分	
5	定额时间	180 min，每超时 5 min，扣 5 分			
6	开始时间		结束时间	实际时间	成绩
7	收获体会：			学生签名：	年 月 日
8	教师评语：			教师签名：	年 月 日

五、拓展知识

（一）置位与复位指令（SET、RST）

功能：SET 使操作元件置位（接通并自保持），RST 使操作元件复位。当 SET 和 RST 信号同时接通时，写在后面的指令有效。置位/复位指令的基本用法如图 3-31 所示。

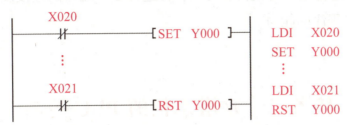

图 3-31　置位/复位指令的基本用法

SET/RST 与 OUT 指令的用法比较如图 3-32 所示。

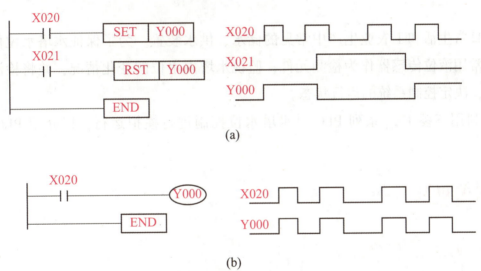

图 3-32　SET/RST 与 OUT 指令的用法比较
(a) SET/RST 指令；(b) OUT 指令

（二）用置位、复位指令实现电动机启停控制

用 SET、RST 指令实现三相异步电动机启停控制梯形图如图 3-33 所示。

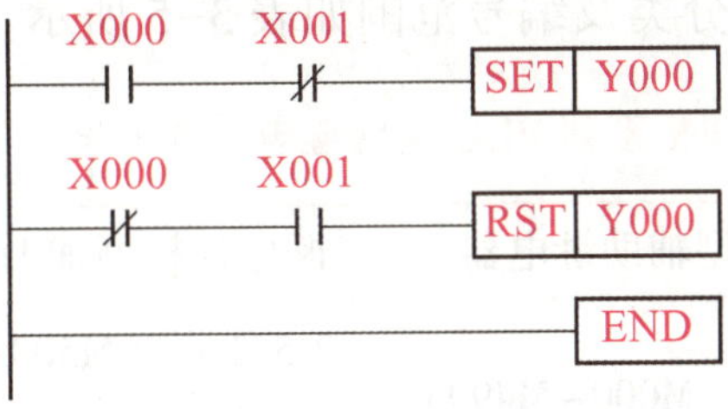

图 3-33　用 SET、RST 指令实现三相异步电动机启停控制梯形图

六、总结任务

在本任务中,我们首先讨论了 FX₃ᵤ 系列的 X、Y 两个软继电器的含义与具体用法,然后分别介绍了 LD、AND、OUT、ORB 和 SET 等基本指令的使用要素以及梯形图和指令表之间的相互转换;学生在此基础上利用基本指令编制简单的三相异步电动机启停控制 PLC 程序,通过 GX Developer 编程软件进行程序的编辑、写入,再进行 I/O 端口的连接及调试运行,应掌握使用编程软件和分析简单程序的能力。

任务二 水塔水位的 PLC 控制

一、引入任务

水塔是日常生活和工农业生产中常见的储水、供水装置。为了保证水塔水位保持在允许的范围内,常用液位传感器作为检测元件,监视水塔内水位的变化情况,并将检测的结果传给控制系统,决定控制系统的运行状态。

本任务利用三菱 FX₃ᵤ 系列 PLC 对水塔水位控制进行模拟运行,以介绍 PLC 定时器的使用。

二、相关知识

(一)辅助继电器(M)

辅助继电器是 PLC 中数量最多的一种继电器,类似于继电器-接触器控制系统中的中间继电器,和输入、输出继电器不同的是,它既不能接收外部输入的开关量信号,也不能直接驱动负载,只能在程序中驱动,是一种内部的状态标志。辅助继电器的常开与常闭触点在 PLC 内部编程时可无限次使用。辅助继电器采用十进制数进行编号。

辅助继电器按用途可分为通用型辅助继电器、断电保持型辅助继电器和特殊辅助继电器 3 种。FX 系列 PLC 辅助继电器的分类及编号范围如表 3-5 所示。

表 3-5 FX 系列 PLC 辅助继电器的分类及编号范围

PLC 系列	通用型辅助继电器	断电保持型辅助继电器	特殊辅助继电器
FX₂ₙ、FX₂ₙc	500 点(M000~M499)	2 572 点(M500~3071)	256 点(M8000~M8255)
FX₃ᵤ、FX₃ᵤc		7 180 点(M500~M7679)	512 点(M8000~M8511)

辅助继电器不能直接对外输入、输出，但经常用作状态暂存、中间运算等。辅助继电器也有线圈和触点，其常开和常闭触点可以无限次在程序中被调用，但不能直接驱动外部负载，外部负载的驱动必须由输出继电器进行。辅助继电器用字母 M 表示，并辅以十进制数进行编号。

1. 通用型辅助继电器

通用型辅助继电器的编号范围为 M000~M499（500 点）。

2. 断电保持型辅助继电器

断电保持型辅助继电器具有断电保持功能，既能记忆电源中断瞬时的状态，又能在重新通电后再现其断电前的状态。但要注意，系统重新上电后，仅在第一扫描周期内保持断电前的状态，然后辅助继电器将失电。因此，在实际应用时，还必须加辅助继电器自保持环节，才能真正实现断电保持功能。断电保持型辅助继电器之所以能在电源断电时保持其原有的状态，是因为电源中断时用 PLC 锂电池作后备电源，保持其映像寄存器中的内容。

断电保持型辅助继电器分两种类型，一种是可以通过参数设置更改为非断电保持型，另一种是不能通过参数设置更改其断电保持性，称之为固定断电保持型。

3. 特殊辅助继电器

特殊辅助继电器用来表示 PLC 的某些状态，提供时钟脉冲和标志位，设定 PLC 的运行方式，还可用于光进顺控、禁止中断、计数器的加减设定、模拟量控制、定位控制和通信控制的各种状态标志等。它可以分为触点利用型特殊辅助继电器和驱动线圈型特殊辅助继电器两大类。

（1）触点利用型特殊辅助继电器

触点利用型特殊辅助继电器为 PLC 的内部标志位，PLC 根据本身的工作情况自动改变其状态（1 或 0），用户只能利用其触点，因而在用户程序中不能出现其线圈，但可以利用其常开或常闭触点作为驱动条件。例如：

M8000——运行监视，在 PLC 运行时为 ON；

M8001——运行监视，在 PLC 运行时为 OFF；

M8002——初始化脉冲，仅在 PLC 运行开始时接通一个扫描周期；

M8003——初始化脉冲，仅在 PLC 运行开始时关断一个扫描周期；

M8003——PLC 后备锂电池，在电压过低时接通；

M8011——10 ms 时钟脉冲，以 10 ms 为周期振荡，通、断各 5 ms；

M8012——100 ms 时钟脉冲，以 100 ms 为周期振荡，通、断各 50 ms；

M8013——1 000 ms 时钟脉冲，以 1 000 ms 为周期振荡，通、断各 500 ms；

M8014——1 min 时钟脉冲，以 1 min 为周期振荡，通、断各 30 s；

M8020——加、减法运算结果为 0 时接通；

M8021——减法运算结果超过最大的负值时接通；

M8022——加法运算结果发生进位，或者移位结果发生溢出时接通。

（2）驱动线圈型特殊辅助继电器

驱动线圈型特殊辅助继电器，用户在程序中驱动其线圈，使PLC执行特定的操作，线圈被驱动后，用户也可以在程序中使用它们的触点。例如：

M8030——线圈被驱动后，后备锂电池欠电压指示灯熄灭；

M8033——线圈被驱动后，在PLC停止运行，输出保持运行时的状态；

M8034——线圈被驱动后，禁止所有输出；

M8039——线圈被驱动后，PLC以D8039中指定的扫描时间工作。

（二）数据寄存器（D）

数据寄存器主要用于存储数据，PLC在进行输入/输出处理、模拟量控制及位置控制时，需要许多数据寄存器来存储数据和参数。数据寄存器都是16位，可以存放16位二进制数，也可用两个编号连续的数据寄存器来存储32位数据。例如，用D10和D11存储32位二进制数，其中D10存储低16位，D11存储高16位。数据寄存器最高位为正、负符号位，0表示正数，1表示负数。

数据寄存器可分为通用型数据寄存器、断电保持型数据寄存器、特殊数据寄存器及文件寄存器。FX_{3U}系列数据寄存器的分类及编号范围可参考表3-5。

1. 通用型数据寄存器

通用型数据寄存器在PLC由RUN到STOP工作状态时，其数据全部清零。如果将特殊辅助继电器M8033置1，则PLC由RUN到STOP工作状态时，其数据可以保持。

2. 断电保持型数据寄存器

断电保持型数据寄存器在PLC由RUN到STOP工作状态或停电时，其数据保持不变。利用参数设定，可以通过改变断电状态来保持数据寄存器的范围。当断电保持型数据寄存器作为一般用途时，要在程序的起始步采用RST或ZRST（区间复位指令）指令清除其内容。

3. 特殊数据寄存器

特殊数据寄存器用来存放一些特定的数据，如PLC状态信息、时钟数据、错误信息、功能指令数据存储及变址寄存器当前值等。按照其功能可分为两种，一种是只读存储器，用户只能读取其内容，不能改写其内容，如从D8067中读出错误代码，找出错误原因，从D8005中读出锂电池电压值等；另一种是可以进行读写的特殊存储器，用户可以对其进行读写操作，如D8000为监视扫描时间数据存储，出厂值为200 ms，如果程序运行一个扫描周期时间大于200 ms时，则可以修改D8000的设定值，使程序扫描时间延长。未定义的特殊数据寄存器，用户不能使用。

4. 文件寄存器

文件寄存器是对相同编号（地址）的数据寄存器设定初始值的软元件（FX和FXs系列相

同)。通过参数设定,可以将 D1000 及以后的数据寄存器以 500 点为单位作为文件寄存器,最多可以到 D7999,可以指定 1~14 个块(每个块相当于 500 点文件寄存器),但是每指定一个块将减少 500 步程序内存区间。文件寄存器也可以作为数据寄存器使用,用于处理各种数据。可以用功能指令进行操作,如 MOV 指令、BIN 指令等。

文件寄存器实际上是一种专用数据寄存器,用于存储大量 PLC 应用程序中需要用到的数据,如采集数据、统计计算数据、产品标准数据、数表及多组控制参数等。当然,如果这些区域的数据寄存器不能用作文件寄存器,仍然可当作通用数据寄存器使用。

(三) 常数 (K、H)

常数也可以作为编程元件使用,它在 PLC 的存储器中占用一定的空间。

K 表示十进制常数,主要用于指定定时器和计数器的设定值,也用于指定功能指令中的操作数。十进制常数的指定范围:16 位常数的范围为 -32 768 ~ +32 767,32 位常数的范围为 -2 147 483 648 ~ +2 147 483 647。

H 表示十六进制常数,主要用于指定功能指令中的操作数。十六进制常数的指定范围:16 位常数的范围为 0 000 ~ FFFF,32 位常数的范围为 00 000 000 ~ FFFFFFFF。例如,25 用十进制表示为 K25,用十六进制则表示为 H19。

(四) 定时器 (T)

定时器在 PLC 中的作用相当于通电延时型时间继电器,它有一个设定值寄存器(字)、一个当前值寄存器(字)、一个线圈及无数个触点(位)。通常在一个 PLC 中有几十至数百个定时器,可用于定时操作、延时接通或断开电路。

在 PLC 内部,定时器是通过对其内部某一时钟脉冲进行计数来完成定时的。常用计时脉冲有 3 类,即 1 ms、10 ms 和 100 ms。不同的计时脉冲,其计时精度不同。用户在需要定时操作时,可通过设定脉冲的数量来完成,用常数 K 设定(1~32 767),也可用数据寄存器 D 设定。定时器可分为通用型定时器和积算型定时器。FX_{3U} 系列定时器的分类及编号范围如表 3-6 所示。

表 3-6 FX_{3U} 系列定时器的分类及编号范围

PLC 系列	通用型			积算型	
	100 ms 0.1~3 276.7 s	10 ms 0.01~327.67 s	1 ms 0.001~32.767 s	1 ms 0.001~32.737 s	100 ms 0.1~3 276.7 s
FX_{2N}、FX_{2NC}	200 点 (T0~T199)	46 点 (T200~T245)	—	4 点 (T246~T249)	6 点 (T250~T255)
FX_{3U}、FX_{3UC}			256 点 (T256~T511)		

FX$_{3U}$系列定时器采用十进制数进行编号，如 T000~T511。

通用型定时器的地址范围为 T000~T245，有 3 种计时脉冲，分别是 100 ms、10 ms 和 1 ms，其对应的设定值分别为 0.1~3 276.7 s、0.01~327.67 s 和 0.001~32.767 s。

1. 通用型定时器的用法

图 3-34 为通用型定时器的用法。当驱动线圈信号 X000 接通时，通用型定时器 T000 的当前值对 100 ms 脉冲开始计数。达到设定值 30 个脉冲时，通用型定时器 T000 的输出触点动作使输出继电器 Y000 接通并保持，即输出是在驱动线圈后的 3 s（100×30 ms＝3 s）时动作。当驱动线圈信号 X000 断开或发生停电时，通用型定时器 T000 复位（触点复位，当前值清 0），输出继电器 Y000 断开。当驱动线圈信号 X000 第二次接通时，通用型定时器 T000 又开始重新定时，由于还没到达设定值时驱动线圈信号 X000 就断开了，因此通用型定时器 T000 触点不会动作，输出继电器 Y000 也就不会接通。

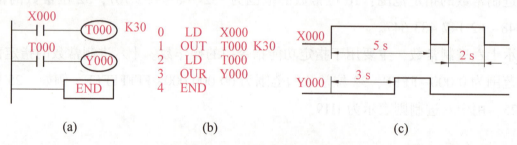

图 3-34 通用型定时器的用法

(a) 梯形图；(b) 指令表；(c) 输入/输出波形图

2. 振荡电路

图 3-35 为通用型定时器振荡电路。当输入 X000 接通时，输出 Y000 以 1 s 周期闪烁变化（如果 Y000 接指示灯，则指示灯灭 0.5 s、亮 0.5 s，交替进行），如图 3-35（b）所示。改变 T000、T001 的设定值，可以调整 Y000 的输出脉冲宽度。

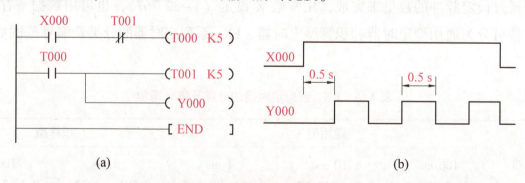

图 3-35 通用型定时器振荡电路

(a) 梯形图；(b) 输入/输出波形图

3. 通用型定时器自复位电路

图 3-36 为通用型定时器自复位电路，要分析前、后 3 个扫描周期才能真正理解它的自复

位工作过程。通用型定时器的自复位电路用于循环定时,其工作过程是,X000 接通 1 s 时,T000 常开触点动作使 Y000 接通,常闭触点在第 2 个扫描周期中使 T000 线圈断开,同时 Y000 跟着断开;第 3 个扫描周期 T000 线圈重新开始定时,重复前面的过程。

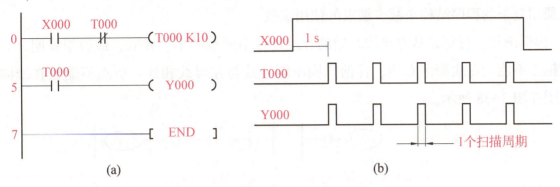

图 3-36 通用型定时器自复位电路
(a) 梯形图;(b) 输入/输出波形图

(五) 闪烁程序 (振荡电路) 的实现

闪烁程序又称振荡电路程序,是一种被广泛应用的实用控制程序。它可以控制指示灯的闪烁频率,也可以控制指示灯灯光的通断时间比(也就是占空比)。用两个定时器实现的闪烁程序梯形图如图 3-37 (a) 所示。闪烁程序实际上是一个 T0 和 T1 相互控制的反馈电路,开始时,T0 和 T1 均处于复位状态,当 X000 启动闭合后,T0 开始延时;2 s 延时时间到,T0 动作,其常开触点闭合,使 T1 开始延时;3 s 延时时间到,T1 动作,其常闭触点断开使 T0 复位。T0 的常开触点断开使 T1 复位,T1 的常闭触点闭合使 T0 再次延时,如此反复直到 X000 断开为止,其时序图如图 3-37 (b) 所示。

从时序图中可以看出,振荡器的振荡周期 $T=t_0+t_1$,占空比为 t_1/T。调节振荡周期 T 可以调节闪烁频率,调节占空比可以调节通断时间比。

试试看:请读者用其他方法设计每隔 1 s 闪烁一次的振荡电路。

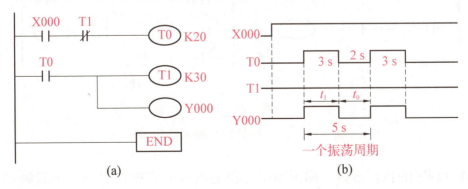

图 3-37 用两个定时器实现的闪烁程序
(a) 梯形图;(b) 时序图

（六）梯形图程序设计规则与梯形图优化

1）输入/输出继电器、内部辅助继电器、定时器、计数器等器件的触点可以多次重复使用，无须用复杂的程序结构来减少触点的使用次数。

2）梯形图每一行都是从左母线开始的，经过许多触点的串、并联，最后用线圈终止于右母线。触点不能放在线圈的右边，任何线圈不能直接与左母线相连。触点不能放在线圈的右边示意图如图 3-38 所示。

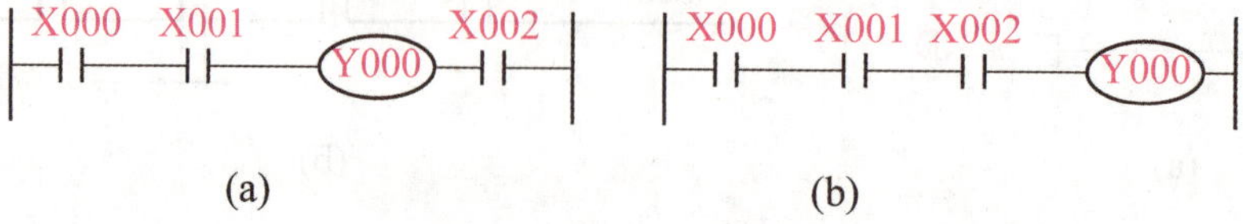

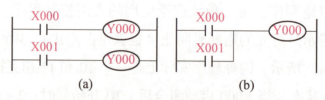

图 3-38　触点不能放在线圈的右边示意图

（a）错误的梯形图；（b）正确的梯形图

3）在程序中，除步进程序外，不允许同一编号的线圈多次输出（不允许双线圈输出），如图 3-39 所示。

图 3-39　不允许双线圈输出示意图

（a）错误的梯形图；（b）正确的梯形图

4）不允许出现桥式电路。当出现图 3-40（a）所示的桥式电路时，必须将其优化成图 3-40（b）所示梯形图的形式才能进行程序调试。

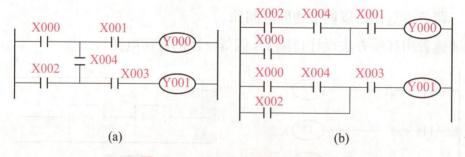

图 3-40　不允许出现桥式电路

（a）桥式电路；（b）桥式电路的优化梯形图

5）为了减少程序的执行步数，梯形图中并联触点多的应放在左边，串联触点多的应放在上边。图 3-41 所示的梯形图的优化中，优化后的梯形图比优化前少一步。

6）尽量使用连续输出，避免使用多重输出的堆栈指令。多重输出与连续输出如图 3-42 所示，图中连续输出的梯形图比多重输出的梯形图在转化成指令程序时要简单得多。

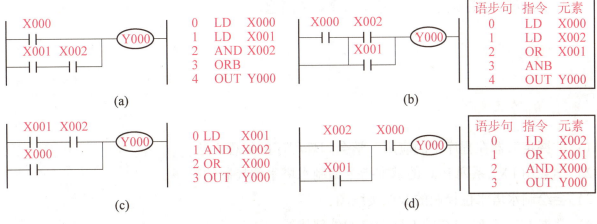

图 3-41 梯形图的优化

(a) 没优化的梯形图 1；(b) 没优化的梯形图 2；(c) 优化后的梯形图 1；(d) 优化后的梯形图 2

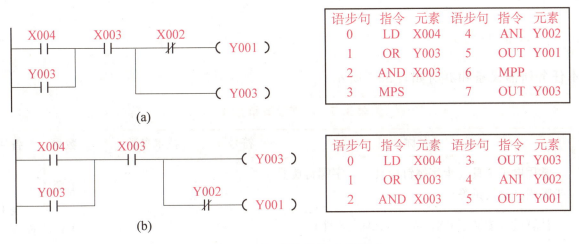

图 3-42 多重输出与连续输出

(a) 多重输出；(b) 连续输出

（七）PLC 经验设计法

所谓的经验设计法，就是在传统的继电器-接触器控制图和 PLC 典型控制电路的基础上，依据积累的经验进行翻译、设计、修改和完善，最终得到优化的控制程序。需要注意如下 3 点事项。

1）在继电器-接触器控制电路中，所有的继电器-接触器都是物理元件，其触点都是有限的。因而在其控制电路中要注意触点是否够用，要尽量合并触点。但在 PLC 中，所有的编程软元件都是虚拟器件，都有无数的内部触点供编程使用，不需要考虑怎样节省触点。

2）在继电器-接触器控制电路中，要尽量减少元件的使用数量和通电时间，以降低成本、节省电能和减少故障发生概率。但在 PLC 中，当 PLC 的硬件型号选定以后，其价格就确定了。因此，在编制程序时可以使用 PLC 丰富的内部资源，使程序功能更加强大和完善。

3）在继电器-接触器控制电路中，满足条件的各条支路是并行执行的，因而要考虑复杂的联锁关系和临界竞争。然而在 PLC 中，由于 CPU 扫描梯形图的顺序是从上到下（串行）执行的，因此可以简化联锁关系，不考虑临界竞争问题。

三、任务实施

（一）训练目标

1) 掌握定时器在程序中的应用，学会闪烁程序的编程方法。
2) 学会用 FX_{3U} 系列 PLC 的基本指令编制水塔水位控制的程序。
3) 会绘制水塔水位控制的 I/O 接线图。
4) 掌握 FX_{3U} 系列 PLC 的 I/O 端口的外部接线方法。
5) 熟练使用 GX Developer 编程软件编制梯形图与指令表程序，并写入 PLC 进行调试运行。

（二）设备和器材

本任务所需设备和器材如表 3-7 所示。

表 3-7 所需设备和器材

序号	名称	符号	技术参数	数量	备注
1	常用电工工具（十字螺钉旋具、一字螺钉旋具、尖嘴钳、剥线钳等）			1 套	表中所列设备、器材仅供参考
2	计算机（安装了 GX Developer 编程软件）			1 台	
3	THPFSL-2 网络型可编程控制器综合实训装置			1 台	
4	水塔水位控制挂件			1 个	
5	连接导线			若干	

（三）实施步骤

1. 任务要求

水塔水位面板如图 3-43 所示，当水池水位低于下限（S_4 为 ON）时，阀 Y 打开（Y 为 ON），开始进水，定时器开始计时。4 s 后，如果 S_4 还不为 OFF，那么阀 Y 上的指示灯以 1 s 的周期闪烁，表示阀 Y 没有进水，出现故障；S_3 为 ON 后，阀 Y 关闭（Y 为 OFF）。当 S_4 为 OFF，且水塔水位低于水塔水位下限时，S_2 为 ON，电动机 M 运转抽水。当水塔水位高于上限时，电动机 M 停止。

面板中 S_1 表示水塔水位上限，S_2 表示水塔水位下限，S_3 表示水池水位上限，S_4 表示水池水位下限，均用开关模拟。M 为抽水电动机，Y 为水池水阀，两者均用发光二极管模拟。

2. I/O 地址分配与接线图

水塔水位控制 I/O 分配表如表 3-8 所示，水塔水位控制 I/O 接线图如图 3-44 所示。

表 3-8 水塔水位控制 I/O 分配表

输入			输出		
设备名称	符号	X 元件编号	设备名称	符号	Y 元件编号
水塔水位上限	S_1	X000	水池水阀	Y	Y000
水塔水位下限	S_2	X001	抽水电动机	M	Y001
水池水位上限	S_3	X002			
水池水位下限	S_4	X003			

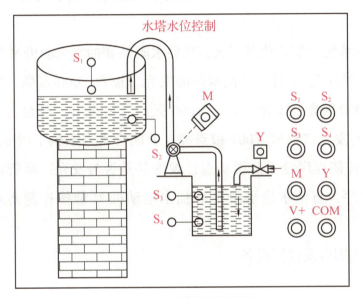

图 3-43 水塔水位面板

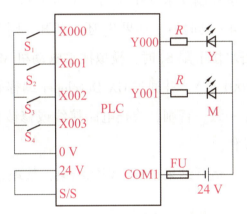

图 3-44 水塔水位控制 I/O 接线图

3. 编制程序

根据控制要求编制梯形图，如图 3-45 所示。

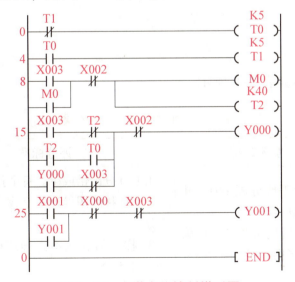

图 3-45 水塔水位控制梯形图

4. 调试运行

利用 GX Developer 编程软件在计算机上输入图 3-45 中的程序，然后下载到 PLC 中。

（1）静态调试

按图 3-44 正确连接输入设备，进行 PLC 的模拟静态调试（当合上水池水位下限开关 S_4 时，模拟水阀的发光二极管 Y000 被点亮，经过 4 s 延时后，如果 S_4 还没断开，则 Y000 闪亮；闭合 S_3 时，Y000 灭；当 S_4 断开，且合上水塔水位下限 S_2 时，模拟抽水电动机的发光二极管 Y001 被点亮；若闭合水塔水位上限 S_1，则 Y001 灭），并通过 GX Developer 编程软件使程序处于监视状态，观察其是否与发光二极管一致；否则，检查并修改程序，直至输出指示正确。

（2）动态调试

按图 3-44 正确连接输出设备，进行系统的模拟动态调试，观察水阀 Y 和抽水电动机 M 能否按控制要求动作（当合上水池水位下限开关 S_4 时，模拟水阀的发光二极管 Y000 点亮，经过 4 s 延时后，如果 S_4 还没断开，则 Y000 闪亮；闭合 S_3 时，Y000 灭；当 S_4 断开，且合上水塔水位下限 S_2 时，模拟抽水电动机 M 的发光二极管 Y001 被点亮；若闭合水塔水位上限 S_1，Y001 灭），并通过 GX Developer 编程软件使程序处于监视状态，观察其是否与发光二极管动作一致；否则，检查电路接线或修改程序，直至水池水阀 Y 和抽水电动机 M 能按控制要求动作。

运行结果正确，训练结束，整理好实训台及仪器设备。

（四）分析与思考

1）本任务的闪烁程序是如何实现的？如果改用 M8013 程序应如何编制？
2）程序中使用了前面所学过的哪种典型的程序结构？

四、考核任务

水塔水位控制考核表如表 3-9 所示。

表 3-9 水塔水位控制考核表

序号	考核内容	考核要求	评分标准	配分	得分
1	电路及程序设计	1. 能正确分配 I/O，并绘制 I/O 接线图 2. 根据控制要求，正确编制梯形图程序	1. I/O 分配错或少，每个扣 5 分 2. I/O 接线图设计不全或有错，每处扣 5 分 3. 梯形图表达不正确或画法不规范，每处扣 5 分	40 分	

续表

序号	考核内容	考核要求	评分标准	配分	得分
2	安装与连线	能根据 I/O 分配表进行地址分配，正确连接电路	1. 连接错误，每处扣 5 分 2. 损坏元件，每只扣 3~10 分 3. 损坏连接线，每根扣 3~10 分	20 分	
3	调试与运行	能熟练使用编程软件编制程序，写入 PLC，并按要求调试运行	1. 不会熟练使用编程软件进行梯形图的编辑、修改、转换、写入及监视，每项扣 2 分 2. 不能按照控制要求完成相应的功能，每缺一项扣 5 分	20 分	
4	安全文明操作	确保人身和设备安全	违反安全文明操作规程，扣 10~20 分	20 分	
5	定额时间	180 min，每超时 5 min，扣 5 分			
6	开始时间		结束时间	实际时间	成绩
7	收获体会： 学生签名： 年 月 日				
8	教师评语： 教师签名： 年 月 日				

五、拓展知识

下面通过实例介绍定时器的应用。

1. 接触器控制原理图分析

图 3-46 为三相电动机延时启动的继电器-接触器控制原理图。按下启动按钮 SB_1，延时继电器 KT 得电并自保持，延时一段时间后接触器 KM 线圈得电，电动机启动运行。按下停止按钮 SB_2，电动机停止运行。延时继电器 KT 使电动机完成延时启动的任务。

2. PLC 设计分析

（1）分配 I/O 地址，画出 I/O 接线图

根据本控制任务，要实现三相电动机延时启动，只需选择发送控制信号的启动、停止按钮和传送热过载信号的 FR 常闭触点作为 PLC 的输入设备；选择接触器 KM 作为 PLC 输出设备，控制电动机的主电路即可。时间控制功能由 PLC 的内部元件（实时器 T）完成，不需要在外部考虑。根据选定的 I/O 设备分配 PLC 地址如下：

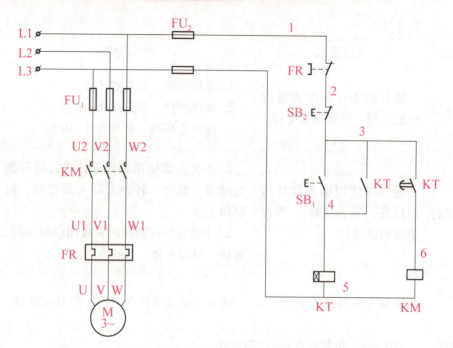

图 3-46 三相电动机延时启动的继电器-接触器控制原理图

X020——SB₁ 启动按钮;

X021——SB₂ 停止按钮;

Y020——接触器 KM。

根据上述分配的地址,绘制 I/O 接线图,如图 3-47 所示。

(2) 设计 PLC 程序

根据继电器-接触器电气控制原理,可得出 PLC 程序,如图 3-48 所示。程序采用 X020 提供启动信号,辅助继电器 M000 自保持以后供 T000 定时用。这样就将外部设备的短信号变成了程序所需的长信号。

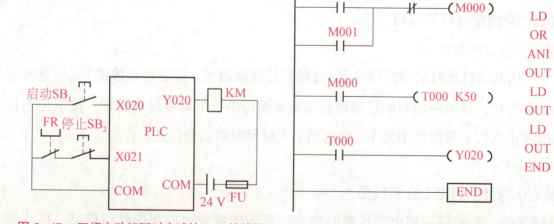

图 3-47 三相电动机延时启动的 I/O 接线图 图 3-48 三相电动机延时启动的 PLC 程序

(3) 设计 3 台三相电动机顺序启动的 PLC 控制电路

控制要求:按下启动按钮 SB₁,第 1 台电动机启动,同时开始计时,10 s 后第 2 台电动机启动，再过 10 s 第 3 台电动机启动。按下停止按钮 SB，3 台电动机都停止。3 台三相电动机顺序启动的 PLC 控制电路 I/O 接线图和梯形图如图 3-49 所示。

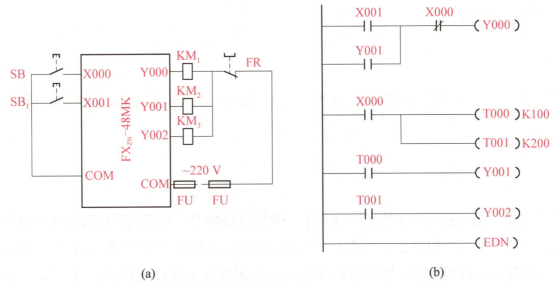

图 3-49　3 台三相电动机顺序启动的 PLC 控制电路 I/O 接线图和梯形图

(a) I/O 接线图；(b) 梯形图

3. 定时器串级使用实现延时时间扩展的程序

FX_{3U} 系列定时器最长延时时间为 3 276.7 s。如果需要更长的延时时间，可以采用多个定时器组合的方法来获得，这种方法称为定时器的串级使用。定时器串级使用时，总的定时时间为各个定时器设定时间之和。图 3-50 为定时器串级使用实现延时时间扩展的程序。用定时器完成 1.5 h 的定时，定时时间到，Y0 得电。

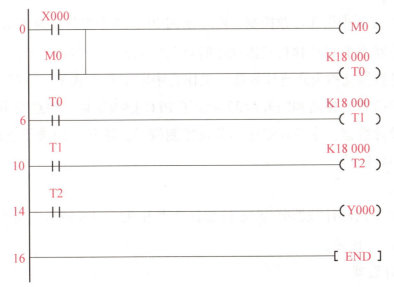

图 3-50　定时器串级使用实现延时时间扩展的程序

六、总结任务

在本任务中，我们主要讨论了用经验设计法设计 PLC 梯形图程序，以水塔水位控制这个简单的项目为例,来介绍辅助继电器的编程应用,着重分析了用经验设计法设计其控制程序;学生在此基础上,通过程序的编制、写入 PLC 外部连线、调试运行和观察结果,应进一步加深对所学知识的理解。

任务三　三相异步电动机正、反转循环运行的 PLC 控制

一、引入任务

在"电机与电气控制应用技术"课程中,我们已经学习了利用低压电器构建的继电器-接触器控制电路实现对三相异步电动机正、反转的控制。本任务用 PLC 来实现对三相异步电动机正、反转循环运行的控制,即按下启动按钮,三相异步电动机正转 5 s、停 2 s、反转 5 s、停 2 s,如此循环 5 个周期,然后自动停止,运行过程中按下停止按钮,电动机立即停止。

要实现上述控制要求,除了使用定时器,利用定时器产生脉冲信号以外,还需要使用栈指令、计数器以及其他基本指令。

二、相关知识

(一) 计数器 (C)

计数器在 PLC 控制中用作计数控制。FX_{3U} 系列 PLC 的计数器分为内部计数器和外部信号计数器。内部计数器用于 PLC 执行扫描操作时对其内部元件(如 X、Y、M、S、T、C)进行信号计数,这类计数器又称为高速计数器,工作在中断工作方式下。高频信号来自 PLC 控制器外时,外部前频信号的接通和断开时间应大于 PLC 扫描周期。PLC 对外部计数器计数时,采用其内部的高速计数器,并接入专用端子及控制端子。这些专用端子既能完成普通端子的功能,又能接收高频信号。

1. 内部计数器

FX_{3U} 系列 PLC 的内部计数器分为 16 位加计数器和 32 位加/减双向计数器。FX 系列 PLC 内部计数器如表 3-10 所示。

(1) 16 位加计数器

16 位加计数器是指计数器的设定值及当前值寄存器均为二进制 16 位寄存器,其设定值在 K1~K32767 范围内有效。设定值 K0 与 K1 的意义相同,均在第一次计数时,计数器动作。FX_{3U} 系列 PLC 有 2 种类型的 16 位加计数器,一种为通用型,另一种为失电保持型。

表 3-10　FX 系列内部计数器

PLC 机型	16 位加计数器 (0~32 767)		32 位加/减双向计数器 (-2 147 483 648~+2 147 483 647)	
	通用型	失电保持型	通用型	失电保持型
FX$_{2N}$、FX$_{2NC}$ 型 FX$_{3U}$、FX$_{3UC}$ 型	100 点 (C0~C99)	100 点 (C100~C199)	20 点 (C200~C219)	15 点 (C220~C234)

1）通用型 16 位加计数器。FX$_{3U}$ 系列 PLC 内有通用型 16 位加计数器 100 点（C0~C99），它们的设定值均为 K1~K32767。计数器输入信号每接通 1 次，计数器当前值增加 1；当计数器的当前值达到设定值时，计数器动作，其常开触点接通，之后即使计数输入信号再接通，计数器的当前值都保持不变，只有当复位输入信号接通时，计数器被复位，计数器当前值才复位为 0，其输出触点也随之复位。计数过程中如果电源断电，则通用计数器当前值回 0，再次通电后，将重新计数。

2）失电保持型 16 位加计数器。FX$_{3U}$ 系列 PLC 内有失电保持型 16 位加计数器 100 点（C100~C199），它们的设定值均为 K1~K32767。失电保持型计数器的工作过程与通用型相同，区别在于计数过程中如果断电，则其当前值和输出触点的置位/复位状态保持不变。

计数器的设定值除了可以用十进制常数 K 直接设定外，还可以通过数据寄存器的内容间接设定。计数器采用十进制数进行编号。

下面举例说明通用型 16 位加计数器的工作原理。其动作过程示意图如图 3-51 所示，X000 为复位信号，当 X000 为 ON 时，C0 复位。X001 是计数信号，每当 X001 接通一次、则计数器当前值增加 1（注意 X000 断开，计数器不会复位）。当计数器的当前值达到设定值 10 时，计数器动作，其常开触点闭合，Y000 得电。此时，即使输入 X001 再接通，计数器当前值也保持不变。当复位输入 X000 接通时，执行复位指令，计数器 C0 被复位，Y000 失电。

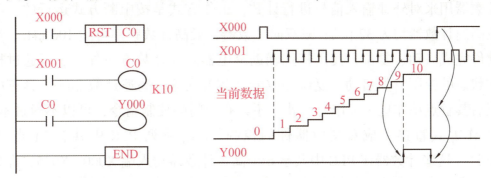

图 3-51　16 位加计数器动作过程示意图

（2）32 位加/减双向计数器

32 位加/减双向计数器设定值范围为 -2 147 483 648~+2 147 483 647。FX$_{3U}$ 系列 PLC 有两种 32 位加/减双向计数器，一种为通用型，另一种为失电保持型。

1）通用型 32 位加/减双向计数器。FX$_{3U}$、FX$_{3UC}$ 系列 PLC 内有通用型 32 位加/减计数器

20 点（C200~C219），其加/减计数方式由特殊辅助继电器 M8200~M8219 设定。计数器与特殊辅助继电器一一对应，如计数器 C215 对应 M8215。对应的辅助继电器为 ON 时为减计数，对应的辅助继电器为 OFF 时为增计数。计数值的设定可以直接用十进制常数 K 或间接用数据寄存器 D 的内容，但当间接设定时，要用元件号连在一起的两个数据寄存器组成 32 位。

2）失电保持型 32 位加/减双向计数器。FX_{3U} 系列 PLC 内有失电保持型 32 位加/减双向计数 15 点（C220~C234），其加/减计数方式由特殊辅助继电器 M8220~M8234 设定。失电保持型 32 位加/减双向计数器的工作过程与通用型 32 位加/减双向计数器相同，不同之处在于其当前值和触点状态在断电时均能保持。

32 位加/减双向计数器动作过程示意图如图 3-52 所示。其中，X012 控制计数方向。当 X012 断开时，M8200 置 0，为加计数；当 X012 接通时，M8200 置 1，为减计数。X014 为计数输入端，驱动计数器 C200 线圈进行加/减计数。当计数器 C200 的当前值由 -6 至 -5 增加时，计数器 C200 动作，其常开触点闭合，输出继电器 Y001 动作；当计数器 C200 的当前值由 -5 至 -6 减少时，其常开触点断开，输出继电器 Y001 复位。

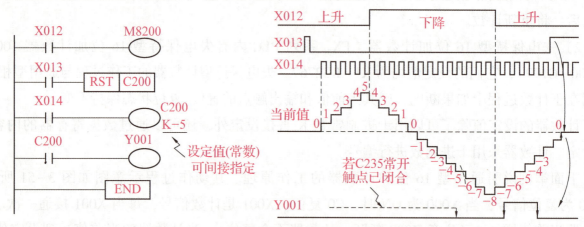

图 3-52　32 位加/减双向计数器动作过程示意图

2. 高速计数器

高速计数器用来对外部输入信号进行计数，工作方式是按中断方式运行的，与扫描周期无关。一般高速计数器均为 32 位加/减双向计数器，最高计数频率可达 100 kHz。高速计数器除了通过软件完成启动、复位，使用特殊辅助继电器改变计数方向外，还可通过机外信号实现对其工作状态的控制，如启动、复位和改变计数方向等。高速计数器除了具有内部计数器达到设定值后其触点动作这一工作方式外，还具有专门的控制指令，可以不通过本身的触点，以中断的工作方式直接完成对其他器件的控制。FX_{3U} 系列 PLC 中共有 21 点高速计数器（C233~C255）。这些计数器在 PLC 中共享 6 个高速计数器输入端 X000~X005，即如果一个输入端已被某个高速计数器占用，它就不能再用于另一个高速计数器。也就是说，最多只能同时使用 6 个高速计数器。高速计数器的选择不是任意的，它取决于所需计数器类型及高速输入的端子。计数器类型如下：

单向单计数输入：C233~C245；

单向双计数输入：C246~C250；

双向双计数输入：C251~C255。

输入端 X006、X007 也是高速输入,但只能用于启动信号,不能用于高速计数。不同类型的计数器可同时使用,但它们的输入不能共用。高速计数器都具有断电保持功能,也可以利用参数设定变为非失电保持型。不作为高速计数器使用的输入端可作为普通输入继电器使用,也可作为普通 32 位数据寄存器使用。

高速计数器与输入端的分配如表 3-11 所示,高数计数器应用如图 3-53 所示。

表 3-11 高速计数器与输入端的分配

X	C 单相单计数输入							单相双计数输入						双相双计数输入						
	235	236	237	238	239	240	241	242	243	244	245	246	247	248	249	250	251	252	253	254	255
X000	U/D						UD	UD		U	U			U		A	A		A		
X001		U/D					R	R		D	D			D		B	B		B		
X002			U/D					UD		UD	R			R		R	R		R		
X003				U/D				R		R	U			U		A	A		A		
X004					U/D			UD						D		D	B		B		
X005						U/D		R						R		R	R		R		
X006								S						S					S		
X007									S						S					S	

注:U 表示增计数输入,D 表示减计数输入,A 表示 A 相输入,B 表示 B 相输入,R 表示复位输入,S 表示启动输入。

在图 3-53 中,若 X010 闭合,则 C235 复位;若 X012 闭合,则 C235 作减计数;若 X012 断开,则 C235 作加计数;若 X011 闭合,则 C235 对 X000 输入的高速脉冲进行计数。当计数器的当前值由 -5 至 -6 减小时,C235 常开触点(先前已闭合)断开;当计数器的当前值由 -8 至 0 增加时,C235 常开触点闭合。

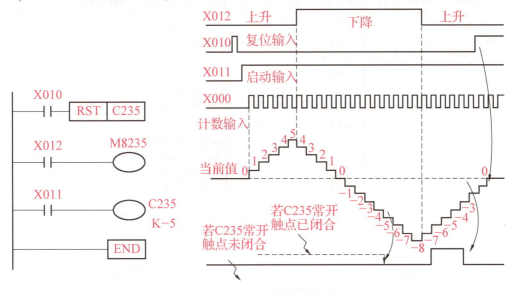

图 3-53 高速计数器应用

（二）计数器应用举例

1. 通用计数器的自复位电路——主要用于循环计数

通用计数器自复位电路的梯形图和波形图如图 3-54 所示，C000 对计数脉冲 X004 进行计数，当计数到第 3 次时，C000 的常开触点动作使 Y000 接通。而在 CPU 的第 2 轮扫描中，由于 C000 的另一常开触点也动作使其线圈复位，后面的常开触点也跟着复位，因此在第 2 个扫描周期中 Y000 又断开。在第 3 个扫描周期中，由于 C000 常开触点复位解除了线圈的复位状态，因此使 C000 又处于计数状态，重新开始下一轮计数。

与定时器自复位电路一样，计数器的自复位电路也要分析前后 3 个扫描周期，才能真正理解它的自复位工作过程。计数器的自复位电路主要用于循环计数。定时器、计数器的自复位电路在实际应用中非常广泛，要深刻理解才能熟练应用。

```
0    C000
     ─┤├──────────[RST C000]
     X004
3    ─┤├──────────(C000  K3)
     C000
7    ─┤├──────────(Y000  )
```

```
X004   1 2 3 4 5 6
       ┌┐┌┐┌┐┌┐┌┐┌┐
       ┘└┘└┘└┘└┘└┘└

C000触点(Y000) ─┐   ┌─┐
               └───┘ └───
```

图 3-54 通用计数器自复位电路的梯形图和波形图
(a) 梯形图；(b) 波形图

2. 时钟电路程序设计

图 3-55 为时钟电路程序。采用特殊辅助继电器 M8013 作为秒脉冲并送入 C000 进行计数。C000 每计 60 次（1 min）向 C001 发出一个计数信号，C001 每计 60 次（1 h）向 C002 发出一个计数信号。C000、C001 分别计 60 次（00~59），C002 计 24 次（00~23）。

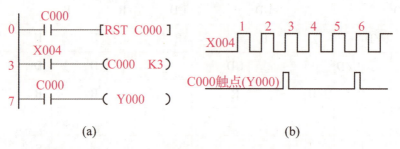

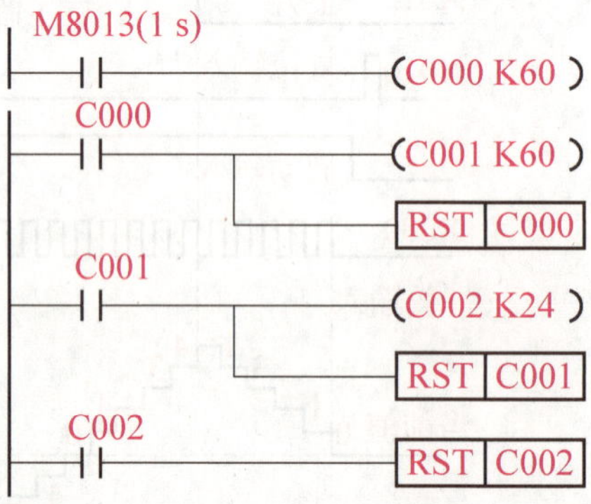

图 3-55 时钟电路程序

（三）多重输出指令（堆栈操作指令）：MPS/MRD/MPP

PLC 中有 11 个堆栈存储器，用于存储中间结果。

堆栈存储器的操作规则是，先进栈的后出栈，后进栈的先出栈。其多重输出指令功能如下：

MPS——进栈指令，数据压入堆栈的最上面一层，栈内原有数据依次下移一层；

MRD——读栈指令，用于读出最上层的数据，栈中各层内容不发生变化；

MPP——出栈指令，弹出最上层的数据，其他各层的内容依次上移一层。

MPS、MRD、MPP指令不带操作元件。MPS与MPP的使用不能超过11次，并且要成对出现，多重输出指令的用法如图3-56和图3-57所示。

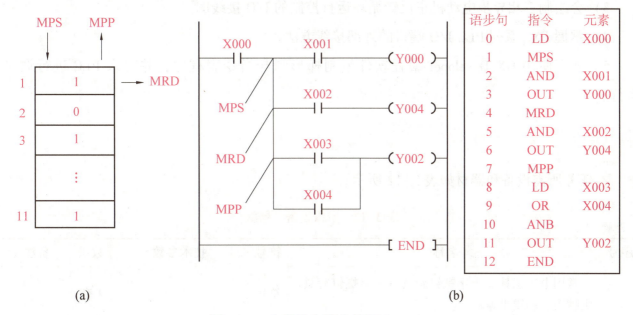

图 3-56 多重输出指令的用法（一）

（a）存储器；（b）多重输出电路的梯形图与指令表

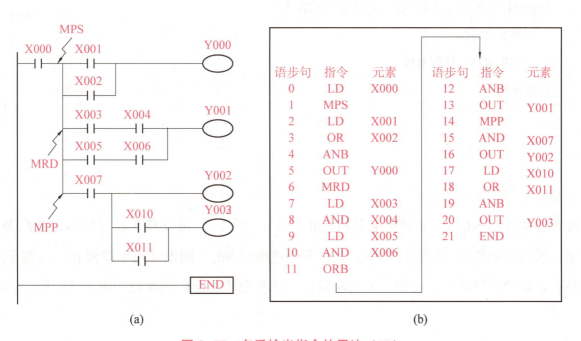

图 3-57 多重输出指令的用法（二）

（a）梯形图；（b）指令表

三、任务实施

（一）训练目标

1）掌握定时器、计数器在程序中的应用，学会栈指令和主控触点指令的编程方法。

2）学会用 FX_{3U} 系列 PLC 的基本指令编制三相异步电动机正、反转循环运行控制的程序。

3）会绘制三相异步电动机正反转循环运行控制的 I/O 接线图。

4）掌握 FX_{3U} 系列 PLC I/O 端口的外部接线方法。

5）熟练使用 GX Developer 编程软件编制梯形图与指令表程序，并写入 PLC 进行调试运行。

（二）设备和器材

本任务所需设备和器材如表 3-12 所示。

表 3-12 所需设备和器材

序号	名称	符号	技术参数	数量	备注
1	常用电工工具（十字螺钉旋具、一字螺钉旋具、尖嘴钳、剥线钳等）	符号		1 套	表中所列设备、器材仅供参考
2	计算机（安装了 GX Developer 编程软件）			1 台	
3	THPFSL-2 网络型可编程控制器综合实训装置			1 台	
4	三相异步电动机	M		1 个	
5	三相异步电动机控制面板			1 套	
6	连接导线			若干	

（三）实施步骤

1. 任务要求

按下启动按钮 SB_1，三相异步电动机先正转 5 s、停 2 s，再反转 5 s，停 2 s，如此循环 5 个周期，然后自动停止。运行过程中，若按下停止按钮 SB_3，则电动机立即停止。实现上述控制，要有必要的保护环节，三相异步电动机正、反转循环运行控制面板如图 3-58 所示。

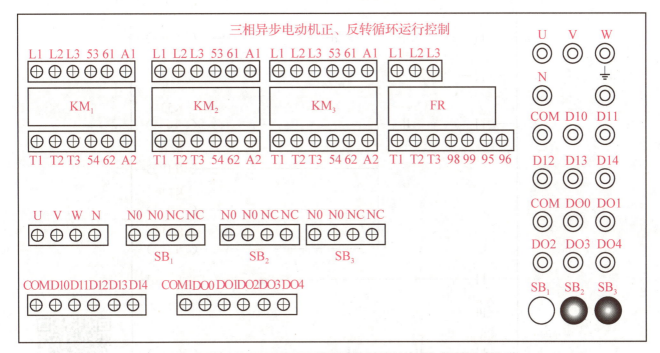

图 3-58 三相异步电动机正、反转循环运行控制面板

2. I/O 地址分配与接线图

I/O 分配表如表 3-13 所示，I/O 接线图如图 3-59 所示。

表 3-13 I/O 分配表

输入			输出		
设备名称	符号	X 元件编号	设备名称	符号	Y 元件编号
启动按钮	SB$_1$	X000	正转控制交流接触器	KM$_1$	Y000
停止按钮	SB$_3$	X001	反转控制交流接触器	KM$_2$	Y001
热继电器	FR	X002			

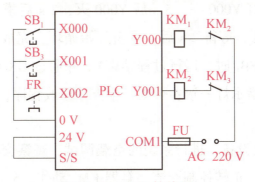

图 3-59 I/O 接线图

3. 编制程序

根据控制要求编制梯形图，如图 3-60 所示。

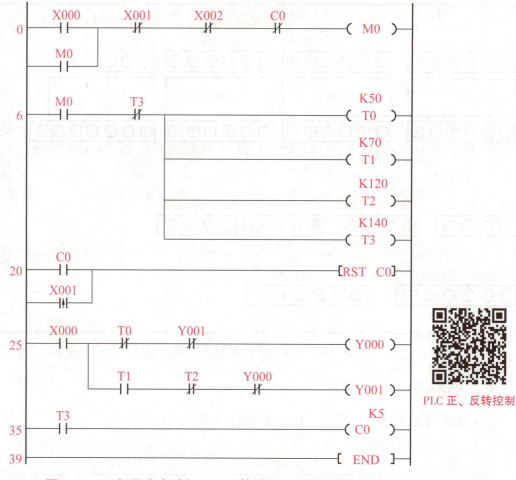

图 3-60　三相异步电动机正、反转循环运行控制梯形图

4. 调试运行

利用 GX Developer 编程软件在计算机上输入图 3-60 中的程序，然后下载到 PLC 中。

（1）静态调试

按图 3-59 正确连接输入设备，进行 PLC 的模拟静态调试（当按下启动按钮 SB_1 时，模拟正转控制交流接触器的指示灯 Y000 亮，5 s 后 Y000 灭，2 s 后模拟反转控制交流接触器的指示灯 Y001 亮，5 s 后 Y001 灭，等待 2 s 后，重新开始循环，完成 5 次循环后，自动停止；运行过程中，当按下停止按钮 SB_3 时，运行过程结束），并通过 GX Developer 编程软件使程序处于监视状态，观察其是否与指示灯一致；否则，检查并修改程序，直接输出指示正确。

（2）动态调试

按图 3-59 正确连接输出设备，进行系统的空载调试，观察交流接触器能否按控制要求动作（当按下启动按钮 SB_1 时，正转控制交流接触器 KM_1 动作，5 s 后 KM_1 复位，2 s 后反转控制交流接触器 KM_2 动作，5 s 后 KM_2 复位，等待 2 s 后，重新开始循环，完成 5 次循环后，自动停止；运行过程中，当按下停止按钮 SB_3 时，运行过程结束），并通过 GX Developer 编程软件使程序处于监视状态，观察其是否与指示灯动作一致；否则，检查电路接线或修改程序，直至交流接触器能按控制要求动作。然后，电动机按 Y 连接，进行带负载动态调试。

运行结果正确,训练结束,整理好实训台及仪器设备。

(四)分析与思考

1)本任务的软硬件互锁保护是如何实现的?

2)本任务如果将热继电器的过载保护作为硬件条件,试绘制 I/O 接线图,并编制梯形图程序。

四、考核任务

三相异步电动机正、反转循环运行控制考核表如表 3-14 所示。

表 3-14 三相异步电动机正、反转循环运行控制考核表

序号	考核内容	考核要求	评分标准	配分	得分
1	电路及程序设计	1. 能正确分配 I/O,并绘制 I/O 接线图 2. 根据控制要求,正确编制梯形图程序	1. I/O 分配错或少,每个扣 5 分 2. I/O 接线图设计不全或有错,每处扣 5 分 3. 梯形图表达不正确或画法不规范,每处扣 5 分	40 分	
2	安装与连线	能根据 I/O 分配表进行地址分配,正确连接电路	1. 连接错误,每处扣 5 分 2. 损坏元件,每只扣 3~10 分 3. 损坏连接线,每根扣 3~10 分	20 分	
3	调试与运行	能熟练使用编程软件编制程序,写入 PLC,并按要求调试运行	1. 不会熟练使用编程软件进行梯形图的编辑、修改、转换、写入及监视,每项扣 2 分 2. 不能按照控制要求完成相应的功能,每缺一项扣 5 分	20 分	
4	安全文明操作	确保人身和设备安全	违反安全文明操作规程,扣 10~20 分	20 分	
5	定额时间	180 min,每超时 5 min,扣 5 分			
6	开始时间		结束时间	实际时间	成绩
7	收获体会: 学生签名: 年 月 日				
8	教师评语: 教师签名: 年 月 日				

五、拓展知识

（一）主控指令

1. 主控触点指令/主控返回指令（MC/MCR）

功能：用于公共触点的连接。当驱动 MC 的信号接通时，执行 MC 与 MCR 之间的指令；当驱动 MC 的信号断开时，OUT 指令驱动的元件断开，SET/RST 指令驱动的元件保持当前状态。MC/MCR 指令的基本用法如图 3-61 所示。

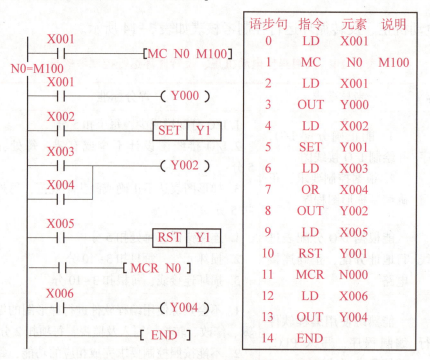

图 3-61 MC/MCR 指令的基本用法

2. 其他要求

1) 主控 MC 触点与母线垂直，紧接在 MC 触点之后的触点用 LD/LDI 指令。
2) 主控 MC 与主控复位 MCR 必须成对使用。
3) N 表示主控的层数。主控嵌套最多可以为 8 层，用 N0~N7 表示。
4) M100 是 PLC 的辅助继电器，每个主控 MC 指令对应用一个辅助继电器表示。

（二）计数器的应用

1. 计数器与定时器组合实现延时的控制程序

计数器与定时器组合实现延时的控制程序如图 3-62 所示。图中，当 T0 的延时时间 30 s 到，定时器 T0 动作，其常开触点闭合，使计数器 C0 计数 1 次。而 T0 的常闭触点断开，又使自己复位，复位后，T0 的当前值变为 0，其常闭触点又闭合，使 T0 又重新开始延时，每一次延时，计数器 C0 当前值累加 1，当计数器 C0 的当前值达到 300 时，计数器 C0 动作，使 Y000 为 ON。整个延时时间为 $T = 300 \times 0.1 \times 300 \text{ s} = 9\,000 \text{ s}$。

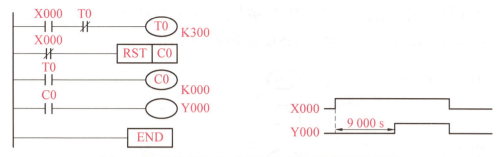

图 3-62 计数器与定时器组合实现延时的控制程序

2. 两个计数器组合实现的延时程序

两个计数器组合实现的延时程序如图 3-63 所示。图中，当闭合启停开关 X000 时，计数器 C0 对 PLC 内部的 0.1 s 脉冲 M8012（特殊辅助继电器）进行计数，每 0.1 s 计数器 C0 的当前值加 1，直到达到 500，计数器 C0 动作，计数器 C1 计数 1 次，同时计数器 C0 的常开触点闭合，使自己复位，当前值清 0，计数器 C0 又重新开始对 M8012 计数。计数器 C0 每重新计数 1 次，计数器 C1 当前值加 1，直到达到 100 时，计数器 C1 动作，使 Y000 为 ON，从而实现延时。延时时间为 $T = 500 \times 0.1 \text{ s} \times 100 = 5\,000 \text{ s}$。

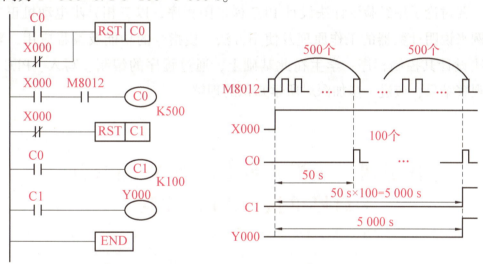

图 3-63 两个计数器组合实现的延时程序

3. 单按钮控制电动机启停程序

单按钮控制电动机启停程序如图 3-64 所示。单按钮控制电动机启停是用一个按钮控制电动机的启动和停止。按一下按钮，电动机启动运行，再按一下按钮，电动机停止，如此循环。用 PLC 设计的单按钮控制电动机启停程序的方法很多，这里是用计数器来实现控制的。图 3-64 中，第 1 次按下启停按钮时，X000 常开触点闭合，计数器 C0 当前值加 1 并动作，辅助继电器 M0 线圈得电动作。计数器 C0 动作后，其常开触点闭合，使 Y000 线圈得电，电动机启动运行。PLC 执行到第 2 个扫描周期时，X000 虽然仍为 ON，但辅助继电器 M0 的常闭触点断开，计数器 C0 不会被复位。计数器 C0 的复位条件是 X000、Y000 的常开触点闭合中，且辅助继电器 M0 常闭触点复位，而驱动辅助继电器 M0 线圈的条件是 X000 的常开触点闭合。所以，在 X000 闭合期间及断开后，计数器 C0 一直处于动作状态，使电动机处于运行状态。当第 2 次按下启停按钮时，X000 常开触点闭合，辅助继电器 M0 常闭触点闭合，计数器 C0 的当前值为 1 不变，Y000 常开触点闭合，使计数器 C0 被复位，计数器 C0 常开触点断开，Y000 线圈失电，使电动机停转，以此类推，实现单按钮控制电动机的启停。

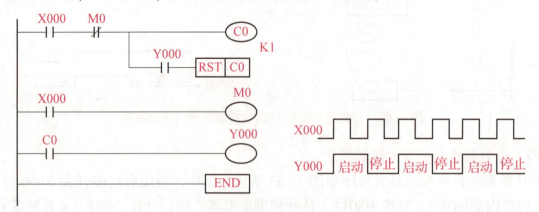

图 3-64　单按钮控制电动机启停程序

六、总结任务

本任务主要讨论了用经验设计法设计 PLC 梯形图程序，以三相异步电动机正、反转循环运行控制为例来说明计数器的工作原理及使用方法、栈指令的功能及编程应用，着重分析了用经验设计法设计其控制程序；学生在此基础上，通过程序的编制、写入、PLC 外部连线、调试运行及观察结果，应进一步加深对所学知识的理解。

任务四　三相异步电动机 Y-△ 减压启停单按钮 PLC 控制

一、引入任务

在任务一和任务三中，我们学习了用两个按钮控制电动机启动和停止，本任务设计只用一个按钮控制电动机 Y-△ 减压启停的控制程序，即第一次按下按钮，电动机实现从 Y 连接启动到 △ 连接的正常运行，第二次按下按钮，电动机停止。

分析上述控制要求可知，只用我们之前所学的基本指令是不能完成的，要实现这一控制要求，必须使用基本指令中的脉冲（微分）输出指令和梯形图程序设计的转化法。

二、相关知识

（一）微分指令（脉冲输出指令）

上升沿/下降沿微分指令（PLS/PLF），也称为脉冲输出指令。其功能是，当驱动信号的上升沿/下降沿到来时，操作元件接通一个扫描周期。脉冲输出指令基本用法如图 3-65 所示，当输入 X000 的上升沿到来时，辅助继电器 M000 接通一个扫描周期，其余时间无论 X000 是接通还是断开，辅助继电器 M000 都断开。同样，当输入 X001 的下降沿到来时，辅助继电器 M001 接通一个扫描周期，然后断开。

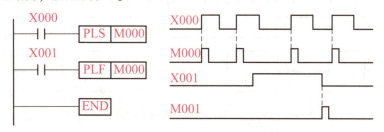

图 3-65　脉冲输出指令基本用法

1. 微分指令应用 1

设计用单按钮控制台灯两挡发光亮度的控制程序。

要求：按钮 X020 第一次合上，Y000 接通；按钮 X020 第二次合上，Y000、Y001 都接通；按钮 X020 第三次合上，Y000、Y001 都断开。

单按钮控制台灯两挡发光亮度的控制程序梯形图如图 3-66（a）所示，波形图如图 3-66（b）所示，指令表如图 3-66（c）所示。当 X020 第 1 次合上时，M000 接通一个扫描周期。由于此时 Y000 还是初始状态没有接通，因此在 CPU 从上往下扫描程序时，M001 和 Y001 都不能接通，只有 Y000 接通，台灯低亮度发光。在第 2 个扫描周期里，虽然 Y000 的常开触点闭合，但 M000 却又断开了，因此 M001 和 Y001 仍不能接通。直到 X020 第 2 次合上时，M000 又接通一个扫描周期，此时 Y000 已经接通，故其常开触点闭合使 Y001 接通，台灯高亮度发光。当 X020 第 3 次合上时，M000 接通，因 Y001 常开触点闭合使 M001 接通，故切断 Y000 和 Y001，台灯熄灭。

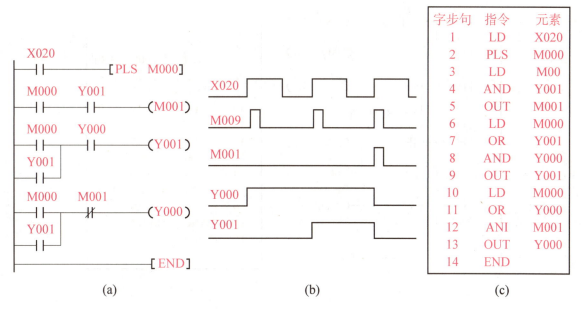

图 3-66　单按钮控制两挡发光亮度台灯的控制程序

(a) 梯形图；(b) 波形图；(c) 指令表

2. 微分指令应用2

某宾馆洗手间的控制要求：当有人进去时，光电开关使 X0 接通，3 s 后 Y0 接通，控制水阀打开，开始冲水，时间为 2 s；使用者离开后，再一次冲水，时间为 3 s。

根据本任务的控制要求，可以画出洗手间冲水控制的输入/输出波形图，如图 3-67 所示。

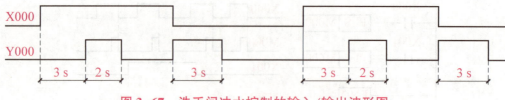

图 3-67　洗手间冲水控制的输入/输出波形图

从波形图上可以看出，如果有人进去 1 次（X000 接通 1 次）则输出 Y000 要接通 2 次。X000 接通延时 3 s 后，Y000 第 1 次接通，这个过程用定时器就可以实现。当人离开（X000 的下降沿到来）时，Y000 第 2 次接通，且前、后两次接通的时间长短不一样，分别为 2 s 和 3 s。这个过程需要用到 PLC 的脉冲输出指令或微分指令 PLS/PLF。

在设计洗手间的冲水清洗程序时，可以分别采用 PLS 和 PLF 指令作为 Y000 第 1 次接通前的开始定时信号和第 2 次接通的启动信号。同一编号的继电器线圈不能在梯形图中出现两次，否则称为"双线圈输出"，是违反梯形图设计规则的。所以，Y000 前、后两次接通要用辅助继电器 M010 和 M015 进行过渡和"记录"，再将辅助继电器 M010 和 M015 的常开触点并联后驱动 Y000 输出。洗手间冲水控制程序如图 3-68 所示。

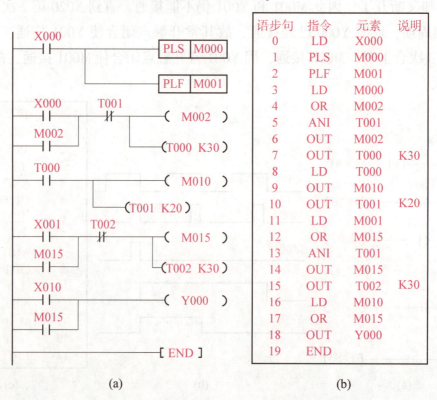

(a)　　　　　　　　　　　　　　(b)

图 3-68　洗手间冲水控制程序

(a) 梯形图；(b) 指令表

M000和M001都是微分短信号,要使定时器正确定时,就必须设计成启-保-停电路。而PLC的定时器只有在设定时间到的时候其触点才会动作,换句话说,PLC的定时器只有延时触点而没有瞬时触点。因此,要用M000驱动辅助继电器M002接通并自保持,给T000定时30 s,提供长信号保证,再通过辅助继电器M010将Y000接通。同样,辅助继电器M015也是供T002完成30 s定时的辅助继电器,而且通过辅助继电器M015将Y000第2次接通。

(二) 根据继电器-接触器控制电路设计梯形图的方法

1. 基本方法

根据继电器-接触器控制电路设计梯形图的方法又称为转化法或移植法。用此方法设计PLC梯形图时,关键是要抓住它们一一对应的关系,即控制功能的对应、逻辑功能的对应,以及继电器硬件元件和PLC软元件的对应。

2. 转化法设计的步骤

1) 了解和熟悉被控设备的工艺过程和机械动作的情况,根据继电器-接触器电路图分析和掌握控制系统的工作原理。

2) 确定PLC的输入信号和输出信号,画出PLC外部I/O接线图。

3) 建立其他元件的对应关系。

4) 根据对应关系画出PLC的梯形图。

3. 注意事项

1) 应遵守梯形图语言的语法规定。

2) 常闭触点提供的输入信号的处理。在继电器-接触器控制电路中使用的常闭触点,如果在转换为梯形图时仍采用,同时与继电器-接触器控制电路相一致,那么在输入信号接线时就一定要连接该触点的常开触点。

3) 外部联锁电路的设定。为了防止外部两个不可能同时动作的接触器等同时动作,除了在PLC梯形图中设置软件互锁外,还应在PLC外部设置硬件互锁。

4) 时间继电器瞬动触点的处理。对于有瞬动触点的时间继电器,可以在其两端并联辅助继电器,该辅助继电器的触点可以作为时间继电器的瞬动触点使用。

5) 热继电器过载信号的处理。如果热继电器为自动复位型,那么其触点提供的过载信号就必须通过输入点将信号提供给PLC;如果热继电器为手动复位型,那么可以将其常闭触点串联在PLC输出回路的交流接触器线圈支路上。

三、任务实施

(一) 训练目标

1) 学会用FX$_{3U}$系列PLC的基本指令编制单按钮控制三相异步电动机启停的程序。

2) 会绘制三相异步电动机单按钮启停控制的I/O接线图及主电路图。

3) 掌握FX$_{3U}$系列PLC I/O端口的外部接线方法。

4) 熟练使用GX Developer编程软件编制梯形图与指令表程序,并写入PLC进行调试运行。

(二)设备和器材

本任务所需设备和器材如表3-15所示。

表3-15 所需设备和器材

序号	名称	符号	技术参数	数量	备注
1	常用电工工具(十字螺钉旋具、一字螺钉旋具、尖嘴钳、剥线钳等)			1套	表中所列设备、器材仅供参考
2	计算机(安装了 GX Developer 编程软件)			1台	
3	THPFSL-2 网络型可编程控制器综合实训装置			1台	
4	三相异步电动机	M		1个	
5	三相异步电动机星形和三角形连接控制面板			1套	
6	连接导线			若干	

(三)实施步骤

1. 任务要求

首先根据转化法,将图3-69所示的三相异步电动机 Y-△ 减压启动控制电路转换为PLC控制梯形图,同时电路要有必备的软件与硬件保护环节,然后再进行三相异步电动机 Y-△ 减压启停单按钮实现的PLC控制,其控制面板如图3-70所示。

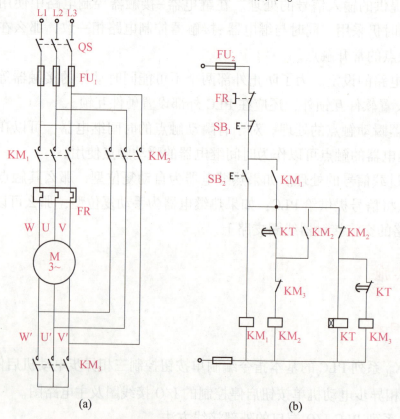

(a)　　　　　　　　　(b)

图3-69 三相异步电动机 Y-△ 减压启动控制电路

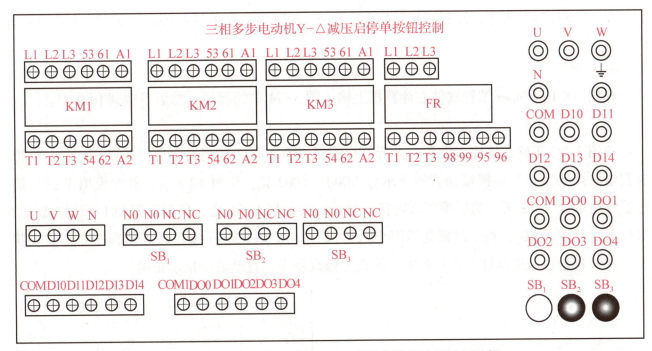

图 3-70 三相异步电动机 Y-△ 减压启停单按钮控制面板

2. I/O 地址分配与接线图

I/O 分配表如表 3-16 所示，三相异步电动机 I/O 接线图和三相异步电动机 Y-△ 减压启停单按钮控制 I/O 接线图分别如图 3-71、图 3-72 所示。

表 3-16 I/O 分配表

输入			输出		
设备名称	符号	X 元件编号	设备名称	符号	Y 元件编号
启停按钮	SB_1	X000	控制电源接触器	KM_1	Y000
热继电器	FR	X001	△连接接触器	KM_2	Y001
			Y 连接接触器	KM_3	Y002

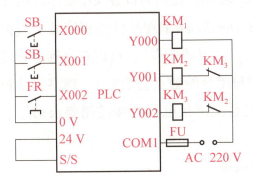

图 3-71 三相异步电动机 I/O 接线图

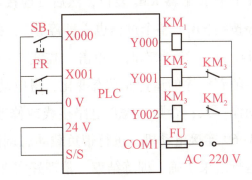

图 3-72 三相异步电动机 Y-△ 减压启停单按钮控制 I/O 接线图

3. 编制程序

转换法编制的三相异步电动机梯形图如图 3-73 所示。根据单按钮启停程序和三相异步电动机 Y-△ 减压启动程序，编制三相异步电动机 Y-△ 减压启停单按钮控制梯形图，如图 3-74 所示。

4. 调试运行

利用 GX Developer 编程软件在计算机上输入图 3-74 中的程序，然后下载到 PLC 中。

（1）静态调试

按图 3-72 正确连接输入设备，进行 PIC 的模拟静态调试（当按下启停按钮 SB_1 时，模拟控制电源接触器和 Y 连接接触器的指示灯 Y000、Y002 亮，延时 10 s 后，首先模拟 Y 连接接触器的指示灯 Y002 灭，然后模拟△连接接触器的指示灯 Y001 亮，任何时间使 FR 动作或第 2 次按下启停按钮 SB_1，整个过程立即停止），并通过 GX Developer 编程软件使程序处于监视状态，观察其是否与指示灯一致；否则，检查并修改程序，直至输出指示正确。

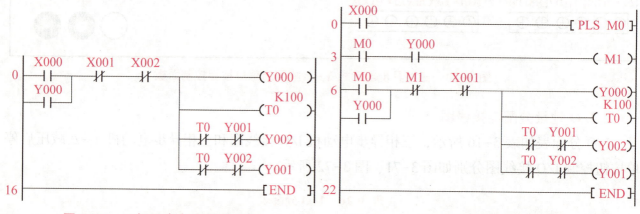

图 3-73 三相异步电动机梯形图

图 3-74 三相异步电动机 Y-△ 减压启停单按钮控制梯形图

（2）动态调试

按图 3-72 正确连接输出设备，进行系统的空载调试，观察交流接触器能否按控制要求动作（当按下启停按钮 SB_1 时，控制电源接触器 KM_1、Y 连接接触器、KM_3 动作，延时 10 s 后，首先 Y 连接接触器 KM_3 复位，然后△连接接触器 KM_2 动作，任何时间使 FR 动作或第 2 次按下启停按钮 SB_1，整个过程也立即停止），并通过 GX Developer 编程软件使程序处于监视状态（当 PLC 处于运行状态时，单击"在线"→"监视"→"开始监视"，可以观察到定时器的当前值会随着程序的运行而动态变化，得电动作的线圈和闭合的触点会变蓝），观察其是否与指示灯动作一致；否则，检查电路接线或修改程序，直至交流接触器能按控制要求动作。然后按图 3-69 连接电动机，进行带负载动态调试。

运行结果正确，训练结束，整理好实训台及仪器设备。

（四）分析与思考

1）在三相异步电动机 Y-△ 减压启动控制电路中，如果将热继电器过载保护作为 PLC 的硬件条件，其 I/O 接线图及梯形图应如何绘制？

2)在三相异步电动机 Y-△减压启动控制电路中,如果控制 Y 连接的接触器 KM₃ 和控制 △连接的接触器 KM₂ 同时得电,会出现什么问题?本任务在硬件和程序上采取了哪些措施?

四、考核任务

三相异步电动机 Y-△减压启停单按钮控制考核表如表 3-17 所示。

表 3-17　三相异步电动机 Y-△减压启停单按钮控制考核表

序号	考核内容	考核要求	评分标准	配分	得分
1	电路及程序设计	1. 能正确分配 I/O,并绘制 I/O 接线图 2. 根据控制要求,正确编制梯形图程序	1. I/O 分配错或少,每个扣 5 分 2. I/O 接线图设计不全或有错,每处扣 5 分 3. 梯形图表达不正确或画法不规范,每处扣 5 分	40 分	
2	安装与连线	能根据 I/O 分配表进行地址分配,正确连接电路	1. 连接错误,每处扣 5 分 2. 损坏元件,每只扣 3~10 分 3. 损坏连接线,每根扣 3~10 分	20 分	
3	调试与运行	能熟练使用编程软件编制程序,写入 PLC,并按要求调试运行	1. 不会熟练使用编程软件进行梯形图的编辑、修改、转换、写入及监视,每项扣 2 分 2. 不能按照控制要求完成相应的功能,每缺一项扣 5 分	20 分	
4	安全文明操作	确保人身和设备安全	违反安全文明操作规程,扣 10~20 分	20 分	
5	定额时间	180 min,每超时 5 min,扣 5 分			
6	开始时间	结束时间	实际时间	成绩	
7	收获体会: 学生签名:　　　　年　月　日				
8	教师评语: 教师签名:　　　　年　月　日				

五、拓展知识

(一)触点状态变化的边沿检测指令

触点状态变化的边沿检测指令如表 3-18 所示,上升沿/下降沿指令基本用法如图 3-75 所示。

表 3-18 触点状态变化的边沿检测指令

符号、名称	功能	梯形图表示	操作元件	程序步
LDP 取上升沿脉冲	取上升沿脉冲与母线连接	X、Y、M、S、T、C —|↑|— (Y、M、S)	X、Y、M、S、T、C	2步
LDF 取下降沿脉冲	取下降沿脉冲与母线连接	X、Y、M、S、T、C —|↓|— (Y、M、S)	X、Y、M、S、T、C	2步
ANDP 与上升沿脉冲	串联连接上升沿脉冲	X、Y、M、S、T、C —||—|↑|— (Y、M、S)	X、Y、M、S、T、C	2步
ANDF 与下降沿脉冲	串联连接下降沿脉冲	X、Y、M、S、T、C —||—|↓|— (Y、M、S)	X、Y、M、S、T、C	2步
ORP 或上升沿脉冲	并联连接上升沿脉冲	X、Y、M、S、T、C 并联 ↑ (Y、M、S)	X、Y、M、S、T、C	2步
ORF 或下降沿脉冲	并联连接下降沿脉冲	X、Y、M、S、T、C 并联 ↓ (Y、M、S)	X、Y、M、S、T、C	2步

注：① 这是一组与 LD、AND、OR 指令相对应的脉冲式触点指令。② 对 LDP、ANDP 及 ORP 指令检测触点状态变化的上升沿，当上升沿到来时，使其操作像接通一个扫描周期；LDF、ANDF 及 ORF 指令检测触点状态变化的下降沿，当下降沿到来时，使其操作像接通一个扫描周期。③ 这组指令只是在某些场合为编程提供方便，当以辅助继电器 M 为操作元件时，辅助继电器 M 序号会影响程序的执行情况。此外，M000～M2799 和 M2800～M3071 两组动作有差异。

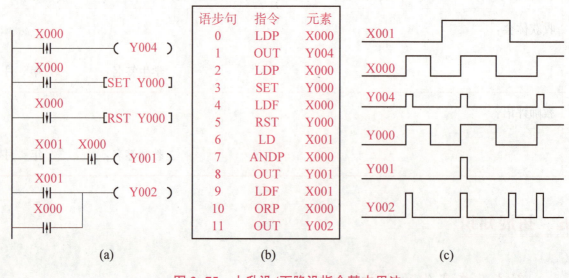

图 3-75 上升沿/下降沿指令基本用法

(a) 梯形图；(b) 指令表；(c) 波形图

（二）运算结果脉冲边沿操作指令

运算结果脉冲边沿操作指令（MEP、MEF）是 FX$_{3U}$ 系列独有的指令，MEP、MEF 是将运算结果脉冲化的指令，不需要带任何操作数（软元件）。MEP 是检测运算结果上升沿操作指令，即检测到 MEP 指令前的运算结果由 0→1 瞬间，接通一个扫描周期；MEF 是检测运算结果下降沿操作指令，即检测到 MEF 指令前的运算结果由 1→0 瞬间，接通一个扫描周期。

1. MEP、MEF 指令使用要素

MEP、MEF 指令使用要素如表 3-19 所示。

表 3-19　MEP、MEF 指令使用要素

名称	助记符	功能	目标元件	程序步
检测运算结果上升沿操作	MEP	在该指令之前的逻辑运算结果上升沿接通一个扫描周期	无	1 步
检测运算结果下降沿操作	MEF	在该指令之前的逻辑运算结果下降沿接通一个扫描周期		

2. MEP、MEF 指令使用说明

1）MEP、MEF 指令是对驱动条件逻辑运算整体进行脉冲边沿操作。因此，它在程序中的位置只能在输出线圈（或功能指令）前，不可能出现在与母线相连的位置上，也不可能出现在触点之间。

2）应用 MEP、MEF 指令进行脉冲边沿操作时，它前面的逻辑运算条件中，不能出现上升沿和下降沿检测指令 LDP、LDF、ANDP、ANDF、ORP 及 ORF，如果存在，则可能会使 MEP、MEF 指令无法正常动作。

3）MEP、MEF 指令不能用在指令 LD、OR 的位置上，在子程序及 FOR-NEXT 循环程序中，也不要使用 MEP、MEF 指令对用变址修饰的触点进行脉冲边沿操作。

3. MEP、MEF 应用举例

MEP、MEF 指令的应用如图 3-76 所示。由波形图可以看出，当 X000，X001 为 ON 时，只要 X000，X001 其中一个引起运算结果变化，其上升沿或下降沿都会使输出产生一个扫描周期。

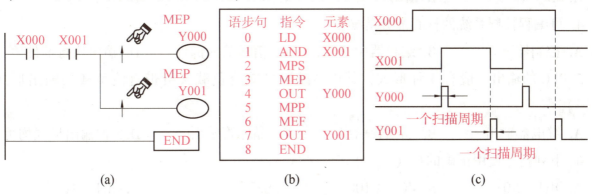

图 3-76　MEP、MEF 指令的应用

(a) 梯形图；(b) 指令表；(c) 波形图

六、总结任务

本任务以三相异步电动机 Y-△减压启停单按钮控制为载体，着重讨论了脉冲输出（微分）指令 PS、PLF 的使用要素、由 PS 指令实现的二分频电路程序（单按钮启停控制程序）以及利用转化法将三相异步电动机 Y-△减压启动控制电路转换为 PLC 控制梯形图；学生在此基础上利用基本逻辑指令编制三相异步电动机 Y-△减压启停单按钮控制的 PLC 程序，通过 GDeveloper 编程软件进行程序的编辑、写入、I/O 端口连接及调试运行，应掌握使用脉冲输出（微分）指令和栈指令编程的能力。

习 题

一、选择题

1. 下列对 PLC 软继电器的描述，正确的是（　　）。
   A. 有无数对常开和常闭触点供编程时使用
   B. 只有 2 对常开和常闭触点供编程时使用
   C. 不同型号的 PLC 的情况可能不一样
   D. 以上说法都不正确

2. OR 指令的作用是（　　）。
   A. 用于单个常开触点与前面的触点串联连接
   B. 用于单个常闭触点与上面的触点并联连接
   C. 用于单个常闭触点与前面的触点串联连接
   D. 用于单个常开触点与上面的触点并联连接

3. 用于驱动线圈的指令是（　　）。
   A. LD　　　　　B. AND　　　　　C. OR　　　　　D. OUT

4. 可编程控制系统的核心部分是（　　）。
   A. 控制器　　　B. 编程器　　　C. 信号输入部件　　D. 输出执行部件

5. PLC 的输出一般有 3 种形式，其中，既可带交流负载又可带直流负载的输出形式是（　　）。
   A. 继电器输出　　B. 晶闸管输出　　C. 晶体管输出　　D. 3 种输出形式均可

6. 下列指令使用正确的是（　　）。
   A. OUT　X0　　B. MC　M100　　C. SET　Y0　　D. OUT　T0

7. 小型 PLC 的输入、输出总点数一般不超过（　　）。
   A. 128 点　　　B. 256 点　　　C. 512 点　　　D. 1 024 点

8. M8013 的脉冲输出周期是（　　）。

　　A. 5 s　　　　　　　B. 13 s　　　　　　　C. 10 s　　　　　　　D. 1 s

9. PLC 运行即自动接通的内部继电器是（　　），在步进顺控程序中可用作系统进入初始状态的条件。

　　A. M8000　　　　　B. M8002　　　　　C. M8012　　　　　D. M8005

10. PLC 一般采用（　　）与现场输入信号相连。

　　A. 光电耦合电路　　B. 可控硅电路　　C. 晶体管电路　　D. 继电器

11. 为了不占用宝贵的输入信号点数，通常将对电动机起过载保护作用的热继电器直接接到（　　）的电源上，以节省一个输入信号点。

　　A. 输入回路　　　　　　　　　　　　B. 输出回路

　　C. 输入回路或输出回路　　　　　　　D. 输入回路和输出回路均应接

12. 在一系列的 STL 指令的最后，必须要写入的指令是（　　）。

　　A. RST　　　　　　B. PLF　　　　　　C. RET　　　　　　D. STL

13. FX_{EU} 系列中，16 位的内部计数器，其计数数值最大可设定为（　　）。

　　A. 32 768　　　　　B. 32 767　　　　　C. 10 000　　　　　D. 100 000

14. FX_{3U} 系列是（　　）公司的产品。

　　A. 德国西门子　　　　　　　　　　　B. 日本三菱

　　C. 美国霍尼韦尔　　　　　　　　　　D. 日本富士

15. FX_{3U} 系列中 LDP 表示（　　）指令。

　　A. 下降沿　　　　　B. 上升沿　　　　　C. 输入有效　　　　D. 输出有效

16. FX_{3U} 系列中，主控指令应采用（　　）。

　　A. CJ　　　　　　　B. MC　N0　　　　C. G0　T0　　　　　D. SUB

17. FX_{3U} 系列中 PLF 表示（　　）指令。

　　A. 下降沿　　　　　B. 上升沿　　　　　C. 输入有效　　　　D. 输出有效

18. FX_{3U} 系列中 SET 表示（　　）指令。

　　A. 下降沿　　　　　B. 上升沿　　　　　C. 输入有效　　　　D. 置位

19. 热继电器在电路中作电动机的（　　）保护。

　　A. 短路　　　　　　B. 过载　　　　　　C. 过流　　　　　　D. 过压

20. PLC 的输出方式为晶体管型时，它适用于（　　）负载。

　　A. 感性　　　　　　B. 交流　　　　　　C. 直流　　　　　　D. 交直流

21. 一般而言，PLC 的 I/O 点数要冗余（　　）。

　　A. 10%　　　　　　B. 5%　　　　　　　C. 15%　　　　　　D. 20%

二、填空题

1. PLC 的基本结构由中央处理器（CPU）、_____、输入/输出接口、_____、扩展接口、_____、编程工具、智能 I/O 接口、_____等组成。

2. 按物理结构形式的不同，可将 PLC 分为_____和_____两类。

3. PLC 常用的编程语言有梯形图、_____、_____、指令表、_____。

4. PLC 的工作方式为顺序扫描、重复循环，其工作过程分为_____、_____和输出处理 3 个阶段。

5. FX_{3U} 系列 PLC 数据寄存器 D 存放 16 位 2 进制的数据，其中最高位为_____，当最高位为 1 时表示_____数；当最高位为 0 时表示_____数。

6. FX_{3U}-48MR 是基本单元模块，有_____个输入接口、_____个继电器型输出接口。

7. 采用 FX_{3U} 系列 PLC 实现定时 50 s 的控制功能，如果选用定时器 T10，则其定时时间常数值应该设定为_____；如果选用定时器 T210，则其定时时间常数值应该设定为_____。

8. 采用 FX_{3U} 系列 PLC 对多重输出电路编程时，要采用进栈、读栈和_____指令，其指令助记符分别为_____、MRD 和 MPP，其中 MPS 和 MPP 指令必须成对出现，而且这些栈操作指令连续使用应少于_____次。

9. PLC 的_____指令 OUT 是对继电器的状态进行驱动的指令，但它不能用于_____。

10. PLC 开关量输出接口按 PLC 机构内使用的器件可以分为_____、晶体管型和_____。晶体管型的输出接口只适用于_____驱动的场合，而双向晶闸管型的输出接口只适用于_____驱动的场合。

11. FX_{3U} 系列 PLC 的 STL 步进梯形的每个状态提供了 3 个功能：对负载的驱动处理（动作）、_____、制定转换目标（步）。

12. PLC 用户程序的完成分为 3 个阶段，这 3 个阶段是采用_____完成的。

13. FX_{3U} 系列 PLC 编程元件的编号分为 2 个部分，第 1 部分是代表功能的字母。输入继电器用_____表示，输出继电器用_____表示，辅助继电器用_____表示，定时器用_____表示，计数器用_____表示，状态器用_____表示；第 2 部分为表示该类器件的序号，输入继电器及输出继电器的序号为_____进制，其余器件的序号为_____进制。

14. PLC 编程元件的使用主要体现在程序中。一般可以认为编程元件与继电接触器元件类似，具有_____和_____。

15. FX_{3U} 系列 PLC 的基本指令一般由_____和_____组成。

16. PLC 主控继电器指令是_____，主控继电器结束指令是_____。

17. FX_{3U} 系列 PLC 中辅助继电器的代号为_____；状态元件的代号为_____。

18. PLC 工作方式为顺序扫描、重复循环，从内部处理到输出处理整个执行时间称为扫描周期，一个扫描周期分为 5 个阶段，即_____、通信服务、_____、程序执行、_____。

19. FX_{3U}-16MT 中，FX_{3U} 表示_____名称、16 表示输入/输出端口_____、M 表示基

本单元、T 表示_____。

20. 对于 FX$_{3U}$-24MR，输入和输出继电器的地址编号为_____进制，从 0 到_____。

21. PLC 的输入继电器 X 只能由外部输入电路驱动，不能用_____驱动；其输出继电器 Y 是 PLC 唯一能驱动_____负载的元件。

三、判断题

1. 在同一程序中，PLC 的触点和线圈都可以无限次反复使用。（　　）

2. PLC 控制器是专门为工业控制而设计的，具有很强的抗干扰能力，能在很恶劣的环境下长期连续地可靠工作。（　　）

3. 在 PLC 的梯形图中，触点的串联和并联实质上是把对应的基本单元中的状态依次取出来进行逻辑"与"与逻辑"或"。（　　）

4. PLC 使用方便，它的输出端可以直接控制电动机的启动，因此在工矿企业中大量使用。（　　）

5. PLC 输出端负载的电源，可以是交流电也可以是直流电，但需用户自己提供。（　　）

6. PLC 梯形图的绘制方法，是按照自左而右、自上而下的原则绘制的。（　　）

7. PLC 输入继电器的线圈可由输入元件驱动，也可用编程的方式去控制。（　　）

8. 在 PLC 基本逻辑指令中，ANI 是"与非"操作指令，即并联一个动断触点。（　　）

9. PLC 与继电器控制的根本区别在于，PLC 采用的是软器件，以程序实现各器件之间的连接。（　　）

10. PLC 的输出继电器的线圈不能由程序驱动，只能由外部信号驱动。（　　）

11. PLC 的输出线圈可以放在梯形图逻辑行的中间任意位置。（　　）

12. PLC 的软继电器编号可以根据需要任意编写。（　　）

13. 在绘制电气元件布置图时，质量大的元件应放在下方，发热量大的元件应放在上方。（　　）

14. 在设计 PLC 的梯形图时，在每一逻辑行中，并联触点多的支路应放在左边。（　　）

四、设计题

1. 画出三相异步电动机既可点动又可连续运行的电气控制线路。

2. 画出三相异步电动机三地控制（即三地均可启动、停止）的电气控制线路。

3. 为两台异步电动机设计主电路和控制电路，其要求如下：
   1）两台电动机互不影响地独立操作启动与停止；
   2）能同时控制两台电动机的停止；
   3）当其中任一台电动机发生过载时，两台电动机均停止。

4. 试将第 3 题的控制电路的功能改由 PLC 控制，画出 PLC 的 I/O 接线图，并写出梯形图程序。

5. 试设计一小车运行的继电器-接触器控制电路，小车由三相异步电动机拖动，其动作程序要求如下：

1）小车由原位开始前进，到终点后自动停止；

2）小车在终点停留一段时间后自动返回原位停止；

3）小车在前进或后退途中任意位置都能停止或启动。

6. 试将第5题的控制电路的功能改由PLC控制，画出PLC的I/O接线图，并写出梯形图程序。

7. 试设计一台异步电动机的控制电路，要求如下：

1）能实现电动机起、停的两地控制；

2）能实现电动机点动调整；

3）能实现电动机单方向的行程保护；

4）要有短路和过载保护。

8. 试设计一个工作台前进、退回的控制电路，工作台由电动机M拖动，行程开关ST_1、ST_2分别安装在工作台的原位和终点处，要求如下：

1）能自动实现工作台前进-后退-停止到原位；

2）工作台前进到达终点后停一下再后退；

3）工作台在前进途中可以立即后退到原位；

4）有终端保护。

9. 设计控制两台三相异步电动机M_1和M_2的电路，要求如下：

1）电动机M_1启动后，电动机M_2才能启动；

2）电动机M_1停止后，电动机M_2延时30 s后才能停止；

3）电动机M_2能点动调整。

4）试设计出PLC输入/输出分配接线图，并编写梯形图控制程序。

10. 设计抢答器PLC控制系统，控制要求如下：

1）抢答台为A、B、C、D，有指示灯、抢答键；

2）有裁判员台、抢答指示灯、开始抢答按键、复位按键。

3）抢答时，有2 s的声音报警。

11. 设计两台电动机顺序控制PLC系统。控制要求：两台电动机相互协调运转，电动机M_1运转10 s，停止5 s；电动机M_2要求与电动机M_1相反，即电动机M_1停止，电动机M_2运行，电动机M_1运行，电动机M_2停止；如此反复动作3次，电动机M_1和M_2均停止。

12. 设计PLC三速电动机控制系统。控制要求：启动时，接触器KM_1、KM_2同时接通低速运行，3 s后接触器KM_3接通（KM_2断开）中速运行，3 s后KM_4、KM_5同时接通（KM_3断开）高速连续运行，直到停机命令给出后系统断电。

项目四

FX₃ᵤ 系列的 PLC 顺序功能与步进指令的应用

学习目标

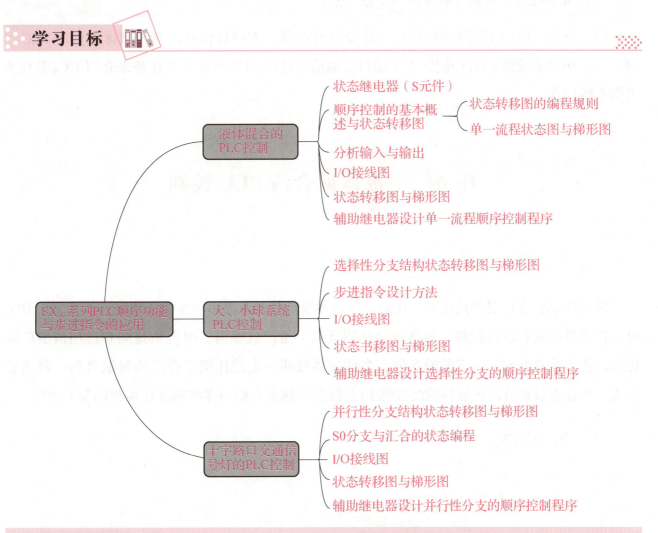

【知识目标】
1) 熟练掌握 PLC 的状态继电器和步进指令的使用。
2) 掌握顺序功能图与步进梯形图的相互转换。
3) 掌握单序列、选择序列和并行序列顺序控制程序的设计方法。

【技能目标】

1) 会分析顺序控制系统的工作过程。

2) 能合理分配 I/O 地址,绘制顺序功能图。

3) 能使用步进指令将顺序功能图转换为步进梯形图和指令表。

4) 能使用 GX Developer 编程软件编制顺序功能图和梯形图。

5) 能进行程序的离线和在线调试

【素质目标】

1) 培养精益求精的工匠精神和团队协作能力。

2) 培养逻辑分析能力和实践动手能力。

FX_{3U} 系列专门用于顺序控制的步进指令共有两条,本项目将通过两种液体混合的 PLC 控制,大、小球系统的 PLC 控制,十字路口交通信号灯的 PLC 控制 3 个任务来介绍 FX_{3U} 系列步进指令的应用。

任务一　液体混合的 PLC 控制

一、引入任务

对生产原料进行混合是化工、食品、饮料和制药等行业必不可少的工序之一。而采用 PLC 对混合原料的装置进行控制,具有自动化程度高、生产效率高、混合质量高和适用范围广等优点。液体混合有两种、三种或多种,多种液体按照一定的比例混合是物料混合的一种典型形式。本任务以混合两种液体的装置的 PLC 控制为例来介绍顺序控制单序编程的基本方法。

二、相关知识

(一) 状态继电器 (S 元件)

状态继电器是一种在步进顺存控制编程中表示"步"的继电器,它与后述的步进梯形开始指令 STL 组合使用。当状态继电器不在顺序控制中使用时,其可作为普通的辅助继电器使用,且具有断电保持功能;或作为信号报警,用于外部故障诊断。FX_{3U} 系列状态继电器如表 4-1 所示。

表 4-1 FX$_{3U}$ 系列状态继电器

PLC 机型	初始化用	IST 指令时回零用	通用	断电保持用	报警用
FX$_{3U}$、FX$_{3UC}$ 系列	S0～S9 共 10 点	S10～S19 共 10 点	S20～S499 共 480 点	1. S500～S899（可变）共 400 点，可以通过参数更改保持/不保持的设定 2. S1000～S4095（固定）共 3 096 点	S900～S999 共 100 点

FX$_{3U}$、FX$_{3UC}$ 系列共有状态继电器 4 096 点（S0～S4095）。状态继电器有 5 种类型，即初始状态继电器、回零状态继电器、通用状态继电器、断电保持状态继电器、报警用状态继电器。

1）初始状态继电器元件号为 S0～S9，共 10 点，在顺序功能图（状态转移图）中，指定初始元件编号。

2）回零状态继电器元件号为 S10～S19，共 10 点，在多种运行模式控制中，指定为返回原点的状态。

3）通用状态继电器元件号为 S20～S499，共 480 点，在顺序功能图中，指定为中间工作状态。

4）断电保持状态继电器元件号为 S500～S899 及 S1000～S4095，共 3 096 点，用于来电后继续执行停电前状态的场合，其中 S500～S899 可以通过参数设定为一般状态继电器。

5）报警用状态继电器元件号为 S900～S999，共 100 点，可用作报警组件用。

在使用状态继电器时应注意以下 2 点。

1）状态继电器与辅助继电器一样有无数对常开和常闭触点。

2）FX$_{3U}$ 系列可通过程序设定将 S0～S499 设置为有断电保持功能的状态继电器。

（二）顺序控制的基本概述及状态转移图

1. 步进顺序概述

FX$_{3U}$ 系列有两条专用于编制步进顺控程序的指令，即步进触点驱动指令 STL 和步进返回指令 RET。

一个控制过程可以分为若干个阶段，这些阶段称为状态或步。状态与状态之间由转换条件分隔。当相邻两状态之间的转换条件得到满足时就实现状态转换。状态转换只有一种流向的称为单分支流程顺控结构。

2. FX$_{3U}$ 系列的 PLC 的步进顺控指令

步进顺控编程的思路是依据状态转移图，从初始步开始，首先编制各步的动作，再编制转换条件和转换目标，这样逐步地将整个控制程序编制完毕。

（1）STL

STL 指令的基本用法如图 4-1 所示，取步状态元件的常开触点与母线连接。STL 指令的触点称为步进触点。

STL 指令有主控含义,即 STL 指令后面的触点要用 LD 指令或 LDI 指令。

STL 指令具有自动将前级步复位的功能(在状态转换成功的第二个扫描周期时自动将前级步复位),因此使用 STL 指令编程时不考虑前级步的复位设置。

图 4-1　STL 指令基本用法

（2）RET

在系列 STL 指令的后面,步进程序的结尾处必须使用 RET 指令,表示步进顺序控制功能（主控功能）结束,其基本用法如图 4-2 所示。

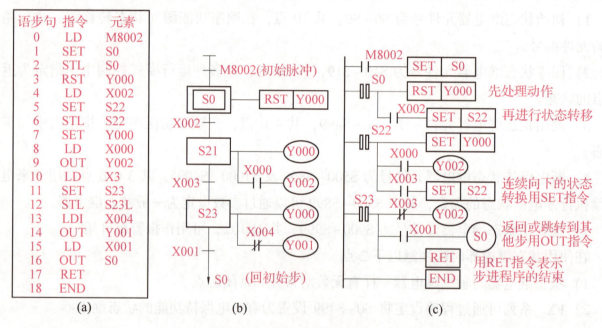

图 4-2　RET 指令基本用法

（a）指令表；（b）状态转移图；（c）步进梯形图

应用步进指令 STL、RET 时需要考虑以下 6 个方面。

1）先进行驱动动作处理,然后进行状态转移处理,不能颠倒顺序。

2）驱动步进触点用 STL 指令,驱动动作用 OUT 输出指令。若某一动作在连续的几步中都需要被驱动,则用 SET/RST（置位/复位）指令。

3）接在 STL 指令后面的触点用 LD/LDI 指令,连续向下的状态转换用 SET 指令,否则用 OUT 指令。

4）CPU 只执行活动步对应的电路块,因此,步进梯形图允许双线圈输出。

5）相邻两步的动作若不能同时被驱动,则需要安排相互制约的联锁环节。

6）步进顺控的结尾必须使用 RET 指令。

3. 状态转移图的绘制规则

状态转移图也称为功能表图，用于描述控制系统的控制过程，具有简单、直观的特点，是设计 PLC 顺控程序的一种有力工具。状态转移图的画法如图 4-3 所示。状态转移图中的状态有驱动动作、指定转移目标和指定转移条件 3 个要素。其中，指定转移目标和指定转移条件是必不可少的，驱动动作则视具体情况而定，也可能没有实际的动作。图 4-3 中，初始步 S0 没有驱动动作，S20 为其指定转移目标，X000、X001 为串联的指定转移条件；在 S20 工作步，Y001 为其驱动动作，S21 为其指定转移目标，X002 为指定转移条件。

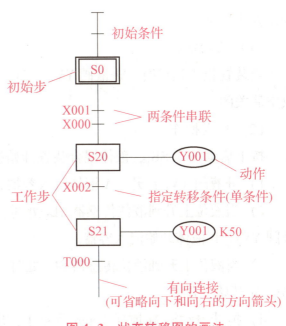

图 4-3　状态转移图的画法

步与步之间的有向线段表明流程方向，其中向下和向右的方向箭头可以省略。图 4-3 中的流程方向始终向下，因而省略了方向箭头。

4. 状态转换的实现

步与步之间的状态转换需满足两个条件：一是前级步必须是活动步；二是对应的转换条件要成立。满足上述两个条件就可以实现步与步之间的转换。值得注意的是，一旦后续步转换成为活动步，前级步就要复位成为非活动步。

状态转移图的分析条理十分清晰，无须考虑状态之间繁杂的联锁关系，可以理解为"只干自己需要干的事，无须考虑其他"。另外，状态转移图也方便了程序的阅读理解，使程序试运行、调试、故障检查与排除变得非常容易，这就是步进顺控设计法的优点。

三、任务实施

（一）训练目标

1) 根据控制要求绘制单序列顺序功能图，并用步进指令转换成梯形图与指令表。

2) 学会 FX_{3U} 系列 PLC 控制步进指令设计方法。

3) 熟练使用 GX Developer 编程软件进行步进指令程序输入，并写入 PLC 进行调试运行，查看运行结果。

1. 任务要求

本任务是安装与调试液体混合装置 PLC 控制系统。

液体混合装置示意图如图 4-4 所示，SL_1、SL_2、SL_3 为 3 个液位传感器，被液体淹没时接通。进液阀 YV_1、YV_2 分别控制 A 液体和 B 液体进液，出液阀 YV_3 控制混合液体出液。系统控制要求如下。

（1）初始状态

当装置投入运行时，进液阀 YV_1、YV_2 关闭，出液阀 YV_3 打开 20 s，将容器中的残存液体放空后关闭。

（2）启动操作

按下启动按钮 SB_1，液体混合装置开始按以下顺序工作。

1）进液阀 YV_1 打开，A 液体流入容器，液位上升。

2）当液位上升到液位传感器 SL_2 处时，进液阀 YV_1 关闭，A 液体停止流入，同时打开进液阀 YV_2，B 液体开始流入容器。

3）当液位上升到液位传感器 SL_1 处时，进液阀 YV_2 关闭，B 液体停止流入，同时搅拌电动机 M 开始工作。

4）搅拌电动机 M 搅拌 1 min 后停止，出液阀 YV_3 打开，开始出液，液位开始下降。

5）当液位下降到液位传感器 SL_3 处时，开始计时且装置继续出液，将容器放空，计时满 20 s 后关闭出液阀 YV_3，自动开始下一个循环。

（3）停止操作

装置工作中，若按下停止按钮 SB_2，装置不会立即停止，而是完成当前工作循环后再自动停止。

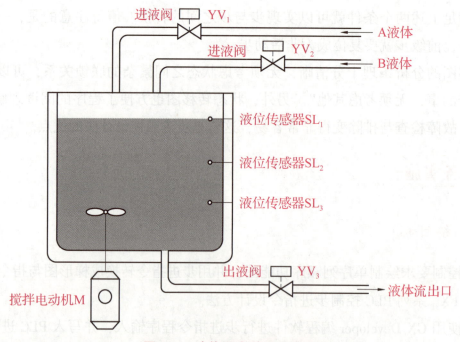

图 4-4　液体混合装置示意图

2. 任务流程

本任务的任务流程如图 4-5 所示。

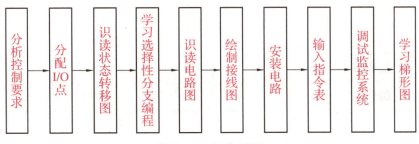

图 4-5 任务流程

(二) 设备和器材

本任务所需设备和器材如表 4-2 所示。

表 4-2 所需设备和器材

序号	名称	符号	技术参数	数量	备注
1	常用电工工具			1 套	
2	万用表		MF47	1 只	
3	PLC		FX_{3U}-48MR	1 台	
4	小型三极断路器		DZ47-63	1 个	
5	控制变压器		BK100,380 V/220 V、24 V	1 个	
6	三相电源插头		16 A	1 个	
7	熔断器底座		RT18-32	6 个	
8	熔管		2 A	3 只	
9			6 A	3 只	
10	交流接触器		CJXI-12/22,220 V	4 个	
11	按钮		LA38/203	2 只	
12	三相笼型异步电动机	M	380 V,0.75 kW,Y 连接	1 台	
13	端子板		TB-1512L	2 块	
14	安装铁板		600 mm×700 mm	1 块	
15	导轨		35 mm	0.5 m	
16	线槽		TC3025	若干	
17	铜导线		BVR-1.5 mm^2	5 m	
18			BVR-1.5 mm^2	2 m	双色
19			BVR-1.0 mm^2	5 m	
20	紧固件	螺钉	M4×20	若干	
21		螺母	M4	若干	
22		垫圈	$\phi 4$	若干	

序号	名称	符号	技术参数	数量	备注
23	编码管		φ1.5	若干	
24	编码笔		小号	1只	

（三）实施步骤

从液体混合装置的工作过程可以看出，整个工作过程主要分为初始准备、进A液、进B液、搅拌、出液5个阶段（步），各阶段（步）是按顺序在相应的转换信号指令下从一个阶段（步）向下一个阶段（步）转换的，属于顺序控制。三菱PLC为此配备了专门的顺序控制指令——步进指令，用步进指令编程简单直观、方便易读。下面结合液体混合装置，学习步进程序的设计方法，用步进指令编程实现对它的控制。

1. 分析控制要求，确定输入、输出设备

（1）分析控制要求

分析系统控制要求，可将系统的工作流程分解为5个工作步骤，如图4-6所示。

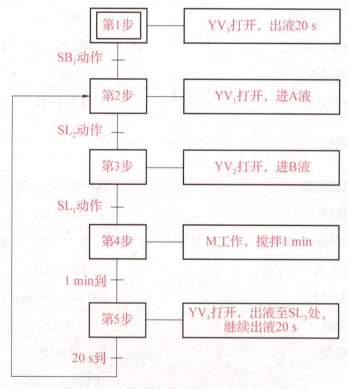

图4-6 液体混合装置工作流程示意图

第1步：初始准备阶段，出液阀YV_3打开，出液20 s。

第2步：按下启动按钮SB_1，进液阀YV_1打开，进A液。

第3步：液位传感器SL_2动作，打开进液阀YV_2，进B液。

第4步：液位传感器SL_1动作，搅拌电动机M工作，搅拌混合液体1 min。

第 5 步：1 min 到，打开出液阀 YV_3 出液至液位传感器 SL_3 处，开始计时且继续出液，计时满 20 s 后，开始下一个循环。

（2）确定输入设备

根据上述分析，系统有 5 个输入信号即启动、停止、液位传感器 SL_1、SL_2 和 SL_3 检测信号。由此确定，系统的输入设备有 2 只按钮和 3 只传感器，PLC 需用 5 个输入点分别与之相连。

（3）确定输出设备

系统由进液阀 YV_1、YV_2 分别控制 A 液与 B 液的进液；出液阀 YV_3 控制出液；搅拌电动机 M 进行混合液体的搅拌。由此确定，系统的输出设备有 3 只电磁阀和 1 只接触器，PLC 需用 4 个输出点分别驱动它们。

2. I/O 分配

I/O 分配表如表 4-3 所示。

表 4-3　I/O 分配表

输入			输出		
设备名称	符号	X 元件编号	设备名称	符号	Y 元件编号
启动按钮	SB_1	X000	搅拌电动机	M	Y000
停止按钮	SB_2	X001	进液阀	YV_1	Y004
液位传感器	SL_1	X002	进液阀	YV_2	Y005
液位传感器	SL_2	X003	出液阀	YV_3	Y006
液位传感器	SL_3	X004			

3. 系统状态转移图

图 4-6 很清晰地描述了系统的整个工作流程，将复杂的工作过程分解成若干步，各步包含了驱动功能、指定转移条件和指定转移目标。这种将整体程序分解成若干步进行编程的思想就是状态编程的思想，而状态步进编程的主要方法是应用状态元件编制状态转移图。

（1）状态元件

状态元件是状态转移图的基本元素，也是一种软元件。FX_{3U} 系列 PLC 的状态元件如表 4-4 所示。

表 4-4　FX_{3U} 系列 PLC 的状态元件

元件编号	总数/点	用途
S0～S9	10	用作初始状态
S10～S19	10	多运行模式控制中，用作返回原点状态
S20～S499	480	用作中间状态
S900～S999	100	用作报警元件

(2) 状态转移图

将图 4-6 中的初备用初始状态用元件 S0 表示，其他各步用开始的一般状态元件 S20 表示，再将指定转移条件和驱动功能换成对应的软元件。因此，图 4-6 中的工作流程图就演变为图 4-7 所示的液体混合装置状态转移图。

(3) 状态三要素

图 4-7 中有驱动的负载、向下一状态转移的条件和转移的方向，三者构成了状态转移图的三要素。以 S20 状态为例，其驱动的负载为 Y004，向下一状态转移的条件为 X003，转移的方向为 S21。

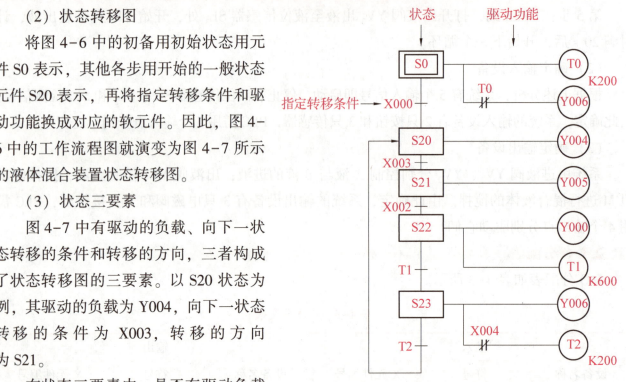

图 4-7 液体混合装置状态转移图

在状态三要素中，是否有驱动负载视具体控制情况而定，但转移条件和转移方向是必不可少的。所以，初始状态 S0 也必须有转移条件，否则无法激活，通常采用 PLC 的特殊辅助继电器 M8002 实现。M8002 的作用是在 PLC 运行的第 1 个扫描周期内接通，产生 1 个扫描周期的初始化脉冲。

4. 状态编程

(1) 步进指令

FX_{3U} 系列 PLC 的步进指令有两条，即步进接点指令 STL 和步进返回指令 RET。

1) 步进接点指令 (STL)。STL 指令用于激活某个状态，从主母线上引出状态接点，建立子母线，以使该状态下的所有操作均在子母线上进行，其符号为 [STL]。

2) 步进返回指令 (RET)。RET 指令用于步进控制程序返回主母线。由于非状态控制程序的操作在主母线上完成，而状态控制程序均在子母线上进行，因此为了防止出现逻辑错误，在步进控制程序结束时必须使用 RET 指令。

(2) 梯形图

根据状态转移图的编程原则，将图 4-7 所示的状态转移图转化为图 4-8 所示的液体混合装置梯形图。

1) S0 的状态。PLC 在运行第 1 个扫描周期时，特殊辅助继电器 M8002 接通（转移条件成立）并激活 S0 的状态，建立子母线，定时器 T0 定时 20 s，模拟出液阀的指示灯 Y006 动作开始出液，定时时间到，模拟出液阀的指示灯 Y006 复位停止出液，按下启动按钮 SB_1，模拟启动按钮的指示灯 X000 动作，初始状态 S0 向一般状态 S20 转移。

2) S20 状态。STL S20 激活 S20 状态，建立子母线。在子母线上，模拟进液阀的指示灯

Y004 动作进 A 液。当液位上升至液位传感器 SL_2 处，模拟液位传感器的指示灯 X003 动作，向 S21 状态转移。

3）S21 状态。STL S21 激活 S21 状态，建立子母线。在子母线上，模拟进液阀的指示灯 Y005 动作进 B 液。液位上升至液位传感器 SL_1 处，模拟液位传感器的指示灯 X002 动作，向 S22 状态转移。

4）S22 状态。STL S22 激活 S22 状态，建立子母线。在子母线上，定时器 T1 开始计时，模拟搅拌电动机的指示灯 Y000 动作，开始搅拌混合液体。60 s 时间到，向 S23 状态转移。

5）S23 状态。STL S23 激活 S23 状态，建立子母线。在子母线上，模拟出液阀的指示灯 Y006 动作开始出液。液位下降至液位传感器 SL_3 处，模拟液位传感器的指示灯 X004 复位，开始定时 20 s，时间到向 S20 状态转移，自动进入下一个循环。

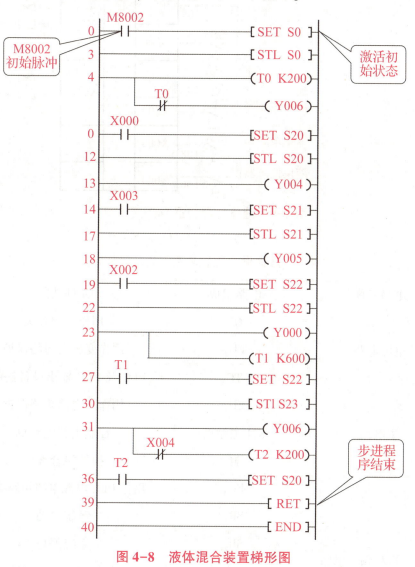

图 4-8 液体混合装置梯形图

5. 系统 I/O 接线图

液体混合装置 I/O 接线图如图 4-9 所示，其电路组成及元件功能如表 4-5 所示。

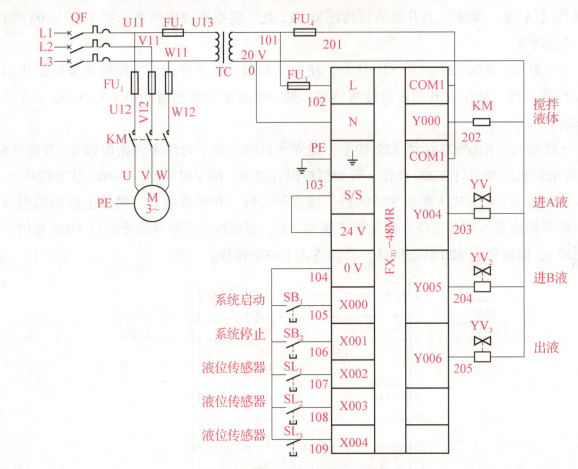

图 4-9 液体混合装置 I/O 接线图

表 4-5 液体混合装置电路组成及元件功能

序号	电路名称	电路组成	元件功能	备注
1	电源电路	QF	用作电源开关	
2		FU_2	用作变压器短路保护	
3		TC	给 PLC 及 PLC 输出设备提供电源	
4	主电路	FU_1	用作主电路短路保护	
5		KM 主触点	控制搅拌电动机	
6		M	搅拌混合液体	
7	控制电路	FU_3	用作 PLC 电源电路短路保护	
8		SB_1	系统启动	
9		SB_2	系统停止	
10		SL_1	液位传感器，检测液位	
11		SL_2	液位传感器，检测液位	
12		SL_3	液位传感器，检测液位	

续表

序号	电路名称	电路组成	元件功能	备注
13	控制电路	PLC 输出电路	FU_4	用作 PLC 输出电路短路保护	
14			KM	控制 KM 的吸合与释放	
15			YV_1	进 A 液	
16			YV_2	进 B 液	
			YV_3	出液	

6. 绘制控制系统接线图

液体混合装置控制系统接线图如图 4-10 所示。注意：实验安装时用 SB 代替 SL、用 KM 代替 YV。

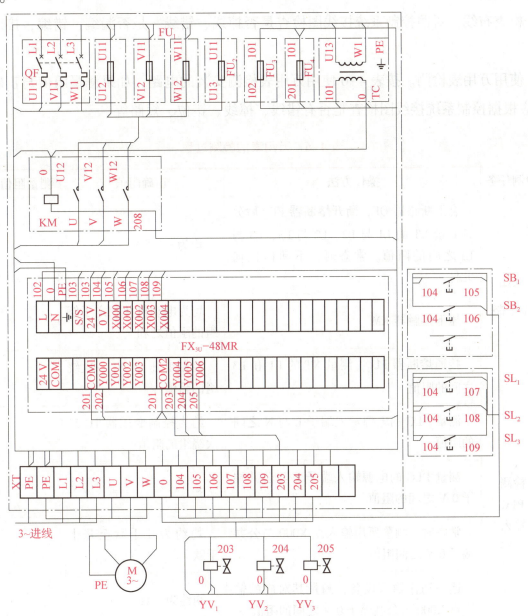

图 4-10 液体混合装置控制系统接线图

7. 安装电路

（1）检查元件

检查元件的规格是否符合要求、质量是否完好。

（2）固定元件

按照绘制的控制系统接线图固定元件。

（3）配线安装

根据配线原则及工艺要求，对照绘制的控制系统接线图进行配线安装，包括：

1）板上元件的配线安装；

2）外围设备的配线安装。

（4）自检

1）检查布线。对照控制系统接线图检查是否掉线、错线，是否漏编、错编，接线是否牢固等。

2）使用万用表检测。按表4-6使用万用表检测安装的电路，如果测量阻值与正确阻值不符，则应根据控制系统接线图检查是否有错线、掉线、错位、短路等。

表4-6 万用表的检测过程

序号	检测任务	操作方法	正确阻值	测量阻值	备注
1	检测主电路	合上断路器QF，断开熔断器FU_2后分别测量XT的L1与L2、L2与L3、L3与L1之间的阻值。常态时，不动作任何元件	均为∞		
2		压下接触器KM	均为电动机两相定子绕组的阻值之和		
3		接通熔断器FU_2，测量XT的L1和L3之间的阻值	控制变压器TC一次绕组的阻值		
4	检测PLC输入电路	测量PLC的电源输入端子L与N之间的阻值	约为控制变压器TC二次绕组的阻值		
5		测量PLC的电源输入端子L与公共端子0V之间的阻值	∞		
6		常态时，测量所用输入点X000与公共端子0V之间阻值	均约为几千欧至几十千欧		
7		逐一动作输入设备，测量其对应的输入点X000与公共端子0V之间的阻值	均约为0Ω		

续表

序号	检测任务	操作方法	正确阻值	测量阻值	备注
8	检测PLC输出电路	测量输出点 Y000 与公共端子 COM1 之间的阻值	控制变压器 TC 二次绕组与接触器 KM 线圈的阻值之和		
9		分别测量 Y004、Y005、Y006 与 COM2 之间的阻值	控制变压器 TC 二次绕组与进液阀 YV 线圈的阻值之和		
10	检测完毕，断开断路器 QF				

（5）通电观察 PLC 的 LED 指示灯

经自检，确认电路正确和无安全隐患后，在教师监护下，按照表 4-7 观察 PLC 的 LED 指示灯显示情况并做好记录。

表 4-7 PLC 的 LED 指示灯显示情况

步骤	操作内容	LED	正确结果	观察结果	备注
1	先插上电源插头，再合上断路器 QF	POWER	点亮		已通电，注意安全
		所有 IN	均不亮		
2	RUN/STOP 开关拨至 RUN 位置	RUN	点亮		
3	RUN/STOP 开关拨至 STOP 位置	RUN	熄灭		
4	按下启动按钮 SB$_1$	IN0	点亮		
5	按下停止按钮 SB$_2$	IN1	点亮		
6	液位传感器 SL$_1$ 动作	IN2	点亮		
7	液位传感器 SL$_2$ 动作	IN3	点亮		
8	液位传感器 SL$_3$ 动作	IN4	点亮		
9	拉下断路器 QF 后，拔下电源插头	POWER	熄灭		已断电，做了吗？

（四）分析与思考

1）PLC 能够实现什么控制？

2）一旦系统的某一个状态被"激活"，其上一个状态将如何？且"激活"和"关闭"分别指什么？

3）系统工作时，下一个状态转移的条件是什么？

四、考核任务

液体混合装置控制考核表如表 4-8 所示。

表 4-8 液体混合装置控制考核表

序号	考核内容	考核要求	评分标准	配分	得分
1	系统安装	1. 会安装元件 2. 按控制系统接线图完整、正确及规范地接线 3. 按照要求编号	1. 元件松动，每处扣 2 分；元件损坏，每处扣 4 分 2. 错、漏线，每处扣 2 分 3. 反圈、压皮、松动，每处扣 2 分 4. 错、漏编号，每处扣 1 分	40	
2	编程操作	1. 正确绘制状态转移图 2. 会建立程序新文件 3. 正确输入指令表 4. 正确保存文件 5. 会传送程序	1. 绘制状态转移图错误，扣 5 分 2. 不能建立程序新文件或建立错误，扣 4 分 3. 输入指令表错误，每处扣 2 分 4. 保存文件错误，扣 4 分 5. 传送程序错误，扣 4 分	60	

五、拓展知识

（一）初始步的处理方法

初始步可由其他步驱动，但运行开始时必须用其他方法预先做好驱动，否则状态流程不可能向下进行。一般用系统的初始条件驱动，若无初始条件，则可用 M8002 或 M8000（PLC 从 STOP→RUN 切换时的初始化脉冲）进行驱动。

（二）步进梯形图编程的顺序

编程时必须使用 STL 指令对应顺序功能图上的每一步。步进梯形图中每一步的编程顺序是先进行驱动处理，后进行转移处理，两者不能颠倒。驱动处理就是该步的输出处理，转移处理就是根据转移方向和转移条件实现下一步的状态转移。

（三）用辅助继电器设计单一流程顺序控制程序

使用步进顺序控制指令设计顺序控制程序的特点是，"激活"下一个状态，自动"关闭"上一个状态。根据这个特点，用辅助继电器也可以实现单一流程顺序控制程序的设计，设计方法是使用辅助继电器替代工作步，应用 SET 位置指令"激活"下一个状态，使用 RST 复位指令"关闭"上一状态，其顺序功能图如图 4-11 所示。图中，用辅助继电器 M 替代各工作步（状态 S）。以其状态 M2 为例，当辅助继电器 M 动作和 X003 接通时，执行指令"SET M2"，即"激活"状态 M2；执行指令"RST M1"，即"关闭"状态 M1；最后用 M2 动合触点驱动 Y001，其顺序功能图与梯形图的转换过程如图 4-12 所示。根据此方法可将图 4-11 转换为单一流程顺序控制梯形图，如图 4-13 所示。

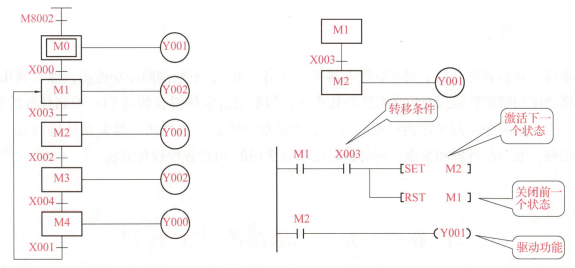

图 4-11 单一流程顺序控制顺序功能图　　图 4-12 单一流程顺序控制顺序功能图和梯形图的转换过程

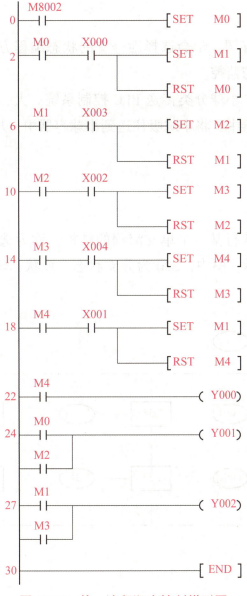

图 4-13 单一流程顺序控制梯形图

六、任务总结

本任务我们首先介绍了用状态继电器 S 表示各"步"，来绘制顺序功能图，然后利用步进指令将顺序功能图转换成对应梯形图与指令表，最后通过液体混合装置 PLC 控制任务的实施，以进一步介绍顺序控制单序列编程的方法。步进指令编程方法相比于经验设计法而言，其规律性很强，较容易理解和掌握，同时也是初学者常用的 PLC 程序设计方法。

任务二　大、小球系统 PLC 控制

一、引入任务

识读选择性分支状态转移图，学会选择性分支的状态编程方法；独立完成大、小球分类传送控制系统的安装、调试与监控。

本任务是安装与调试大、小球分类传送 PLC 控制系统。大、小球分类传送装置的主要功能是将大球吸住送到大球容器中，将小球吸住送到小球容器中，从而实现大、小球分类放置。

二、相关知识

1. 选择性分支结构

从多个分支流程中选择执行某一个单支流程的结构，称为选择性分支结构，选择性分支的状态转移图如图 4-14 所示。图中，S20 为分支状态，该状态转移图在 S20 步以后分成了 3 个分支，供选择执行。

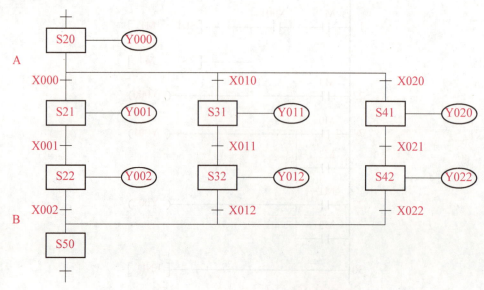

图 4-14　选择性分支的状态转移图

当 S20 步被激活成活动步后,若转换条件 X000 成立,则执行左边的程序;若转换条件 X010 成立,则执行中间的程序;若转换条件 X020 成立,则执行右边的程序。转换条件 X000、X010 及 X020 不能同时成立。

S50 为汇合状态,可由 S22、S32、S42 中任意状态驱动。

2. 选择性分支结构的编程

选择性分支结构的编程原则是先集中处理分支转移情况,然后依顺序进行各分支程序的处理和汇合状态。选择性分支结构的编程如图 4-15 所示。

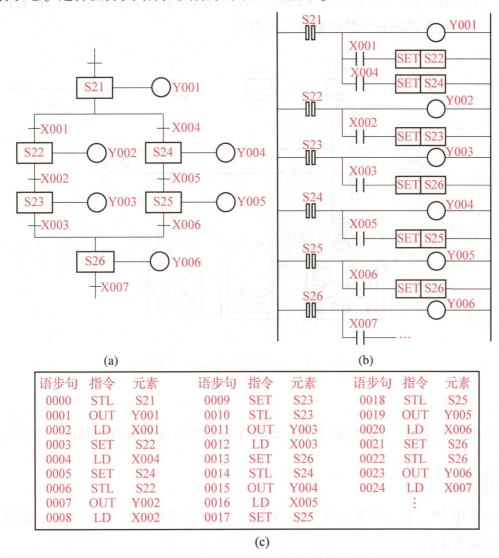

图 4-15 选择性分支结构的编程

(a) 状态转移图;(b) 梯形图;(c) 指令表

三、任务实施

(一) 训练目标

1) 根据控制要求绘制单序列顺序功能图,并用步进指令将其转换成梯形图与指令表。

2) 学会 FX$_{3U}$ 系列 PLC 控制步进指令设计方法。

3) 熟练使用 GX Developer 编程软件进行步进指令程序输入，并写入 PLC 进行调试运行，查看运行结果。

1. 任务要求

（1）初始状态

大、小球分类传送装置示意图如图 4-16 所示，左上为原点位置，上限位开关 SQ$_1$ 和左限位开关 SQ$_3$ 压合动作，原点指示灯 HL 亮。装置必须停在原点位置才能启动。若装置初始时不在原点位置，可通过手动方式调整到原位后再启动。

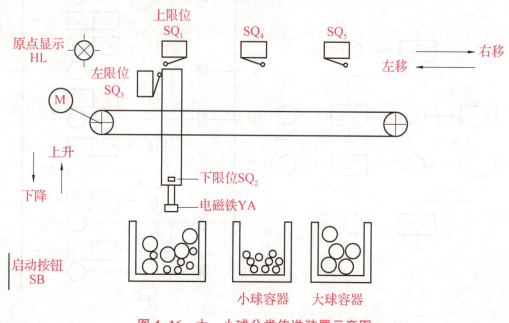

图 4-16 大、小球分类传送装置示意图

（2）大、小球判断

当电磁铁碰着小球时，下限位开关 SQ$_2$ 动作压合；当电磁铁碰着大球时，下限位开关 SQ$_2$ 不动作。

（3）工作过程

按下启动按钮 SB，装置按图 4-17 所示的大、小球分类传送规律工作（下降时间为 2 s，吸球、放球时间为 1 s）。

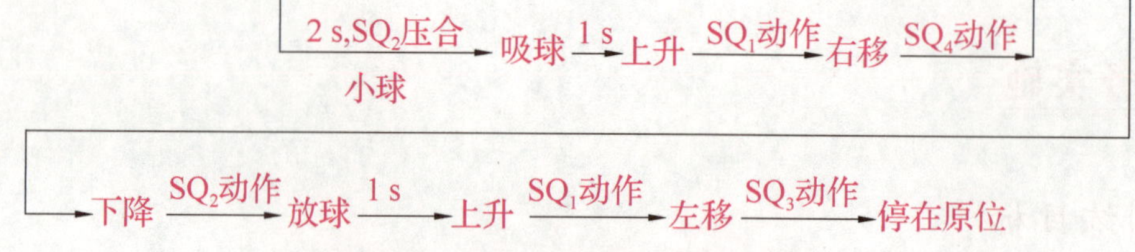

图 4-17 大、小球分类传送规律

2. 任务流程

本任务的任务流程可参照图 4-5。

（二）设备和器材

本任务所需设备和器材如表 4-9 所示。

表 4-9　所需设备和器材

序号	名称	符号	技术参数	数量	备注
1	常用电工工具			1 套	
2	万用表		MF47	1 只	
3	PLC		FX_{3U}-48MR	1 台	
4	小型三极断路器		DZ47-63	1 个	
5	控制变压器		BK100，380 V/220 V、24 V	1 个	
6	三相电源插头		16 A	1 个	
7	熔断器底座		RT18-32	10 个	
8	熔管		2 A	4 只	
9			6 A	6 只	
10	交流接触器		CJXI-12/22，220 V	4 只	
11	指示灯		24 V	1 个	
12	按钮		LA38/203	1 只	
13	行程开关		YBLX-K1/311	5 个	
14	三相笼型异步电动机	M	380 V，0.75 kW，Y 连接	2 台	
15	端子板		TB-1512L	2 块	
16	安装铁板		600 mm×700 mm	1 块	
17	导轨		35 mm	0.5 m	
18	线槽		TC3025	若干	

（三）实施步骤

根据大、小球分类传送装置的工作过程，以吸住球的大小作为选择条件，可将工作流程分成两个分支。当下限位开关 SQ_2 压合时，系统执行小球分支；反之，系统执行大球分支。显然，下限位开关 SQ_2 动作与否是判断选择不同分支执行的条件，属于步进顺序控制程序中的选择性分支。下面结合大、小球分类传送装置，介绍选择性分支步进程序设计的基本方法。

1. 分析控制要求，确定输入、输出设备

（1）分析控制要求

根据步进状态编程的思想，首先将系统的工作过程进行分解。大、小球分类传送装置工作流程示意图如图 4-18 所示。

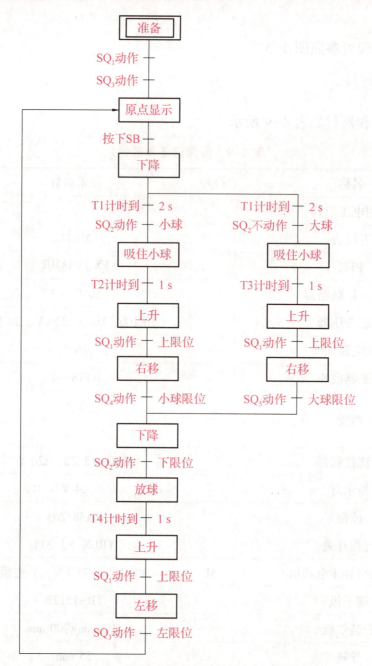

图4-18 大、小球分类传送装置工作流程示意图

(2) 确定输入设备

系统的输入设备有5个行程开关和1只按钮，PLC需用6个输入点分别和它们的动合触点相连。

(3) 确定输出设备

电动机 M_1 拖动分拣臂左移或右移，电动机 M_2 拖动分拣臂上升或下降，电磁铁 YA 吸、放球，指示灯 HL 显示原点到位。由此确定，系统的输出设备有4只接触器、1只电磁铁和1个指示灯，PLC需用6个输出点分别驱动控制两台电动机正、反转以及接触器线圈、电磁铁和指示灯。

2. I/O 分配

I/O 分配表如表4-10所示。

表 4-10 I/O 分配表

输入			输出		
设备名称	符号	X 元件编号	设备名称	符号	Y 元件编号
启动按钮	SB	X000	上升接触器	KM_1	Y000
上限位开关	SQ_1	X001	下降接触器	KM_2	Y001
下限位开关	SQ_2	X002	左移接触器	KM_3	Y002
左限位开关	SQ_3	X003	右移接触器	KM_4	Y003
小球限位开关	SQ_4	X004	吸球电磁铁	YA	Y004
大球限位开关	SQ_5	X005	原点到位指示灯	HL	Y010

3. 系统状态转移图

根据工作流程图与状态转移图的转换方法，将图 4-18 所示的系统装置流程图转换成大、小球分类传送装置状态转移图，如图 4-19 所示。

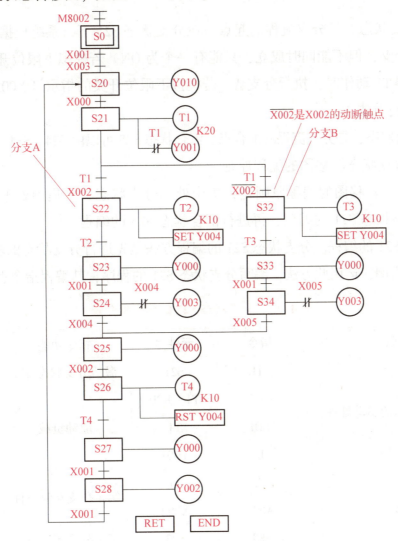

图 4-19 大、小球分类传送装置状态转移图

4. 选择性分支的状态编程

(1) 选择性分支状态转移图的特点

图 4-20 为选择性分支状态转移图，它具有以下 3 个特点。

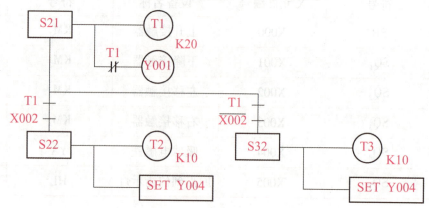

图 4-20 选择性分支状态转移图

1) 状态转移图有两个或两个以上分支。分支 A 为小球传送控制流程，分支 B 为大球传送控制流程。

2) S21 为分支状态，是分支流程的起点。在分支状态 S21 下，系统根据不同的转移条件，选择执行不同的分支，但不能同时成立，只能有一个为 ON。若模拟下限位开关的指示灯 X002 已动作，则定时器 T1 动作时，执行分支 A；若模拟下限位开关的指示灯 X002 未动作，则定时器 T1 动作时，执行分支 B。

3) S25 为汇合状态，是分支流程的汇合点。汇合状态 S25 可以由 S24、S34 中的任一状态驱动。

(2) 选择性分支状态转移图的编程原则

选择性分支状态转移图的编程原则是先集中处理分支状态，后集中处理汇合状态。图 4-20 中，先进行分支状态 S21 的编程，再进行汇合状态 S25 的编程。

1) 分支状态 S21 的编程。分支状态 S21 的编程方法是先进行分支状态的驱动处理，再依次转移。以图 4-20 为例，运用此方法，编写分支状态 S21 的程序，其编程指令表如表 4-11 所示。

表 4-11 分支状态 S21 的编程指令表

编程步骤	指令	元件号	指令功能	备注
第1步：分支状态的驱动处理	STL	S21	激活分支状态 S21	
	OUT	T1 K20	驱动负载	
	LDI	T1		
	OUT	Y001		
第2步：依次转移	LD	T1	第1分支转移条件	向第1分支转移
	AND	X002		
	SET	S22	第1分支转移方向	

续表

编程步骤	指令	元件号	指令功能	备注
第2步：依次转移	LD	T1	第2分支转移条件	向第2分支转移
	ANI	X002		
	SET	S32	第2分支转移方向	

2）汇合状态 S25 的编程。汇合状态 S25 的编程方法是先依次进行汇合前所有状态的驱动处理，再依次向汇合状态转移。以图 4-21 所示的汇合状态 S25 的编程状态转移图为例，运用此方法，编写汇合状态 S25 的编程指令表，如表 4-12 所示。

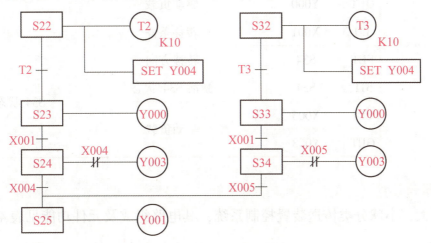

图 4-21　汇合状态 S25 的编程状态转移图

表 4-12　汇合状态 S25 的编程指令表

编程步骤		指令	元件号	指令功能	备注
第1步：依次进行汇合前所有状态的驱动处理	第1分支	STL	S22	激活 S22 状态	S22 状态的驱动处理
		OUT	T2 K10	驱动负载	
		SET	Y004		
		LD	T2	转移条件	
		SET	S23	转移方向	
		STL	S23	激活 S23 状态	S23 状态的驱动处理
		OUT	Y000	驱动负载	
		LD	X001	转移条件	
		SET	S24	转移方向	
		STL	S24	激活 S24 状态	S24 状态的驱动处理
		LDI	X004	驱动负载	
		OUT	Y003		

编程步骤		指令	元件号	指令功能	备注
第2步：依次汇合状态转移	第2分支	STL	S32	激活 S32 状态	S32 状态的驱动处理
		OUT	T3 K10	驱动负载	
		SET	Y004		
		LD	T3	转移条件	
		SET	S33	转移方向	
		STL	S33	激活 S33 状态	S33 状态的驱动处理
		OUT	Y000	驱动负载	
		LD	X001	转移条件	
		SET	S34	转移方向	
		STL	S34	激活 S34 状态	S34 状态的驱动处理
		LDI	X005	驱动负载	
		OUT	Y003		

5. 系统电路图

图 4-22 为大、小球分类传送装置控制系统，其电路组成及元件功能见表 4-13。

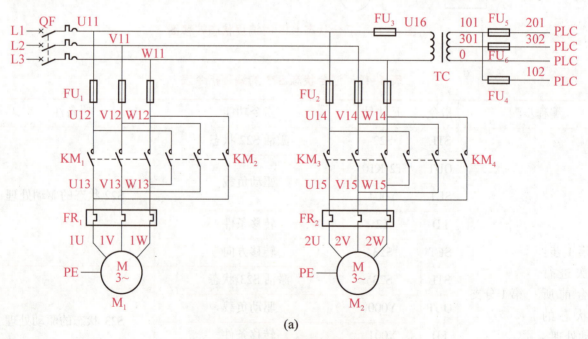

(a)

图 4-22 大、小球分类传送装置控制系统

(a) 电路图

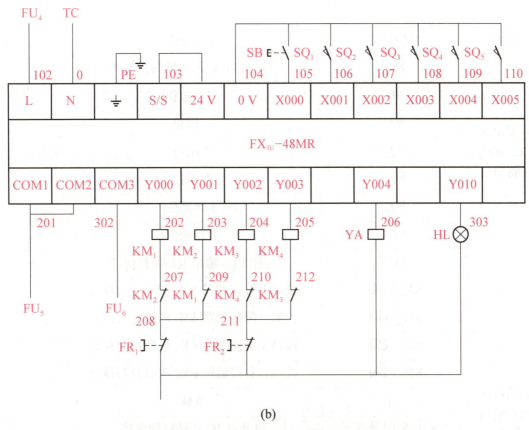

图 4-22 大、小球分类传送装置控制系统（续）

(b) I/O 接线图

表 4-13 大、小球分类传送装置电路组成及元件功能

序号	电路名称	电路组成	元件功能	备注
1	主电路	QF	用作电源开关	
2		FU_3	用作变压器短路保护	
3		TC	给 PLC 及 PLC 输出设备提供电源	
4		FU_1	用作电动机 M_1 的电源短路保护	
5		KM_1 主触点	控制电动机 M_1 的正转	
6		KM_2 主触点	控制电动机 M_1 的反转	
7		FR_1	用作电动机 M_1 的过载保护	
8		M_1	升降电动机	
9		FU_2	用作电动机 M_2 的电源短路保护	
10		KM_3 主触点	控制电动机 M_2 的正转	
11		KM_4 主触点	控制电动机 M_2 的反转	
12		FR_2	用作电动机 M_2 的过载保护	
13		M_2	水平移动电动机	

续表

序号	电路名称	电路组成	元件功能	备注
14	控制电路 PLC 输入部分	FU_4	用作 PLC 电源电路短路保护	
15		SB	启动按钮	
16		SQ_1	上限位	
17		SQ_2	下限位	
18		SQ_3	左限位	
19		SQ_4	小球限位	
20		SQ_5	大球限位	
21	控制电路 PLC 输出部分	FU_5	用作 PLC 输出电路短路保护	
22		KM_1 线圈	控制上升接触器 KM_1 的吸合与释放	
23		KM_2 线圈	控制下降接触器 KM_2 的吸合与释放	
24		KM_3 线圈	控制左移接触器 KM_3 的吸合与释放	
25		KM_4 线圈	控制右移接触器 KM_4 的吸合与释放	
26		YA	吸球	
27		KM_1 常闭触点	电动机 M_1 正转联锁保护	
28		KM_2 常闭触点	电动机 M_1 反转联锁保护	
29		KM_3 常闭触点	电动机 M_2 正转联锁保护	
30		KM_4 常闭触点	电动机 M_2 反转联锁保护	
31		FU_6	用作 PLC 输出电路短路保护	
32		HL	原点到位显示	

6. 绘制控制系统接线图

根据图 4-22 绘制大、小球分类传送装置控制系统接线图,如图 4-23 所示。注意:实验安装时用 KM 代替 YA。

7. 安装电路

(1) 检查元件

检查元件的规格是否符合要求、质量是否完好。

(2) 固定元件

按照绘制的接线图固定元件。

(3) 配线安装

根据配线原则及工艺要求,对照绘制的控制系统接线图进行配线安装,包括:

1) 板上元件的配线安装;

2) 外围设备的配线安装。

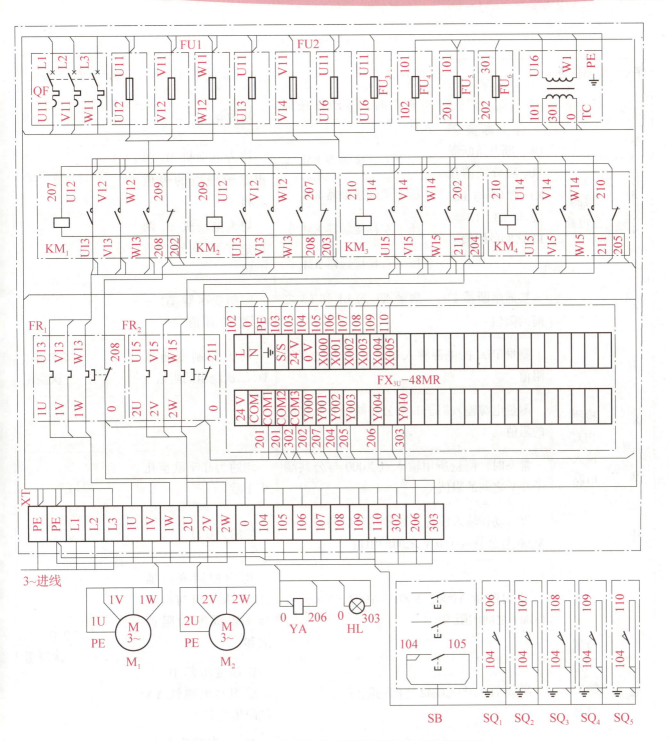

图 4-23 大、小球分类传送装置控制系统接线图

(4) 自检

1) 检查布线。对照控制系统接线图检查是否掉线、错线,是否漏编、错编,接线是否牢固等。

2) 使用万用表检测。按表 4-14 使用万用表检测安装的电路,如果测量阻值与正确阻值不符,则应根据控制系统接线图检查是否有错线、掉线、错位、短路等。

表 4-14　万用表的检测过程

序号	检测任务	操作方法		正确阻值	测量阻值	备注
1	检测主电路	合上断路器 QF，断开熔断器 FU_3 后分别测量 XT 的 L1 与 L2、L2 与 L3、L3 与 L1 之间的阻值	常态时，不动作任何元件	均为∞		
2			压下上升接触器 KM_1	均为电动机 M_1 两相定子绕组的阻值之和		
3			压下下降接触器 KM_2			
4			压下左移接触器 KM_3	均为电动机 M_2 两相定子绕组的阻值之和		
5			压下右移接触器 KM_4			
6		接通熔断器 FU_3，测量 XT 的 L1 和 L3 之间的阻值		控制变压器 TC 一次绕组的阻值		
7	检测 PLC 输入电路	测量 PLC 的电源输入端子 L 与 N 之间的阻值		约为控制变压器 TC 二次绕组的阻值		220 V 二次绕组
8		测量电源输入端子 L 与公共端子 0 V 之间的阻值		∞		
9		常态时，测量所用输入点 X000 与公共端子 0 V 之间的阻值		均约为几千欧至几十千欧		
10		逐一动作输入设备，测量其对应的输入点 X000 与公共端子 0 V 之间的阻值		均约为 0 Ω		
11	检测 PLC 输出电路	分别测量 Y000、Y001、Y002、Y003 与 COM1 之间的阻值		均为控制变压器 TC 二次绕组与接触器 KM 线圈的阻值之和		220 V 二次绕组
12		测量 Y004 与 COM2 之间的阻值		控制变压器 TC 二次绕组与电磁铁 YA 的阻值之和		
13		测量 Y010 与 COM3 之间的阻值		TC 二次绕组与原点到位显示指示灯 HL 的阻值之和		24 V 二次绕组
14	检测完毕，断开断路器 QF					

（5）通电观察 PLC 的 LED 指示灯

经自检，确认电路正确且无安全隐患后，在教师监护下，按照表 4-15 观察 PLC 的 LED 指示灯显示情况并做好记录。

表 4-15 通电观察 PLC 的 LED 指示灯显示情况

步骤	操作内容	LED	正确结果	观察结果	备注
1	先插上电源插头,再合上断路器 QF	POWER	点亮		已通电,注意安全
		所有 IN	均不亮		
2	RUN/STOP 开关拨至 RUN 位置	RUN	点亮		
3	RUN/STOP 开关拨至 STOP 位置	RUN	熄灭		
4	按下启动按钮 SB	IN0	点亮		
5	上限位开关 SQ1 动作	IN1	点亮		
6	下限位开关 SQ2 动作	IN2	点亮		
7	左限位开关 SQ3 动作	IN3	点亮		
8	小球限位开关 SQ4 动作	IN4	点亮		
9	大球限位开关 SQ5 动作	IN5	点亮		
10	拉下断路器 QF 后,拔下电源插头	POWER	熄灭		已断电,做了吗?

(四) 分析与思考

1) 选择性分支的编程原则有哪些?

2) 在进行汇合前所有状态的驱动处理时,有哪些需要注意的?

3) 选择序列顺序控制程序设计的技巧有哪些?

四、考核任务

大、小球分类传送装置控制考核表如表 4-16 所示。

表 4-16 大、小球分类传送装置控制考核表

序号	考核内容	考核要求	评分标准	配分	得分
1	系统安装	1. 会安装元件 2. 按控制系统接线图完整、正确及规范地接线 3. 按照要求编号	1. 元件松动,每处扣 2 分;元件损坏,每处扣 4 分 2. 错、漏线,每处扣 2 分 3. 反圈、压皮、松动,每处扣 2 分 4. 错、漏编号,每处扣 1 分	30	
2	编程操作	1. 正确绘制状态转移图 2. 会建立程序新文件 3. 正确输入指令表 4. 正确保存文件 5. 会传送程序	1. 绘制状态转移图错误,扣 5 分 2. 不能建立程序新文件或建立错误,扣 4 分 3. 输入指令表错误,每处扣 2 分 4. 保存文件错误,扣 4 分 5. 传送程序错误,扣 4 分	40	

序号	考核内容	考核要求	评分标准	配分	得分
3	运行操作	1. 操作运行系统，分析操作结果 2. 会监控梯形图	1. 系统通电操作错误，每步扣 3 分 2. 分析操作结果错误，每处扣 2 分 3. 监控梯形图错误，每处扣 2 分	30	
4	安全文明生产	自觉遵守安全文明生产规程	1. 每违反一项规定，扣 3 分 2. 发生安全事故，按 0 分处理 3. 漏接接地线，每处扣 5 分		
5	定额时间	4 h	1. 提前正确完成，每 5 min 加 2 分 2. 超过规定时间，每 5 min 扣 2 分		
6	开始时间		结束时间	实际时间	成绩
7	收获体会：			学生签名：　　　　年　月　日	
8	教师评语：			教师签名：　　　　年　月　日	

五、拓展知识

用辅助继电器设计选择性分支的顺序控制程序与单流程的编程方法相似，选择性分支的顺序功能图如图 4-24 所示。图中，M1 与 X001 动合触点串联的结果为向第 1 分支转移的条件；M1 与 X011 动合触点串联的结果为向第 2 分支转移的条件；M3 与 X003 动合触点串联的结果为第 1 分支向汇合状态转移的条件；M6 与 X013 动合触点串联的结果为第 2 分支向汇合状态转移的条件。转换后的梯形图如图 4-25 所示。

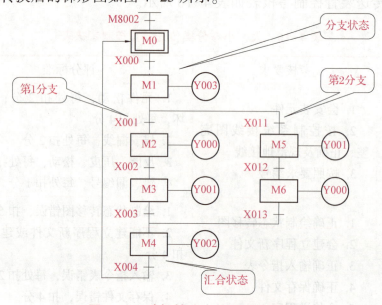

图 4-24　选择性分支的顺序功能图

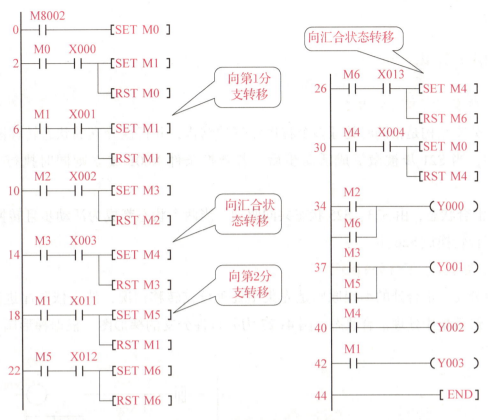

图 4-25 选择性分支的梯形图

六、总结任务

本任务首先介绍了选择序列分支和汇合的编程方法,然后以大、小球分类传送装置控制为例,分析了步进梯形指令在选择序列编程中的具体应用;学生在此基础上,应懂得如何识读选择性分支状态转移图,学会选择性分支的状态编程方法,能够独立完成了大、小球分类传送装置控制系统的安装、调试与监控。

任务三 十字路口交通信号灯的 PLC 控制

一、引入任务

在繁华的都市,为了使交通顺畅,交通信号灯起到非常重要的作用。常见的交通信号灯有主干道上的十字路口交通信号灯,以及为保障行人通过人行横道时车道的安全和道路的通畅而设置的人行横道交通信号灯。交通信号灯是我们日常生活中常见的一种无人控制信号灯,它们的正常运行直接关系着交通的安全状况。

本任务以十字路口交通信号灯的 PLC 控制为例,进一步介绍顺序控制并行序列步进指令的编程方法。

二、相关知识

1. 并行性分支结构

并行性分支结构是指同时处理多个程序流程的结构，并行性分支的状态转移图如图 4-26 所示。图中，当 S21 步被激活成活动步后，若转换条件 X001 成立则同时执行左、右分支程序。

S26 为汇合状态，由 S23、S25 状态共同驱动，当两个状态都成为活动步且转换条件 X004 成立时，汇合转换成 S26 步。

2. 并行性分支、汇合处的编程

并行性分支、汇合处的编程原则是先集中处理分支转移情况，然后依顺序进行各分支程序的处理，最后集中处理汇合状态。图 4-27 为并行性分支的梯形图，根据梯形图可以写出指令表。

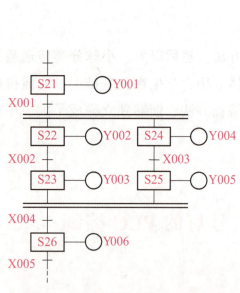

图 4-26 并行性分支的状态转移图

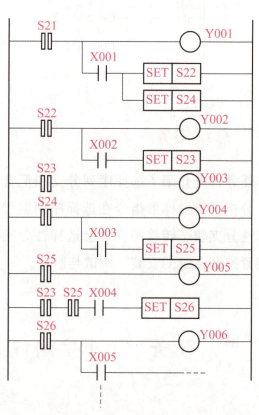

图 4-27 并行性分支的梯形图

3. 并行性分支结构编程的注意事项

并行性分支结构编程时应注意以下 2 点。

1) 并行性分支结构最多能实现 8 个分支汇合。

2) 在并行性分支、汇合处不允许有图 4-28（a）所示的不正确的转移条件，而必须将其转化为图 4-28（b）所示的正确的结构后再进行编程。

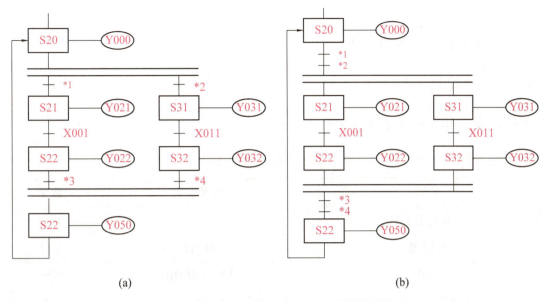

图 4-28 并行性分支、汇合处的编程

(a) 不正确的转移条件；(b) 正确的结构

三、任务实施

(一) 训练目标

1) 根据控制要求绘制并行序列顺序功能图，并用步进指令将其转换成梯形图和指令表。

2) 初步学会并行序列顺序控制步进指令设计的方法。

3) 学会 FX_{3U} 系列 PLC 的外部接线方法。

4) 熟练使用 GX Developer 编程软件进行步进指令程序输入，并写入 PLC 进行调试运行，查看运行结果。

1. 任务要求

本任务是安装与调试十字路口交通信号灯 PLC 控制系统。系统控制要求是当无人过马路时，车道常开绿灯，人行横道开红灯。若有人过马路，则按下 SB_1 或 SB_2，交通信号灯的变化如图 4-29 所示。

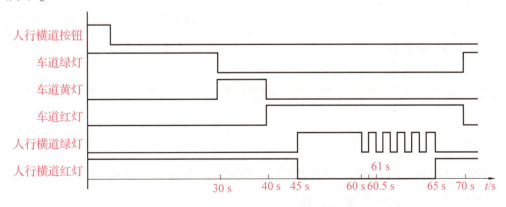

图 4-29 十字路口交通信号灯控制时序图

2. 任务流程

本任务的任务流程可参考图 4-5。

(二) 设备和器材

本任务所需设备和器材如表 4-17 所示。

表 4-17 所需设备和器材

序号	名称	技术参数	数量	备注
1	常用电工工具		1 套	
2	万用表	MF47	1 只	
3	PLC	FX_{3U}-48MR	1 台	
4	小型两极断路器	DZ47-63	1 个	
5	控制变压器	BK100,380 V/220 V、24 V	1 个	
6	三相电源插头	16 A	1 个	
7	熔断器底座	RT18-32	3 个	
8	熔管	2 A	3 只	
9	按钮	LA38/203	1 只	
10	指示灯	24 V	6 个	
11	端子板	TB-1512L	2 块	
12	安装铁板	600 mm×700 mm	1 块	
13	导轨	35 mm	0.5 m	
14	线槽	TC3025	若干	
15	铜导线	BVR-1.5 mm^2	2 m	双色
16		BVR-1.0 mm^2	5 m	
17	紧固件	M4×20 螺钉	若干	
18		M4 螺母	若干	
19		ϕ4 垫圈	若干	
20	编码管	ϕ1.5	若干	
21	编码笔	小号	1 支	

(三) 实施步骤

十字路口交通信号灯 PLC 程序设计步骤包括分析控制要求、分配 I/O、设计状态转移图、绘制电路图并安装电路、编程并调试系统。

1. 分析控制要求，确定输入/输出设备

（1）分析控制要求

按下 SB_1 或 SB_2，车道绿灯点亮 30 s 后，车道黄灯点亮 10 s，接着车道红灯点亮 30 s；车道绿灯点亮时，人行横道红、绿灯均开始计时，45 s 后人行横道绿灯点亮，15 s 后开始闪烁 5 s 后熄灭，进入下一循环，人行横道绿灯点亮和闪烁时人行横道红灯不得点亮。

（2）确定输入设备

根据上述分析，人行横道两侧各分布部按钮 SB_1、SB_2。

（3）确定输出设备

由时序图可知，系统的输出设备有 5 只交通信号灯，PLC 需用 5 个输出点分别驱动控制它们。

2. I/O 分配

I/O 分配表如表 4-18 所示。

表 4-18　I/O 分配表

输入			输出		
设备名称	符号	X 元件编号	设备名称	符号	Y 元件编号
启动按钮	SB_1	X000	车道绿灯	HL_1	Y000
启动按钮	SB_2	X001	车道黄灯	HL_2	Y001
			车道红灯	HL_3	Y002
			人行横道绿灯	HL_4	Y003
			人行横道红灯	HL_5	Y004

3. 系统状态转移图

根据工作流程图与状态转移图的转换方法，将图 4-30 所示的十字路口交通信号灯控制系统工作流程图转换成十字路口交通信号灯控制系统（并行分支）状态转移图，如图 4-31 所示。

4. 并行分支的状态编程

（1）并行分支状态转移图的特点

图 4-31 所示的并行分支状态转移图，具有以下 3 个特点。

红绿灯控制

1）状态转移图有两个或两个以上分支。分支 A 为车道指示灯工作流程，分支 B 为人行横道指示灯工作流程。

2）S0 为分支与汇合状态，是分支流程的起点。在分支与汇合状态 S0 下，当共用的转移条件即模拟启动按钮的指示灯 X000 成立时，同时向两个分支流程转移。当模拟启动按钮的指示灯 X000 或 X001 为 ON 时，同时执行分支 A 和分支 B。

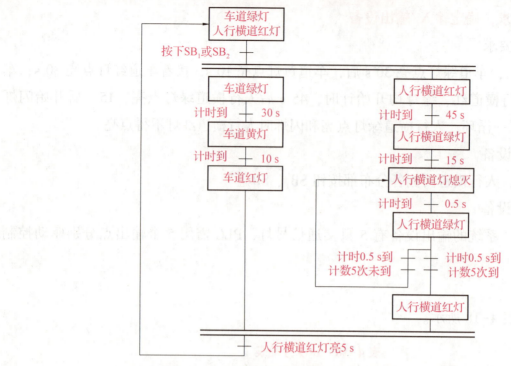

图 4-30　十字路口交通信号灯控制系统工作流程图

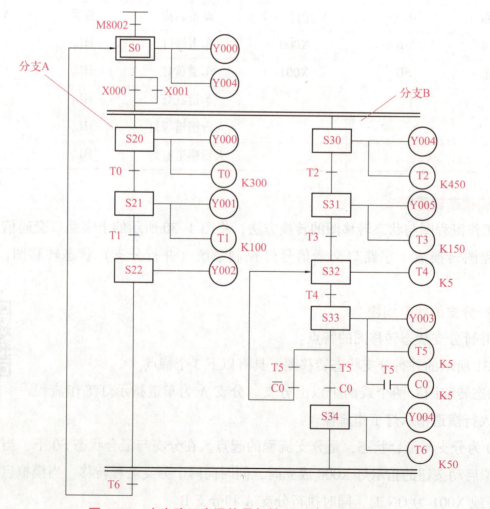

图 4-31　十字路口交通信号灯控制系统状态转移图

分支与汇合状态 S0 必须在分支流程全部执行完毕后，当转移条件成立时才被激活。分支流程全部执行结束，即 S22 状态和 S34 状态都被激活，当 T6 为 ON 时，分支与汇合状态 S0 开启。若其中某一分支没有执行完毕，即使转移条件成立，也不能向汇合状态转移。

（2）并行分支状态转移图的编程原则

并行分支状态转移图的编程原则是先集中处理分支状态，再集中处理汇合状态。例如，图 4-31 中，先进行分支状态 S0 的编程，再进行汇合状态 S0 的编程。

1）分支状态 S0 的编程。分支状态 S0 的编程方法是先进行分支状态的驱动处理，再依次转移。以图 4-32 为例，运用此方法，编写分支与汇合状态 S0 的程序。

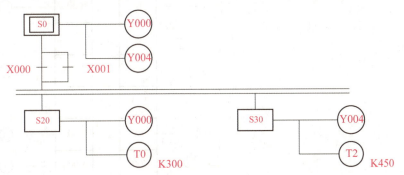

图 4-32 分支与汇合状态 S0 的状态转移图

2）汇合状态 S0 的编程。汇合状态 S0 的编程方法是先依次进行汇合前的所有状态的驱动处理，再依次向汇合状态转移。以图 4-33 为例，运用此方法，编写分支与汇合状态 S0 的程序。

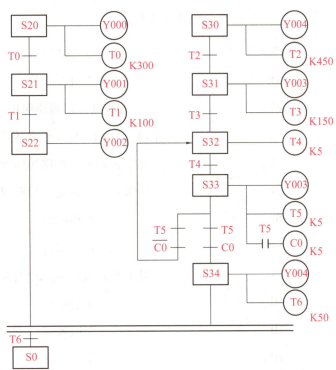

图 4-33 分支与汇合状态 S0 的状态转移图

5. 系统电路图

图4-34为十字路口交通信号灯控制系统I/O接线图，其电路组成及元件功能如表4-19所示。

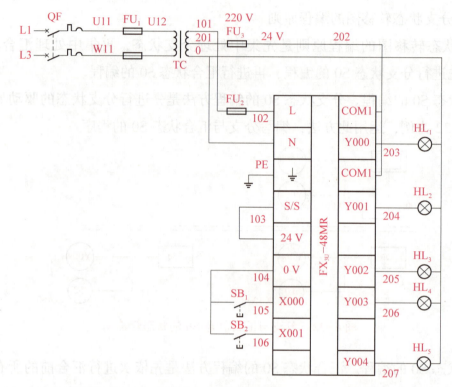

图4-34 十字路口交通信号灯控制系统I/O接线图

表4-19 电路组成及元件功能

序号	电路名称	电路组成	元件功能	备注
1	电源电路	QF	用作电源开关	
2	电源电路	FU_1	用作变压器短路保护	
3	电源电路	TC	给PLC及PLC输出设备提供电源	
4	电源电路	FU_3	用作PLC输出电路短路保护	
5	控制电路 / PLC输入电路	FU_2	用作PLC电源电路短路保护	
6	控制电路 / PLC输入电路	SB_1	启动按钮	
7	控制电路 / PLC输入电路	SB_2	启动按钮	
8	控制电路 / PLC输出电路	FU_3	用作PLC输出电路短路保护	
9	控制电路 / PLC输出电路	HL_1	车道绿灯	
10	控制电路 / PLC输出电路	HL_2	车道黄灯	
11	控制电路 / PLC输出电路	HL_3	车道红灯	
12	控制电路 / PLC输出电路	HL_4	人行横道绿灯	
13	控制电路 / PLC输出电路	HL_5	人行横道红灯	

6. 绘制控制系统接线图

根据图 4-34 绘制十字路口交通信号灯控制系统接线图，如图 4-35 所示。

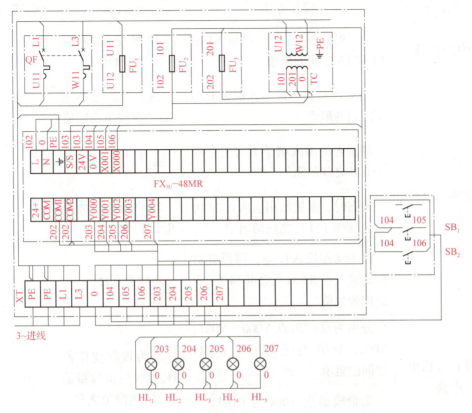

图 4-35 十字路口交通信号灯控制系统接线图

7. 安装电路

（1）检查元件

根据要求配齐元件，检查元件的规格是否符合要求、质量是否完好。

（2）固定元件

按照绘制的接线图固定元件。

（3）配线安装

根据配线原则及工艺要求，对照绘制的控制系统接线图进行配线安装，包括：

1）板上元件的配线安装；

2）外围设备的配线安装。

（4）自检

1）检查布线。对照控制系统接线图检查是否掉线、错线，是否漏编、错编，接线是否牢固等。

2）使用万用表检测。检测过程如表 4-20 所示，如果测量阻值与正确阻值不符，人行横道与车道灯控制系统安装不符，则应根据控制系统接线图检查是否有错线、掉线、错位、短路等。

表 4-20　万用表的检测过程

序号	检测任务	操作方法	正确阻值	测量阻值	备注
1	检测电源电路	合上断路器 QF 后，测量 XT 的 L1 和 L3 之间的阻值	控制变压器 TC 一次绕组的阻值		
2	检测输入电路	测量 PLC 的电源输入端子 L 与 N 之间的阻值	约为控制变压器 TC 二次绕组的阻值		220 V 二次绕组
3		测量电源输入端子 L 与公共端子 0 V 之间的阻值	∞		
4		常态时，测量所用输入点 X000 与公共端子 0 V 之间的阻值	均约为几千欧至几十千欧		
5		逐一动作输入设备，测量其对应的输入点 X000 与公共端子 0 V 之间的阻值	均约为 0 Ω		
6	检测 PLC 输出电路	分别测量输出点 Y000、Y001、Y002、Y003 与公共端子 COM1 之间的阻值	均为控制变压器 TC 二次绕组与指示灯 HL 的阻值之和		24 V 二次绕组
7		测量输出点 Y004 与 COM2 之间的阻值			
8	检测完毕，断开熔断器 QF				

(5) 通电观察 PLC 的 LED

经自检，确认电路正确和无安全隐患后，在教师监护下，按照表 4-21 观察 PLC 的 LED 指示灯显示情况并做好记录。

表 4-21　通电观察 PLC 的 LED 指示灯显示情况

步骤	操作内容	LED	正确结果	观察结果	备注
1	先插上电源插头，再合上断路器 QF	POWER	点亮		已通电，注意安全
		所有 IN	均不亮		
2	RUN/STOP 开关拨至 RUN 位置	RUN	点亮		
3	RUN/STOP 开关拨至 STOP 位置	RUN	熄灭		
4	按下启动按钮 SB$_1$	IN0	点亮		
5	按下启动按钮 SB$_2$	IN1	点亮		
6	拉下断路器 QF 后，拔下电源插头	POWER	熄灭		已断电，做了吗？

（四）分析与思考

1）如果十字路口交通信号灯控制用基本指令编程，梯形图如何设计？
2）如果十字路口交通信号灯控制用单序列步进指令编程，程序如何设计？

四、考核任务

十字路口交通信号灯控制考核表如表4-22所示。

表4-22 十字路口交通信号灯控制考核表

序号	考核内容	考核要求	评分标准	配分	备注
1	系统安装	1. 会安装元件 2. 按控制系统接线图完整、正确及规范地接线 3. 按照要求编号	1. 元件松动，每处扣2分；元件损坏，每处扣4分 2. 错、漏线，每处扣2分 3. 反圈、压皮、松动，每处扣2分 4. 错、漏编号，每处扣1分	30	
2	编程操作	1. 正确绘制状态转移图 2. 会建立程序新文件 3. 正确输入指令表 4. 正确保存文件 5. 会传送程序	1. 绘制状态转移图错误，扣5分 2. 不能建立程序新文件或建立错误，扣4分 3. 输入指令表错误，每处扣2分 4. 保存文件错误，扣4分 5. 传送程序错误，扣4分	40	
3	运行操作	1. 操作运行系统，分析操作结果 2. 会监控梯形图	1. 系统通电操作错误，每步扣3分 2. 分析操作结果错误，每处扣2分 3. 监控梯形图错误，每处扣2分	30	
4	安全文明生产	自觉遵守安全文明生产规程	1. 每违反一项规定，扣3分 2. 发生安全事故，按0分处理 3. 漏接接地线，每处扣5分		
5	定额时间	3 h	1. 提前正确完成，每5 min加2分 2. 超过规定时间，每5 min扣2分		
6	开始时间		结束时间	实际时间	成绩
7	收获体会： 学生签名：　　　年　月　日				
8	教师评语： 教师签名：　　　年　月　日				

五、拓展知识

用辅助继电器设计并行分支的顺序控制程序。与单流程的编程方法相似，并行分支的顺序功能图如图4-36所示。图中，M0与X000动合触点串联的结果为向各分支流程转移的条件。M2、M5与X002动合触点串联的结果为分支流程向汇合状态转移的条件，转换后的梯形图如图4-37所示。

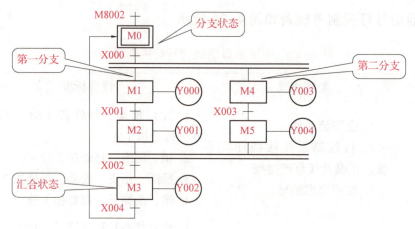

图4-36　并行分支的顺序功能图

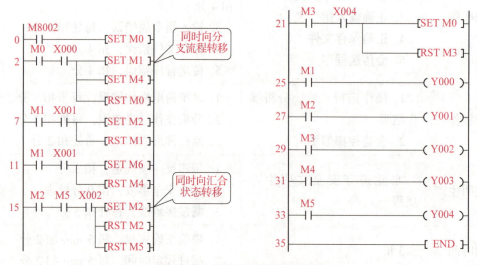

图4-37　并行分支的梯形图

六、总结任务

本任务以十字路口交通信号灯为载体，介绍了并行序列分支和汇合的编程方法，然后以用按钮控制人行横道交通信号灯为例，分析了步进指令在并行序列编程中的具体应用；学生在此基础上进行十字路口交通信号灯控制的程序编制、程序输入和调试运行，应对顺序控制STL指令编程方式有一定的掌握，理解所学知识。

习 题

一、选择题

1. PLC 设计规范中，RS232 通信的距离是（　　）。
   A. 1 300 m　　　　B. 200 m　　　　C. 30 m　　　　D. 15 m

2. PLC 的 RS485 专用通信模块的通信距离是（　　）。
   A. 1 300 m　　　　B. 200 m　　　　C. 500 m　　　　D. 15 m

3. 工业中控制电压一般是（　　）V。
   A. 24　　　　B. 36　　　　C. 110　　　　D. 220

4. 工业中的控制电压一般是（　　）电压。
   A. 交流　　　　B. 直流　　　　C. 混合式　　　　D. 交变电压

5. 电磁兼容性英文缩写是（　　）
   A. MAC　　　　B. EMC　　　　C. CME　　　　D. AMC

6. 在 PLC 自控系统中，对于温度控制，可用（　　）扩展模块。
   A. FX_{3U}-4AD　　　　　　　　　B. FX_{3U}-4DA
   C. FX_{3U}-4AD-TC　　　　　　　D. FX_{0N}-3A

7. FX_{3U} 系列普通输入点，其输入响应时间大约是（　　）。
   A. 100 ms　　　　B. 10 ms　　　　C. 15 ms　　　　D. 30 ms

8. 下列器件可作为 PLC 控制系统输出执行部件的是（　　）。
   A. 按钮　　　　B. 行程开关　　　　C. 接近开关　　　　D. 交流接触器

9. PLC 是在（　　）控制系统基础上发展起来的。
   A. 电控制系统　　　　B. 单片机　　　　C. 工业电脑　　　　D. 机器人

10. FX_{3U} 系列最多能扩展到（　　）个点。
    A. 30　　　　B. 128　　　　C. 256　　　　D. 1 000

11. M8013 的脉冲输出周期是（　　）。
    A. 5 s　　　　B. 13 s　　　　C. 10 s　　　　D. 1 s

12. M8013 的脉冲的占空比是（　　）。
    A. 50%　　　　B. 100%　　　　C. 40%　　　　D. 60%

13. 当 PLC 外部接点坏了以后，换到另外一个好的点上时，要用软件中的（　　）菜单进行操作。
    A. 寻找　　　　B. 替换　　　　C. 指令寻找　　　　D. 都不对

14. 当 PLC 电池电压降低至下限时，应（　　）。
    A. 没关系　　　　B. 及时更换电池　　　　C. 拆下电池不管　　　　D. 都不对

15. FX$_{3U}$系列中 LDP 表示（　　）指令。

　A. 下降沿　　　　B. 上升沿　　　　C. 输入有效　　　　D. 输出有效

16. 工业级模拟量中，（　　）更容易受干扰。

　A. μA 级　　　　B. mA 级　　　　C. A 级　　　　D. 10 A 级

17. 一般而言，FX$_{3U}$系列的 AC 输入电源电压范围是（　　）。

　A. DC 24 V　　　B. AC 220~380 V　　C. AC 86~264 V　　D. AC 24~220 V

18. FX$_{3U}$系列一个晶体管输出点输出电压是（　　）。

　A. DC 12 V　　　B. AC 110 V　　　C. AC 220 V　　　D. DC 24 V

19. FX$_{3U}$系列一个晶体管输出点输出电流是（　　）。

　A. 1 A　　　　B. 200 mA　　　C. 300 mA　　　D. 2 A

20. FX$_{3U}$系列输出点中，继电器一个点最大的通过电流是（　　）。

　A. 1 A　　　　B. 200 mA　　　C. 300 mA　　　D. 2 A

21. PLC 的 RS485 专用通讯板的通信距离是（　　）。

　A. 1 300 m　　　B. 200 m　　　C. 500 m　　　D. 50 m

22. 在 PLC 自控系统中，对于压力输入，可用（　　）扩展模块。

　A. FX$_{3U}$-4AD　　B. FX$_{3U}$-4DA　　C. FX$_{3U}$-4AD-TC　　D. FX$_{3U}$-232BD

23. FX$_{3U}$系列中，16 位的内部计数器，其计数数值最大可设定为（　　）。

　A. 32 768　　　B. 32 767　　　C. 10 000　　　D. 100 000

24. FX 主机，读取特殊扩展模块数据，应采用（　　）指令。

　A. FROM　　　B. TO　　　　C. RS　　　　D. PID

25. FX 主机，写入特殊扩展模块数据，应采用（　　）指令。

　A. FROM　　　B. TO　　　　C. RS　　　　D. PID

二、设计题

1. 设计交通红绿灯 PLC 控制系统，控制要求如下：

1）东西向：绿亮 5 s，绿闪 3 次，黄亮 2 s；红亮 10 s；

2）南北向：红亮 10 s，绿亮 5 s，绿闪 3 次，黄亮 2 s。

2. 设计彩灯顺序控制系统，控制要求如下：

1）A 亮 1 s，灭 1 s；B 亮 1 s，灭 1 s；

2）C 亮 1 s，灭 1 s；D 亮 1 s，灭 1 s；

3）A、B、C、D 亮 1 s，灭 1 s；

4）循环 3 次。

3. 设计电动机正反转控制系统，控制要求如下：

正转 3 s，停 2 s，反转 3 s，停 2 s，循环 3 次。

4. 用 PLC 对自动售汽水机进行控制，工作要求如下：

1）此售货机可投入 1 元、2 元硬币，投币口为 LS$_1$，LS$_2$；

2）当投入的硬币总值大于等于 6 元时，汽水指示灯 L_1 亮，此时如果按下汽水按钮 SB，则汽水口 L_2 出汽水，12 s 后自动停止；

3）不找钱，不结余，下一位投币又重新开始。

试设计 I/O 端口，画出 PLC 的 I/O 口硬件连接图并进行连接；画出状态转移图或梯形图。

5. 设计电镀生产线 PLC 控制系统，控制要求如下：

1）$SQ_1 \sim SQ_4$ 为行车进、退限位开关，$SQ_5 \sim SQ_6$ 为上、下限位开关；

2）工件升至上限位开关 SQ_5 停，行车进至进限位开关 SQ_1 停，放下工件至下限位开关 SQ_6，电镀 10 s，工件升至上限位开关 SQ_5 停，滴液 5 s，行车退至上限位开关 SQ_2 停，放下工件至下限位开关 SQ_6，定时 6 s，工件升至上限位开关 SQ_5 停，滴液 5 s，行车退至退限位开关 SQ_3 停，放下工件至下限位开关 SQ_6，定时 6 s，工件升至上限位开关 SQ_5 停，滴液 5 s，行车退至退限位开关 SQ_4 停，放下工件至下限位开关 SQ_6；

3）完成一次循环。

6. 某 3 台皮带运输机传输系统，分别用电动机 M_1、M_2、M_3 带动，控制要求如下：

按下启动按钮，先启动最末一台皮带电动机 M_3，经 5 s 后再依次启动其他皮带电动机，正常运行时，M_3、M_2、M_1 均工作；按下停止按钮，先停止最前面一台皮带电动机 M_1，待料送完后再依次停止其他皮带电动机。

试写出 I/O 分配表，画出梯形图。

7. 设计用传送机将大、小球分类后分别进行传送的控制系统。左上为原点，按下启动按钮 SB_1 后，其动作顺序为下降→吸收（延时 1 s）→上升→右行→下降→释放（延时 1 s）→上升→左行。其中，LS_1 为左限位；LS_3 为上限位；LS_4 为小球右限位；LS_5 为大球右限位；LS_2 为大球下限位；LS_0 为小球下限位。

注意：当机械臂下降时，若吸住大球，则大球下限位 LS_2 接通，然后将大球放到大球容器中；若吸住小球，则小球下限位 LS_0 接通，然后将小球放到小球容器中。

设计要求：1）设计 I/O 端口；2）画出梯形图；3）写出指令控制系统。

8. 某系统有两种工作方式，即手动和自动。现场的输入设备有 6 个行程开关（$ST_1 \sim ST_6$）和 2 个按钮（$SB_1 \sim SB_2$），仅供自动程序使用；6 个按钮（$SB_3 \sim SB_8$）仅供手动程序使用；4 个行程开关（$ST_7 \sim ST_{10}$）为手动、自动两程序共用。现有 CPM1A-20CDR 型 PLC，其输入点共 12 个（00000~00011），是否可以供此系统使用？若可以，则画出相应的外部输入硬件接线图。

9. 设计一个汽车库自动门控制系统，具体控制要求是，当汽车到达车库门前时，超声波开关接收到汽车来的信号，开门上升，碰到上限开关时停止上升；当汽车驶入车库后，光电开关发出信号，车库门电动机反转，车库门下降，碰到下限开关后，车库门电动机停止。试画出输入、输出设备与 PLC 的接线图，设计出梯形图并加以调试。

10. 设计电动机正、反转控制电路，要求：正、反转启动信号为 X1、X2，停车信号为 X3，输出信号为 Y2、Y3；该控制电路具有电气互锁和机械互锁功能。

11. 设计两种液体混合装置控制系统，要求：两种液体A、B需要在容器中混合成液体C待用，初始时容器是空的，所有输出均失效，当接收到启动信号时，阀门X_1打开，注入液体A；到达I时，阀门X_1关闭，阀门X_2打开，注入液体B；到达H时，阀门X_2关闭，打开加热器R；当温度传感器达到60℃时，关闭加热器R，打开阀门X_3，释放液体C；当最低位液位传感器L=0时，关闭阀门X_3进入下一个循环。按下停车按钮，要求停在初始状态。

启动信号为X0，停车信号为X1，H（X2），I（X3），L（X4），温度传感器为X5，阀门X_1（Y0），阀门X_2（Y1），加热器R（Y2），阀门X_3（Y3）。

12. 设计喷泉电路，要求：喷泉有A、B、C三组喷头，启动后，喷头A先喷5 s，然后B、C同时喷，5 s后喷头B停，再5 s后C停；继而喷头A、B又喷，2 s后，喷头C也喷，持续5 s后全部停止，再3 s后，重复上述过程。说明：A（Y0），B（Y1），C（Y2），启动信号为X0。

13. 设计通电和断电延时电路，其电路时序图如图4-38所示。要求：通电延时信号为X1，断电延时信号为Y1。

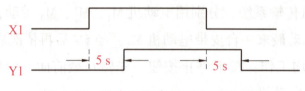

图4-38 通电和断电延时电路时序图

14. 设计按钮计数控制电路，3次亮，再两次灭。要求：输入信号为X0，输出信号为Y0。

15. 设计单按钮双路单双通控制电路，要求：使用一个按钮控制两盏灯，第1次按下时第1盏灯亮，第2盏灯灭；第2次按下时第1盏灯灭，第2盏灯亮；第3次按下时两盏灯都亮；第4次按下时两盏灯都灭。按钮信号为X1，第1盏灯信号为Y1，第2盏灯信号为Y2。

16. 设计物料传送系统控制电路，要求：图4-39为两组带机组成的原料运输自动化系统示意图。该自动化系统启动顺序为：盛料斗D中无料，先启动带机C，5 s后，再启动带机B，7 s后再打开电磁阀YV，该自动化系统停机的顺序恰好与启动顺序相反，试完成梯形图的设计。

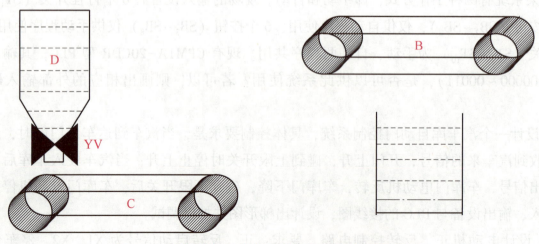

图4-39 两组带机组成的原料运输自动化系统示意图

17. 设计十字路口交通灯控制系统，要求：按下启动按钮，东西方向红灯亮，同时南北方向绿灯亮 7 s，随后南北方向绿灯闪烁 3 s，之后南北方向黄灯亮 2 s；紧接着南北方向红灯亮，东西方向绿灯亮 7 s，随后东西方向绿灯闪烁 3 s，之后东西方向黄灯亮 2 s。如此循环，实现交通灯的控制。按下停止按钮，交通灯立即停止工作。

18. 设计一个对锅炉鼓风机和引风机控制的梯形图，控制要求如下：

1）开机时首先启动引风机，10 s 后自动启动鼓风机；

2）停止时，立即关断鼓风机，20 s 后自动关断引风机。

附 录

附表 常见 Y 系列电动机技术数据

电动机型号	额定功率/kW	额定时 转速/(r·min^{-1})	电流/A	效率/%	功率因数 cosφ	堵转电流/额定电流	堵转转矩/额定转矩	最大转矩/额定转矩
Y801—2	0.75	2 825	1.9	73	0.84	7	2.2	2.2
Y802—2	1.1	2 825	2.6	76	0.86	7	2.2	2.2
Y90S—2	1.5	2 840	3.4	79	0.85	7	2.2	2.2
Y90L—2	2.2	2 840	4.7	82	0.86	7	2.2	2.2
Y100L—2	3	2 880	6.4	82	0.87	7	2.2	2.2
Y112M—2	4	2 890	8.2	85.5	0.87	7	2.2	2.2
Y132S1—2	5.5	2 900	11.1	85.2	0.88	7	2	2
Y132S2—2	7.5	2 900	15	86.2	0.88	7	2	2.2
Y160M1—2	11	2 930	21.8	87.2	0.88	7	2	2.2
Y160M2—2	15	2 930	29.4	88.2	0.88	7	2	2.2
Y160L—2	18.5	2 930	35.5	89	0.89	7	2	2.2
Y801—4	0.55	1 390	1.6	70.5	0.76	6.5	2.2	2.2
Y802—4	0.75	1 390	2.1	72.5	0.76	6.5	2.2	2.2
Y90S—4	1.1	1 400	2.7	79	0.78	6.5	2.2	2.2
Y90L—4	1.5	1 400	3.7	79	0.79	6.5	2.2	2.2
Y100L1—4	2.2	1 420	5	81	0.82	7	2.2	2.2
Y100L2—4	3	1 420	6.8	82.5	0.81	7	2.2	2.2
Y112M—4	4	1 440	8.8	84.5	0.82	7	2.2	2.2
Y132S—4	5.5	1 440	11.6	85.5	0.84	7	2.2	2.2
Y132M—4	7.5	1 440	15.4	87	0.85	7	2.2	2.2
Y160M—4	11	1 460	22.6	88	0.84	7	2.2	2.2
Y1601—4	15	1 460	30.3	88.5	0.85	7	2.2	2.2
Y180M—4	18.5	1 470	35.9	91	0.86	7	2	2.2

续表

电动机型号	额定功率/kW	额定时				堵转电流/额定电流	堵转转矩/额定转矩	最大转矩/额定转矩
		转速/(r·min^{-1})	电流/A	效率/%	功率因数 cosφ			
Y90S—6	0.75	910	2.3	72.5	0.7	6	2	2
Y90L—6	1.1	910	3.2	73.5	0.72	6	2	2
Y100L—6	1.5	940	4	77.5	0.74	6	2	2
Y112M—6	2.2	940	5.6	80.5	0.74	6	2	2
Y132S—6	3	960	7.2	83	0.76	6.5	2	2
Y132M1—6	4	960	9.4	84	0.77	6.5	2	2
Y132M2—6	5.5	960	12.6	85.3	0.78	6.5	2	2
Y160M—6	7.5	970	17	86	0.78	6.5	2	2
Y160L—6	11	970	24.6	87	0.78	6.5	2	2
Y180L—6	15	970	31.6	89.5	0.81	6.5	1.8	2
Y200L1—6	18.5	970	37.7	89.8	0.83	6.5	1.8	2
Y132S—8	2.2	710	5.8	81	0.71	5.5	2	2
Y132M—8	3	710	7.7	82	0.72	5.5	2	2
Y160M1—8	4	720	9.9	84	0.73	6	2	2
Y160M2—8	5.5	720	13.3	85	0.74	6	2	2
Y100L—8	7.5	720	17.7	86	0.75	5.5	2	2
Y180L—8	11	730	25.1	86.5	0.77	6	1.7	2
Y200L—8	15	730	34.1	88	0.76	6	1.8	2
Y225S—8	18.5	730	41.3	89.5	0.76	6	1.7	2

参 考 文 献

[1] 王炳实. 机床电气控制[M]. 4版. 北京：机械工业出版社，2010.
[2] 隋振有. 中低压电控实用技术[M]. 北京：机械工业出版社，2004.
[3] 卢斌. 数控机床及其使用维修[M]. 2版. 北京：机械工业出版社，2013.
[4] 王侃夫. 机床数控技术基础[M]. 北京：机械工业出版社，2001.
[5] 杨克冲，陈吉红，郑小年. 数控机床电气控制[M]. 武汉：华中科技大学出版社，2006.
[6] 赵俊生. 数控机床电气控制技术基础[M]. 北京：电子工业出版社，2005.
[7] 唐光荣，李九龄，邓丽曼. 微型计算机应用技术——数据采集与控制技术[M]. 北京：清华大学出版社，2000.
[8] 张凤池，曹荣敏. 现代工厂电气控制[M]. 北京：机械工业出版社，2000.
[9] 王烈准. 电气控制与PLC应用项目式教程[M]. 北京：机械工业出版社，2018.
[10] 程周. 电气控制与PLC原理及应用[M]. 北京：电子工业出版社，2003.
[11] 项毅. 机床电气控制[M]. 南京：东南大学出版社，2001.
[12] 张燕宾. 变频器应用教程[M]. 北京：机械工业出版社，2007.
[13] 杨林建. 机床电气控制技术[M]. 北京：北京理工大学出版社，2008.
[14] 许翏，许欣. 工厂电气控制设备[M]. 3版. 北京：机械工业出版社，2009.
[15] 冯宁，吴灏. 可编程控制器技术应用[M]. 北京：人民邮电出版社，2009.
[16] 姚永刚. 数控机床电气控制[M]. 西安：西安电子科技大学出版社，2005.
[17] 杨林建. 电气控制与PLC[M]. 北京：电子工业出版社，2010.
[18] 杨林建. 机床电气控制技术[M]. 3版. 北京：北京理工大学出版社，2016.